技能型人才培养丛书

U0217812

常用小家电原理与维修技巧
（第2版）

王学屯　编著

电子工业出版社
Publishing House of Electronics Industry
北京·BEIJING

内 容 简 介

本书为第二次修订版本,全书共分12章,每章后面附有定量的思考与练习。第1~4章主要介绍维修小家电应具备的基础知识。第5~12章,分别以灯具系列、厨房系列、居室环境系列、取暖系列、电源及充电器、音响系列、个人护理保健系列及报警系列等八大系列为主线,以各系列中的代表产品为典型范例,介绍其分类、结构、工作原理及常见故障的排除方法。本书起点低,新产品、新内容较多,实用操作性较强,基本上避免了烦琐的理论讲述,对于需要学习和掌握家电维修技术的读者来说,是一本难得的工具型、资料型图书。

本书通俗易懂、图文并茂,可作为中职、高职相关专业的教材,也可供家电维修人员、厂家售后服务人员、电子爱好者、农村劳动力转移技能培训相关人员学习使用。

图书在版编目(CIP)数据

常用小家电原理与维修技巧/王学屯编著. —2版. —北京:电子工业出版社,2014.9
(技能型人才培养丛书)
ISBN 978-7-121-21794-4

Ⅰ. ①常… Ⅱ. ①王… Ⅲ. ①日用电气器具-理论 ②日用电气器具-维修 Ⅳ. ①TM925

中国版本图书馆 CIP 数据核字(2013)第 261655 号

策划编辑:柴 燕(chaiy@phei.com.cn)
责任编辑:柴 燕
印 刷:北京七彩京通数码快印有限公司
装 订:北京七彩京通数码快印有限公司
出版发行:电子工业出版社
　　　　北京市海淀区万寿路 173 信箱 邮编 100036
开 本:787×1 092 1/16 印张:15 字数:384 千字
版 次:2009 年 2 月第 1 版
　　　　2014 年 9 月第 2 版
印 次:2024 年 2 月第 13 次印刷
定 价:35.00 元

凡所购买电子工业出版社图书有缺损问题,请向购买书店调换。若书店售缺,请与本社发行部联系,联系及邮购电话:(010)88254888,88258888。

质量投诉请发邮件至 zlts@phei.com.cn,盗版侵权举报请发邮件至 dbqq@phei.com.cn。

本书咨询联系方式:(010)88254463,lisl@phei.com.cn。

　　改革开放以来，中国已成为世界上主要的家电生产大国，中国制造的家电产品越来越多地进入国际市场。小家电是家用电器的一个重要组成部分。2003 年至今，中国小家电出口市场份额一直飙升。早在 2007 年，全年国内小家电销售额已达到 1000 亿元。目前，中国小家电市场正以每年 10%～14%的速度增长，市场普及率相对较低的小家电孕育着惊人的市场潜力，已经成为家电市场新的利润增长点。目前我国小家电产品的利润率保持在 30%～50%之间。

　　小家电在以"更小、更快、更安全"的核心理念指导下，各种兼具人性化、个性化、智能化、时尚化，以及环保、节能性的产品品种应运而生，在现代快节奏的家庭生活扮演着越来越重要的角色。人们也因此可以从烦琐的家务中解脱出来，达到轻松高效、快捷省心的效果。

　　为了适应社会的快速发展，我国的职业教育正在从学历教育向能力教育转化，这是我国教育领域的一次划时代且具有深远意义的改革。为了更好地适应职业技术学校的教学需求，突出职业技术教育的特色，本人将 2009 年出版的《常用小家电原理与维修技巧》进行了第二次修订，更新了绝大部分内容。修订后，本书有以下特点。

　　1．通俗易懂。从基础知识入手，原理阐述简单化，起点低，语言简洁，入门级维修人员即可读懂。

　　2．内容广而精。内容涵盖常见的各类型家用小家电，精讲它们的分类、特点、工作原理、注意事项及使用方法等。

　　3．从实用性出发，突出新产品。

　　4．内容翔实，介绍故障原因、故障分析及故障的具体检修排查，起到逐步掌握、举一反三的作用。

　　5．力求教材内容涵盖有关国家中级职业标准的知识、技能要求，确实保证达到中级技能人才的培养目标。

　　本书力求概念解释通俗化、工作原理简单化、实际操作规范化、动手能力兴趣化，适于中职、高职电子专业的学生、电工电子初学者、农村电工、农村劳动力转移技能培训相关人员。为了方便一线人员阅读，本书中的部分电路图未做标准化处理。

　　本书主要由王学屯编写，其他参与编写的人员有高选梅、王嫚敏、刘军朝、王米米、孙文波、党涛、王江南、耿世昌、于会芳、张颖颖、王琼琼、张建波、赵广建。在编写过程中，参考了各小家电生产厂家的产品使用说明书、电路图及相关的大量书目及资料，还参考了 2000 年以来的《家电维修》、《电子报》等期刊。书后的参考文献目录中只列举了其中的一部分，在此，对相关作者一并表示衷心感谢！

　　由于电子技术日新月异，编者的见识和水平有限，书中难免有不足之处，恳请广大读者批评指正。

王学屯

2014.8

目 录

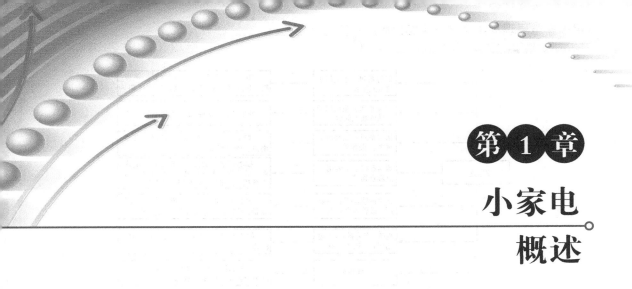

第 1 章
小家电
概述

本章主要介绍小家电的定义及分类，使大家初步了解小家电的种类有哪些及其归类。

1.1 小家电的定义

家用电器，简称家电，是指适用于家庭、个人或单位使用的一切电器产品。简单地说，只要是我们使用的带电器具都可以归类为家用电器。家电一般可分为家用电工产品、家用电子产品和家用信息产品。

家用电工产品是指供电、灯光照明、电热、电动、制冷等以电工技术为主体的家电。

家用电子产品是指以电子技术为主要应用技术的家电，主要包括音响、视听设备等。

家用信息产品是指以电子技术、网络技术、计算机技术为主要应用技术的家电。

从维修的角度出发，家电可分为大家电和小家电。大家电又称耐用家电，一般是指价值大于 1000 元的电器；小家电是指除耐用家电以外的家电产品。大家电主要包括彩色电视机、DVD、冰箱、空调等，而小家电主要包括生活中采用的电热、电动类器具，如电饭锅、电吹风、电热水器、排油烟机等。小家电和大家电目前没有统一的明显界限归类，如手机、MP3、电磁炉等，从体积和外形上它们可归为小家电类，而从电路功能和结构它们又可归为大家电。

1.2 小家电分类

1. 按用途分类

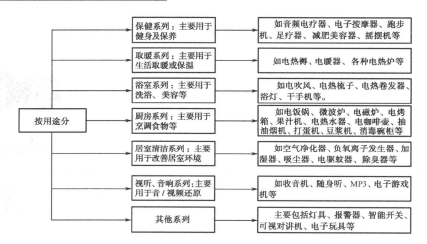

2. 按工作特点分类

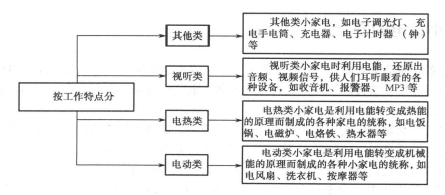

3. 按安装方式分类

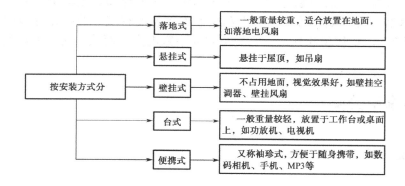

思考与练习1

1. 什么叫家用电器？它有哪些分类？
2. 小家电是怎样分类的？
3. 常见的厨房系列小家电有哪些？
4. 常见的取暖系列小家电有哪些？
5. 常见的音响系列小家电有哪些？

第2章

小家电基本元器件的识别与检测

任何一种小家电的内部构造，都是由基本电子元器件构成的单元电路组成的。本章主要讲述电阻、电容、电感、晶体管等基本元器件的作用、图形符号、识别和检测方法。

2.1 认识电阻

电阻器简称电阻，在电路中起阻碍电流通过的作用。电阻的主要作用有降压、分压、限流及向各电子元器件提供必要的工作条件（电压或电流）等。

常用的电阻按其阻值特点可分为三大类：阻值固定的电阻称为固定电阻或普通电阻，在电路中常用 R 来表示；阻值连续可变的电阻称为可变电阻（电位器和微调电阻），在电路中常用 R_p 或 W 来表示；具有特殊作用的电阻器称为敏感电阻（如热敏电阻、光敏电阻、气敏电阻等）。各种电阻的外形结构如图 2.1 所示。

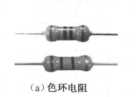

（a）色环电阻　　（b）带开关电位器　　（c）微调电阻　　（d）贴片电阻

图 2.1　各种电阻的外形结构图

▶ 2.1.1　普通电阻

电阻的图形符号如图 2.2（a）所示。在实际应用中，常采用字母加数字或直接用电阻的标称值来表示电路中不同的电阻，我们称之为电阻的"标号"。在看电路图或查找某个电阻时，只需查看电阻的标号即可。电阻标号如图 2.2（b）所示。

电阻的单位为欧姆，简称欧，用符号"Ω"来表示。常用的单位还有 kΩ（千欧）、MΩ（兆欧）。

电阻阻值的表示法有多种，小家电中的电阻常用直标法和色环法。直标法就是将电阻的阻值用数字和文字符号直接标在电阻体上，一般用于体积较大（功率大）的电阻。

色环法（色标法）是将电阻的类别及主要技术参数的数值用颜色（色环）标注在它的外表面上。常用的有四色环电阻和五色环电阻，色环电阻外形图如图 2.3 所示。

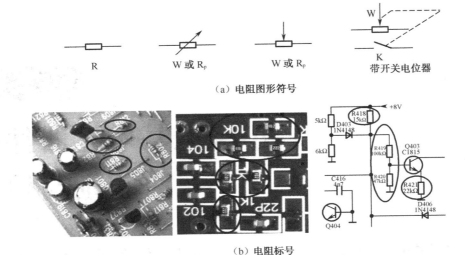

（a）电阻图形符号

（b）电阻标号

图 2.2　电阻的图形符号与标号

四环电阻各色环的含义示意图如图 2.4 所示。

四色环电阻是用三个色环来表示阻值（前两个环代表有效值，第三色环代表乘上的倍率），用一个色环（第四色环）表示误差。

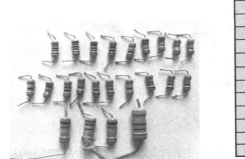

图 2.3　色环电阻外形图

颜　色	第一位有效值	第二位有效值	倍　率	允　许　误　差
黑	0	0	10^0	
棕	1	1	10^1	
红	2	2	10^2	
橙	3	3	10^3	
黄	4	4	10^4	
绿	5	5	10^5	
蓝	6	6	10^6	
紫	7	7	10^7	
灰	8	8	10^8	
白	9	9	10^9	$-20\% \sim +50\%$
金			10^{-1}	$\pm5\%$
银			10^{-2}	$\pm10\%$
无色				$\pm20\%$

图 2.4　四环电阻各色环的含义示意图

快速识别色环电阻的要点是熟记色环所代表的数字含义，为方便记忆，特编写了色环代表的数值顺口溜如下。

1 棕 2 红 3 为橙，4 黄 5 绿在其中，

6 蓝 7 紫随后到，8 灰 9 白黑为 0，

尾环金银为误差，数字应为 510。

尾环的确定：紧靠电阻体一端头的色环为第 1 环，露着电阻体本色较多的另一环为尾环；由于金色、银色为误差值，因此只要最边缘的色环为金色或银色，则该色环就为尾环。

用上述方法读出的数值，一律以欧姆（Ω）为单位。若得出的数值大于 1000，则应"逢千进位"，这是约定俗成的习惯。

▶ 2.1.2　几种特殊电阻

1. 熔断电阻

熔断电阻又称保险电阻，是一种兼电阻和熔断器双重作用的功能元件。它在正常工作情况下起一个普通电阻的作用，而一旦电路出现故障则起保险的作用。熔断电阻的阻值较小，一般为几欧至几十欧，并且大部分都是不可逆的，即熔断后不能恢复使用。

熔断电阻在电路中的文字符号用字母"RF"或"Fu"表示。熔断电阻的外形及图形符号如图 2.5 所示。

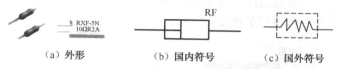

（a）外形　　　　　（b）国内符号　　　　　（c）国外符号

图 2.5　熔断电阻的外形及图形符号

2. 热敏电阻

热敏电阻是利用导体的电阻随温度变化的特性制成的测温元件。热敏电阻按阻值的温度系数可分为正温度系数热敏电阻和负温度系数热敏电阻两种。热敏电阻在电路中用字母符号"R_t（RT）"、"t°"或"R"表示，其外形及图形符号如图 2.6 所示。

（a）外形　　　　　　　　　　　（b）图形符号

图 2.6　热敏电阻的外形及图形符号

正温度系数热敏电阻，是指随着温度的升高而阻值明显增大的电阻，又简称为 PTC。利用该特性，正温度系数热敏电阻多用于自动控制电路。

PTC 元件的电阻—温度特性曲线如图 2.7 所示。从图中可知，PTC 元件的电阻在 $0 \sim t_1$ 之间，阻值随温度的升高而减小，t_1 温度点称为转折温度，又叫居里点；在 $t_1 \sim t_2$ 之间，随着温度的升高，电阻值迅速增大，可增至数万倍，呈现出正温度系数特性。此时它可用于控温电路，其控温原理是：温度 t 升高↑→电阻 R 变大↑→热功率 P 减小↓→温度 t 降低↓，具体的控制温度与环境有关。

负温度系数热敏电阻，是指随着温度的升高而阻值明显减小的电阻，又简称为 NTC。NTC 元件在小家电中常用于软启动、自动检测及控制电路中。

NTC 元件的电阻—温度特性曲线如图 2.8 所示。从图中可知，该曲线近似为线性关系。在一定的电压下，刚通电时 NTC 的电阻较大，通过的电流较小。当电流的热效应使 NTC 元件温度升高时，其电阻减小，通过的电流增大。

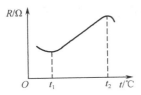

图 2.7　PTC 元件的电阻—温度特性曲线图

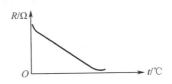

图 2.8　NTC 元件的电阻—温度特性曲线图

3. 压敏电阻

压敏电阻主要用于电路的过压保护，是家用电器中的"安全卫士"。当压敏电阻两端的电压低于其标称电压时，其内部几乎是绝缘的，呈高阻抗状态；当压敏电阻两端的电压（遇到浪涌过电压、操作过电压等）高于其标称电压时，其内部的阻值急剧下降，呈低阻抗状态，外来的浪涌过电压、操作过电压就通过压敏电阻以放电电流的形式被泄放掉，从而起到过压保护作用。压敏电阻的外形及图形符号如图 2.9 所示。

（a）外形　　　　　　　　（b）图形符号

图 2.9　压敏电阻的外形及图形符号

4. 光敏电阻

光敏电阻是用半导体光电导材料制成的，其基本特征如下。

（1）光照特性

随着光照强度的增大，光敏电阻的阻值急剧下降，然后逐渐趋于饱和（阻值接近 0Ω）。

（2）伏安特性

光敏电阻两端所加的电压越高，光电流也越大，且无饱和现象。

（3）温度特性

随着温度的增大，有些光敏电阻的阻值增大，有些则减小。根据光敏电阻的上述特性，它多用于与光度有关的自动控制电路。光敏电阻的外形及图形符号如图 2.10 所示。

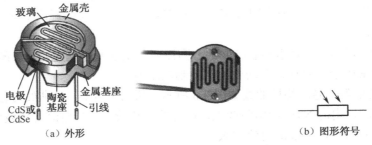

（a）外形　　　　　　　　（b）图形符号

图 2.10　光敏电阻的外形及图形符号

5. 气敏电阻

气敏电阻是利用某些半导体吸收某种气体后发生氧化还原反应的原理制成的，主要成分是金属氧化物。它主要用于各种气体自动控制电路和报警电路中，其外形及图形符号如图 2.11 所示。

（a）外形结构　　　　　　　　　　　（b）图形符号

图 2.11　气敏电阻外形及图形符号

2.1.3　电阻的常见故障及检测方法

电阻的常见故障有两种，即开路和阻值变化。电阻损坏后，其表面涂层会变色或发黑，从外观判断，既直观又快速。电阻的损坏特征及检测方法如表 2.1 所示。

表 2.1　电阻的损坏特征及检测方法

名称	损坏现象	故障特征	检测方法
电阻	烧断（开路、断路）、短路、接触不良	表面焦化、发黑、引线松脱、膜层脱落	用万用表测量电阻分别为：∞、0、阻值变化大
可变电阻	烧断（开路、断路）、短路、接触不良、局部损坏	表面油污、灰尘附着或变形、转动不灵活	用万用表测量电阻分别为：∞、0、阻值不稳、阻值突变

各种电阻一般通过检测其电阻值可判断其质量是否良好，检测结果若在其误差值范围内，则为正常，否则为损坏。

电阻损坏现象有 3 种：检测结果超出标称值许多，为变值或质量不合格；检测结果是无穷大，为断路；检测结果是 0，为短路。

1. 普通固定电阻的检测

将两表笔（不分正负）分别与电阻的两端引脚相接，即可测出实际电阻值。根据电阻误差等级不同，读数与标称阻值之间分别允许有±5%、±10%或±20%的误差。如不相符，超出误差范围，则说明该电阻值变值了。普通固定电阻测试图如图 2.12 所示。

图 2.12　普通固定电阻测试图

> ⬇注意：测试时，特别是在测几十千欧以上阻值的电阻时，手不要触及表笔和电阻的导电部分；测试时，要将被检测电阻从电路中焊下来，至少要焊开一端，以免电路中的其他元器件对测试产生影响，造成测量误差。

2. 电位器（或微调电阻）的检测

检查电位器时，首先要转动旋柄，看看旋柄转动是否平滑，开关是否灵活，开关通、断时"喀哒"声是否清脆，并听一听电位器内部接触点和电阻体摩擦的声音，如有"沙沙"声，说明质量不好。

用万用表测试时，先根据被测电位器阻值的大小，选择好万用表的合适电阻挡位，然后用万用表的欧姆挡测"1"、"3"两端，其读数应为电位器的标称阻值。如万用表的指针不动或阻值相差很多，则表明该电位器已损坏。

检测电位器的活动臂与电阻片的接触是否良好。用万用表的欧姆挡测"1"、"2"（或"2"、"3"）两端，将电位器的转轴按逆时针方向旋至接近"关"的位置，这时电阻值越小越好。再顺时针慢慢旋转轴柄，电阻值应逐渐增大，表头中的指针应平稳移动。当轴柄旋至极端位置"3"时，阻值应接近电位器的标称值。如果万用表的指针在电位器的轴柄转动过程中有跳动现象，说明活动触点有接触不良的故障。电位器测量示意图如图 2.13（a）所示。

对于开关电位器除应进行上述测量外，还应检查开关部分是否良好。当将开关接通时，开关的两个端子之间阻值应为零；当将开关断开时，开关的两个端子之间阻值应为无穷大，说明开关良好。测量开关示意图如图 2.13（b）所示。

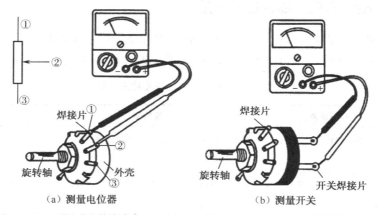

（a）测量电位器 （b）测量开关

图 2.13　带开关电位器的测量

3. 熔断电阻的检测

在电路中，当熔断电阻损坏后，可根据经验作出判断。若发现熔断电阻器表面发黑或烧焦，可断定是由于负荷过重，通过它的电流超过额定值许多倍所致；如果其表面无任何痕迹而开路，则表明流过的电流刚好等于或稍大于其额定熔断值。

对于表面无任何痕迹的熔断电阻器好坏的判断，可借助万用表 R×1 挡来测量。若测得的阻值为无穷大，则说明此熔断电阻器已失效开路；若测得的阻值与标称值相差甚远，表明电阻变值，也不宜再使用。

4. 热敏电阻的检测

热敏电阻分负温度系数（NTC）热敏电阻和正温度系数（PTC）热敏电阻。

第一步，测量常温电阻值，如图 2.14（a）所示。将万用表置于合适的欧姆挡（根据标称电阻值确定挡位），用两表笔分别接触热敏电阻的两引脚测出实际阻值，并与标称阻值相比较。如果二者相差过大，则说明所测热敏电阻性能不良或已损坏。

第二步，测量温变时（升温或降温）的电阻值，如图 2.14（b）所示。在常温测试正常的基础上，即可进行升温或降温检测。用手捏住热敏电阻测电阻值，观察万用表示数，此时会看到显示的数据随温度的升高而变化（NTC 是减小，PTC 是增大），表明电阻值在逐渐变化。当阻值改变到一定数值时，显示数据会逐渐稳定。测量时若环境温度接近体温，可用电烙铁靠近或紧贴热敏电阻进行加热。

（a）常温下检测　　　　　　　　　　　　　（b）升温下检测

图 2.14　热敏电阻的检测

5. 压敏电阻的检测

用万用表的 R×1k 挡测量压敏电阻两引脚之间的正、反向绝缘电阻，均应为无穷大，否则说明漏电流大。若所测电阻很小，说明压敏电阻已损坏，不能使用。压敏电阻的检测示意图如图 2.15 所示。

（a）压敏电阻已损坏　　（b）压敏电阻正常

图 2.15　压敏电阻的检测

6. 光敏电阻的检测

测量光敏电阻时需分两步进行。

第一步，测量有光时的电阻值，如图 2.16（a）所示。将万用表的两表笔分别与光敏电阻两引脚相接，测量有光照时的电阻值。

（a）有光时的检测　　　　　　　　　　　　（b）无光时的检测

图 2.16　光敏电阻的检测

第二步，测量无光照时的电阻值，如图 2.16（b）所示。用一不透光黑纸（或用手指）将光敏电阻遮住，测量无光照时的电阻值。

两者相比，应有较大差别，通常光敏电阻有光照时的电阻值为几千欧（此值越小，说明光敏电阻性能越好），无光照时的电阻值大于 1500kΩ，甚至无穷大（此值越大，说明光敏电阻性能越好）。

如果光敏电阻在有光时所测阻值很大，甚至为无穷大，则说明被测光敏电阻内部开路损坏；如果光敏电阻在无光时所测阻值很小或为零，则说明被测光敏电阻已烧穿损坏。

▶ 2.1.4　电阻的代换原则及技巧

1. 电阻的代换原则及技巧

① 在安装许可的情况下，大功率电阻可以代换同阻值小功率的电阻。

② 精密电阻可以代换普通电阻。

③ 在安装方便的情况下，微调电阻可以代换固定电阻。

④ 在印制电路板许可的情况下，通孔电阻与贴片电阻可以互相代换。

⑤ 多个电阻串联、并联或混联可以代换固定电阻。

⑥ 电位器的代换，首先要考虑的是外形大小及轴端式样要符合电路的要求；其次，要符合电位器阻值变化的形式。

⑦ 静态调试工作点电路的电位器可以用固定电阻代换。

2. 电阻代换的注意事项

① 一定要查明原因，以免将故障扩大。

② 不宜以功率较小的电阻代换功率较大的电阻，以免再次损坏。

③ 对于熔断电阻（或限流电阻）不宜人为增大其阻值或功率；否则，将失去保险的作用。

④ 取样电阻一定要用同规格、同性能的电阻代换。

⑤ 精密电阻不能用普通电阻代换。

2.2 认识电容

电容器简称电容，电容是衡量导体储存电荷能力的物理量，在电路中，常作滤波、耦合、振荡、旁路之用。电容的主要基本特性为：通高频，阻低频；通交流，隔直流。

▶ 2.2.1 常用电容

在电路图中，常用电容的外形及图形符号如图 2.17 所示。在看电路图或查找某个电容时，只需查看电容的标号即可。电容标号示意图如图 2.18 所示。

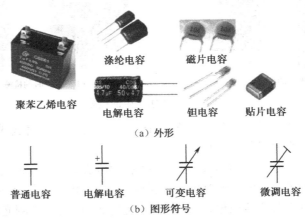

（a）外形

普通电容　　电解电容　　可变电容　　微调电容

（b）图形符号

图 2.17　常用电容的外形及图形符号

电容常用字母 "C" 来表示，常用的单位有法拉（F）、毫法（mF）、微法（μF）、纳法（nF）和皮法（pF）。

各单位的换算关系为

$$1pF=10^{-3}nF=10^{-6}\mu F=10^{-9}mF=10^{-12}F$$

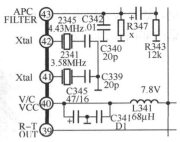

图 2.18　电容标号示意图

2.2.2　电容的常见故障及检测方法

电容的常见故障现象有开路、短路和容量发生变化等。电容的常见故障损坏现象及检测方法如表 2.2 所示。

表 2.2　电容的常见故障损坏现象及检测方法

名称	损 坏 现 象	故 障 特 征	检 测 方 法
无极性电容	漏电、击穿、内部开路、容量变化	根据在电路中所起的作用，对整机有不同的影响	① 用指针式万用表可检查短路故障。较大电容（≥0.01μF）用万用表检测，表针摆动幅度随容量而增大；较小电容（<5000pF）用附加器检测或电容表测，或者用替换法判断。 ② 用有电容测量功能的数字式万用表直接测量
电解电容	开路、击穿、容量显著减小、严重漏电	漏液、崩裂、失效、封口膨胀或干枯、外皮萎缩	用指针式万用表检测电阻为：∞、0、充放电不明显或无充放电现象

电容的检测方法如下。

1. 用指针式万用表检测电容的方法

将指针式万用表调至 R×10k 欧姆挡，然后用万用表的红、黑表笔分别接触电容的两个引脚，观察万用表指示电阻值的变化。用指针式万用表检测电容的示意图如图 2.19 所示。

如果表笔接通瞬间，万用表的指针向右微小摆动，然后又回到无穷大处，调换表笔后，再次测量，指针也向右摆动后返回无穷大处，可以判断该电容正常。

图 2.19　用指针式万用表检测电容的示意图

如果表笔接通瞬间，万用表的指针摆动至"0"附近，可以判断该电容被击穿或严重漏电。

如果表笔接通瞬间，指针摆动后不再回至无穷大处，可判断该电容器漏电。

2. 用数字式万用表检测电容量的方法

用数字式万用表测量电容量的具体方法是：将数字万用表置于电容挡，根据电容量的大小选择适当挡位；待测电容充分放电后，将待测电容直接插到测试孔内或两表笔分别直接接触进行测量。数字式万用表的显示屏上将直接显示出待测电容的容量。用数字式万用表检测电容量的示意图如图 2.20 所示。

图 2.20　用数字式万用表检测电容量的示意图

2.2.3　电容的代换原则及技巧

1. 电容的代换原则及技巧

①　代换电容要与原电容的容量基本相同（对于旁路、耦合、滤波电容，容量可以比原电路大一些），一般不考虑电容的允许误差（除了振荡电路中用到的电容）。

②　高耐压电容可以代换低耐压电容。

③　小容量电容并联可以代换大容量电容，大容量电容串联可以代换小容量电容。

④　电解电容反串可以代换无极性电容。

⑤　对于滤波电路中的电解电容，只要耐压、耐温相同，大容量的电容可以代换小容量的电容。

⑥　在印制电路板许可的情况下，通孔电容与贴片电容可以互相代换。

2. 电容代换的注意事项

电容代换时要注意以下几点。

①　所代换的电容耐压值不能低于原电容的耐压值。

②　无极性电容和电解电容不能混用。

③　电磁炉中的高频谐振电容和电源滤波电容常采用无感、高频特性好、自愈能力强和稳定性高的 MKPH 型电容，不能用普通电容替代。

2.3　感性器件

2.3.1　常用的感性器件

电感器是用铜线在不同物体上或空心绕制而成的，是利用电磁感应原理制成的器件，所以称为感性器件，简称电感。电感的主要物理特征是将电能转换为磁能并储存起来，其基本特性是：通低频，阻高频；通直流，阻交流。

电感在电路中主要用于耦合、滤波、缓冲、反馈、阻抗匹配、振荡、定时、移相等。常用电感的外形如图 2.21 所示。

图 2.21　常用电感的外形

在电路原理图中，电感常用符号"L"或"T"表示。不同类型的电感在电路原理图中通常采用不同的符号来表示，如图 2.22 所示。电感标号示意图如图 2.23 所示。

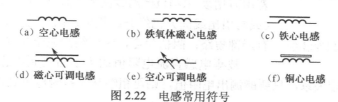

（a）空心电感　　　　　（b）铁氧体磁心电感　　　　　（c）铁心电感

（d）磁心可调电感　　　（e）空心可调电感　　　　　　（f）铜心电感

图 2.22　电感常用符号

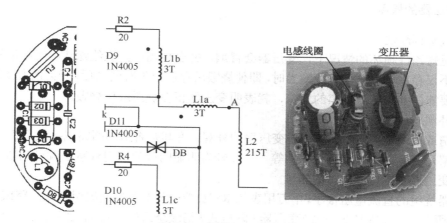

图 2.23　电感标号示意图

电感的常用单位有亨（H）、毫亨（mH）和微亨（μH）。

小家电中常用的电源变压器如图 2.24（a）、（b）所示，一般为降压型变压器；常用的开关变压器外形与图形符号如图 2.24（c）、（d）所示。

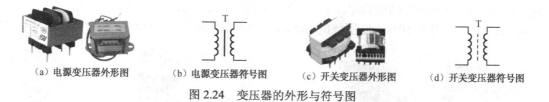

（a）电源变压器外形图　　（b）电源变压器符号图　　（c）开关变压器外形图　　（d）开关变压器符号图

图 2.24　变压器的外形与符号图

2.3.2　感性器件的常见故障及检测方法

电感常见故障现象有开路和短路等。开路用万用表检测法容易判断，而短路用万用表测量却不宜判断与检测，常用替换法等加以判断。各种电感的检测方法如下。

1．外观检查感性器件

检测电感时先进行外观检查，看线圈有无松散、引脚有无折断、线圈是否烧毁或外壳是否烧焦等。若有上述现象，则表明电感已损坏。

2．万用表电阻法检测感性器件

用万用表的欧姆挡测线圈的直流电阻，如图 2.25 所示。电感的直流电阻值一般很小，匝数多、线径细的线圈能达几十欧；对于有抽头的线圈，各引脚之间的阻值均很小，仅有几欧姆左右。若用万用表 R×1Ω挡测线圈的直流电阻，阻值无穷大说明线圈（或与引出线间）已经开路损坏；阻值比正常值小很多，则说明有局部短路；阻值为零，说明线圈完全短路。

图 2.25　电阻法检测感性器件

被测电感直流电阻值的大小与绕制电感线圈所用的漆包线径、绕制圈数有直接关系，只要能测出电阻值，则可粗略认为被测电感是正常的。

3．变压器的检测

（1）气味判断法

在严重短路性损坏的情况下，变压器会冒烟，并会放出高温烧绝缘漆、绝缘纸等的气味。这种气味不仅存在于变压器烧毁的当时，即使烧毁后存放很长时间之后，仍会散发出这种气味。因此，只要能闻到绝缘漆烧焦的气味，就表明变压器正在烧毁或已烧毁。

（2）外观观察法

用眼睛或借助放大镜，仔细查看变压器的外观，看其是否引脚断路或接触不良、包装是否损坏、骨架是否良好、铁心是否松动等。往往较为明显的故障，用观察法就可判断出来。

（3）变压器绕组直流电阻的测量

变压器绕组的直流电阻很小，用万用表的 R×1Ω挡检测即可判断绕组有无短路或断路情况，如图 2.26 所示。一般情况下，电源变压器（降压式）初级绕组的直流电阻多为几十至上百欧姆，次级直流电阻多为零点几至几欧姆。对于中周变压器，绕组的直流电阻一般很小，只有零点几欧姆。

（4）电源变压器空载电压的检测

电源变压器空载电压检测如图 2.27 所示。将电源变压器的初级接 220V 市电，用万用表交流电压挡依次测出各绕组的空载电压值（U21、U22、U23、U24）应符合要求值，允许误差范围一般为：高压绕组≤±10%，低压绕组≤±5%，带中心抽头的两组对称绕组的电压差应≤±2%。

次级6.4Ω

初级1.5kΩ

图 2.26　变压器绕组直流电阻的测量

初级电压216V

次级电压13.63V

图 2.27　电源变压器空载电压检测

2.3.3　感性器件的代换原则及技巧

1. 感性器件的代换原则及技巧

① 大功率电感可以代换同类小功率的电感。

② 代换贴片电感的额定电流必须大于实际电路的工作电流，若额定电流选择过低，很容易影响电感性能或烧毁电感。

③ 在印制电路板许可的情况下，通孔电感与贴片电感可以互相代换。

④ 电源多绕组变压器可以代换少绕组变压器。

2. 感性器件代换注意事项

① 振荡电路、定时电路的电感，必须用同规格的电感代换。

② 开关电路的变压器必须用同规格的变压器代换。

③ 电磁炉中的加热线圈必须用同规格的线圈代换。

④ 中频电路的中周（中频变压器）必须用同规格的中周代换。

2.4　认识晶体管

晶体管一般包括晶体二极管和晶体三极管，其核心是具有单向导电性的 PN 结。

2.4.1　二极管的分类及图形符号

晶体二极管简称二极管，其内部有一个 PN 结。PN 结的最大特点是具有单向导电性，即加正向电压导通，加反向电压截止。在电路中，二极管的使用较为广泛。

二极管的种类很多，在小家电中常有以下几种分类方法。按材料分，有锗、硅二极管和砷化镓二极管等；按用途分，有整流、钳位、稳压、发光二极管等；按频率分，有普通二极管和快恢复二极管等。

普通二极管的外形、图形符号及标号如图 2.28 所示，一般常用"VD"来表示。

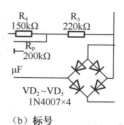

（a）外形　　　　　　　　　　　　　　　　（b）标号

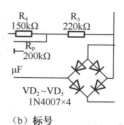

（c）图形符号

图 2.28　普通二极管的外形、图形符号及标号

2.4.2　几种特殊二极管

除普通二极管外，还有几种特殊二极管，具有特殊的功能。小家电中常用的特殊二极管有稳压二极管、发光二极管和双向二极管等。

1. 稳压二极管

稳压二极管又称齐纳二极管，其外形和图形符号如图 2.29 所示。它是利用硅二极管的反向击穿特性（雪崩现象）来稳定直流电压的，根据击穿电压来决定稳压值。因此，需注意的是，稳压二极管是加反向偏压的。稳压二极管主要起稳定电路电压的作用。

2. 发光二极管

普通发光二极管（LED）常用作电源指示或工作状态指示等，其外形及图形符号如图 2.30 所示。引脚引线以较长者为正极，较短者为负极；也可观察管芯内部的电极结构形状，极片大的对应的引脚为负极，极片小的对应的引脚为正极。

（a）外形　　　　（b）图形符号

图 2.29　稳压二极管的外形和图形符号　　　　图 2.30　发光二极管的外形和图形符号

在实际应用中，一般在发光二极管电路中串联一个限流电阻，以防止大电流将发光二极管损坏。发光二极管只能工作在正偏状态，且正向电压在 1.5～3V 之间。

3. 双向二极管

双向触发二极管简称双向二极管，其外形与图形符号如图 2.31 所示。

双向二极管具有两个对称的正、反转折电压，当两端的电压小于正向转折电压时，器件呈高阻状态；当两端的电压大于正向转折电压时，器件呈负电阻特性（电压降低，电流反而增加）。因此，可用作双向交流开关，广泛应用于双向晶闸管触发电路、定时器及过压保护电路等。

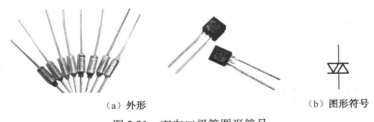

（a）外形　　　　（b）图形符号

图 2.31　双向二极管图形符号

4. 整流桥

由于整流电路通常被称为桥式整流电路，因而将几个整流二极管封装在一起的组件被称为整流桥。整流桥可分全桥和半桥两种形式，全桥内部封装有 4 只二极管，半桥内部只封装有两只二极管。常见整流桥的外形及符号如图 2.32 所示。

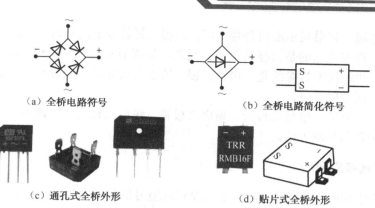

（a）全桥电路符号　　　　　　　（b）全桥电路简化符号

（c）通孔式全桥外形　　　　　　（d）贴片式全桥外形

图 2.32　常见整流桥的外形及符号

▶ 2.4.3　二极管的检测及代换原则

1. 用指针式万用表检测普通二极管

用指针式万用表测量普通二极管（整流二极管、检波二极管）的正、反向电阻如图 2.33 所示。测量判断的依据：二极管的正向电阻小，反向电阻大。正常二极管的正、反向电阻值如表 2.3 所示。

测量的结果如下。

① 一次阻值大，一次阻值小。阻值小时，黑表笔接的是二极管的正极，红表笔接的是二极管的负极。二极管正常。

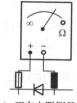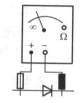

（a）正向电阻测量　　（b）反向电阻测量

图 2.33　二极管正、反向电阻测量图

表 2.3　正常二极管的正、反向电阻值

类　　型		量 程 选 择	正 向 电 阻	反 向 电 阻
普通	锗二极管	R×100Ω	300～500Ω	几十千欧
	硅二极管	或 R×1kΩ	5kΩ	∞
发光二极管		R×1kΩ	20kΩ	∞
双向二极管		R×1kΩ	∞	∞
		或 R×10kΩ		

② 两次阻值都很大，二极管断路（特殊二极管除外）。

③ 两次阻值都很小，二极管短路。

④ 正向电阻值大于上表上限，反向电阻值小于上表下限，表示二极管性能不太好。

2. 用数字式万用表检测普通二极管

用数字式万用表的红表笔接内部电池的正极，黑表笔接内部电池的负极，这跟指针式万用表刚好相反。用数字式万用表检测普通二极管示意图如图 2.34 所示。将数字式万用表置于二极管挡，红表笔插入"V/Ω"插孔，黑表笔插入"COM"插孔。将两支表笔分别接触

正向　　　　　　反向

图 2.34　用数字式万用表检测
普通二极管示意图

二极管的两个电极，如果显示溢出符号"1"，说明二极管处于反向截止状态，此时黑表笔接的是二极管正极，红表笔接的是二极管负极。反之，如果显示值在 100mV 以下，则二极管处于正向导通状态，此时红表笔接的是二极管正极，黑表笔接的是二极管负极。数字式万用表实际上测的是二极管两端的压降。

另外，开关二极管、阻尼二极管、隔离二极管、钳位二极管、快恢复二极管等，均可参考整流二极管的识别与判断方法。

3. 二极管代换原则

① 当小家电中的二极管损坏时，如果没有同型号的管子更换时，应查看晶体管手册，可选用三项主要参数 I_{FM}（最大整流电流）、U_{RM}（最高反向工作电压）、f_M 最高工作频率都满足要求的其他型号的二极管代换。当然，如果三项主要参数比原管子都大，一定可满足电路的要求。但并非代换管子一定要比原管子各项参数都高才行，关键是能满足电路的需求，只要满足电路需求即可。

② 硅管与锗管在特性上是有一定差异的，一般不宜互相代用。

③ 多个稳压二极管串联可以代换一个稳压二极管使用。

④ 高速开关二极管可以代换普通开关二极管，反向击穿电压高的开关二极管可以代换反向击穿电压低的开关二极管。

▶ 2.4.4 三极管的特点、分类及图形符号

1. 三极管的外形和图形符号

三极管的外形和图形符号如图 2.35 所示。三极管有三个电极，分别为发射极（用 E 或 e 表示）、基极（用 B 或 b 表示）、集电极（用 C 或 c 表示）。

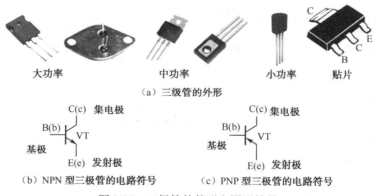

图 2.35　三极管的外形和图形符号

三极管的表示字母在电路图中目前统一规定用"VT"表示，但也常见按惯例的"V"、"Q"、"T"等表示法。三极管在原理图及印制电路板上的标号如图 2.36 所示。

2. 三极管的分类

三极管的分类有多种方式。按极性分，有 NPN 型和 PNP 型；按制作材料分，有硅管和锗管；按耗散功率分，有小功率、中功率和大功率管；按工作频率分，有低频管和高频管；按用途分，有放大管和开关管等。

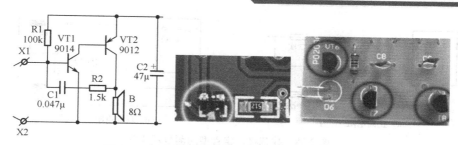

图 2.36　三极管在原理图及印制电路板上的标号

3. 三极管的特点

三极管的最大特点就是具有放大和开关作用。由于这一特性，使得三极管在电子电路中得到了广泛的应用。

必须给三极管加上合适的外部条件，三极管才能实现放大和开关作用。这个外部条件就是给三极管适当的偏压，即给三个电极加上合适的工作电压。

三极管的偏压常有如下三种。

① 三极管的发射结（极）正偏、集电结（极）反偏，即 PNP 型管 $V_e>V_b>V_c$，NPN 型管 $V_c>V_b>V_e$。此时三极管处于放大状态。

② 三极管的发射结（极）、集电结（极）都反偏，即 U_{be} 的值小于或等于 0V，三极管无工作电流。此时三极管处于关（截止）状态。

③ 三极管的发射结（极）、集电结（极）都正偏，即 U_{be} 的绝对值锗管远大 0.3V、硅管远大于 0.7V。此时三极管处于开（饱和）状态。

▶ 2.4.5　三极管的检测及代换原则

1. 用指针式万用表检测普通三极管

用指针式万用表判断普通三极管的三个电极及其管型，以及三极管的好坏时，选择 R×100 或 R×1k 挡位，常分两步进行测量判断。

测量判断的依据是：三极管由两个 PN 结所构成，且具有电流放大作用，其等效结构如图 2.37 所示，测量时要时刻想着此图，从而达到熟能生巧的目的。

万用表挡位选择 R×1k 或 R×100 挡，分两步进行测量判断，方法说明如下。

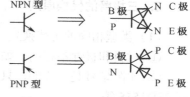

图 2.37　三极管的等效结构图

（1）判断基极，确定管型

假设一个电极为基极，万用表的一表笔接假设的基极，用另一表笔去测量其余的两个电极；然后对调红黑两表笔，再测一次。这样测量四次，直到两次阻值很"大"，两次阻值很"小"，那么假设的基极正确。

若此时黑笔接基极，测得的阻值较小（正向电阻），说明是 NPN 型三极管。

若此时红笔接基极，测得的阻值较小（正向电阻），说明是 PNP 型三极管。

若至少有一次阻值为 0，则说明三极管已短路损坏。

若四次阻值都很大，则说明三极管已断路损坏。测量示意图如图 2.38 所示。

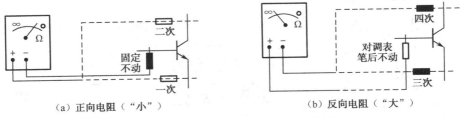

（a）正向电阻（"小"）   （b）反向电阻（"大"）

图 2.38   找基极、定管型的测量示意图

（2）判断发射极和集电极

基极找到之后，判断出 PNP 型或 NPN 型三极管，再找发射极和集电极。若为 NPN 型，黑表笔接假设的集电极，红表笔接假设的发射极，加合适的电阻（50～100kΩ 的电阻或湿手指）在黑表笔与基极之间，记住此时的阻值；然后对调两表笔，电阻仍跨接在黑表笔与基极之间（电阻随着黑表笔走），万用表又指出一个阻值。比较两次所测数值的大小，哪次阻值小（偏转大），假设成立。测量示意图如图 2.39 所示。

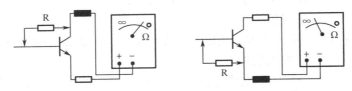

图 2.39   用万用表判断发射极和集电极的方法

PNP 型与 NPN 型正好相反，移动红表笔接假设的基极，电阻（手指）随着红表笔走。

2. 万用表 h_{FE} 插孔检测三极管

h_{FE} 是三极管的直流电流放大系数。用数字式万用表或指针式万用表都可以方便地测出三极管的 h_{FE}。将数字或指针式万用表置于 h_{FE} 挡位，若被测三极管是 NPN 型，则将管子的各引脚插入 NPN 型相应的插孔中；若被测三极管是 PNP 型，则将管子的各引脚插入 PNP 型相应的插孔中。此时，显示屏就会显示出被测管的 h_{FE}。

3. 三极管的代换原则

（1）类型相同的可代换

① 材料和极性都相同，如都是 PNP 型硅材料。

② 实际型号是一样的，只是标注方法不同或厂家不同。例如，9014 同 3DG9014，D1555 同 2SD1555 等。

（2）特性相近的可代换

① 集电极最大耗散功率（P_{CM}）一般要求用与原管相等或较大的三极管进行代换。

② 集电极最大允许直流电流（I_{CM}）一般要求用与原管相等或较大的三极管进行代换。

③ 用于代换的击穿电压三极管，必须能够在整机中安全地承受最高工作电压。三极管的击穿电压参数主要有集电极—基极击穿电压（BV_{cbo}）、集电极—发射极击穿电压（BV_{ceo}）。

通常要求用于代换的三极管，其上述击穿电压应不小于原管对应的击穿电压。

④ 用于代换的三极管，其 f_T 与 f_β 应不小于原管对应的 f_T 与 f_β。

⑤ 除以上主要参数外，在代换时还应应用噪声系数较小或相等的三极管。

⑥ 性能好的三极管可代换性能差的三极管。例如，β值高的可代换β值低的，穿透电流小的可代换穿透电流大的。

⑦ 在耗散功率允许的情况下，可用高频管代换低频管。

2.4.6　晶闸管及其检测

晶闸管又称为可控硅，是一种具有多个 PN 结结构的硅芯片和三个电极组成的半导体器件。常用的晶闸管有两类，即普通晶闸管和双向晶闸管。晶闸管广泛应用于小家电的自动控制电路和无触点开关电路中。

1.　单向晶闸管

单向晶闸管的结构和图形符号如图 2.40 所示。它有三个电极：阳极 A、阴极 K 和控制极 G。单向晶闸管的文字符号常用 VS、VT 表示，以前也常见用 SCR、KG、CT 等表示的。

单向晶闸管按外形分，有平面型、螺栓型和小型塑封型等，其外形如图 2.41 所示。

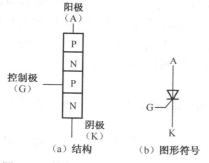

图 2.40　单向晶闸管的结构和图形符号

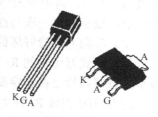

图 2.41　几种单向晶闸管的外形

单向晶闸管导通必须具备两个条件：一是阳极与阴极间接正向电压；二是控制极与阴极间也要接正向电压。无控制极信号时，当阳极上加正电位时，在一定的电压范围内，器件仍处于阻抗很高的关闭状态；当控制极加上适当大小的正电压，则器件可迅速导通；一旦导通，控制极便失去电压，晶闸管仍然导通。只有当器件中的电流减小到某个阻值，或阳极与阴极间的电压减小到零或负值时，晶闸管才恢复到关闭状态。

晶闸管最大的特点就是只要控制极通以几毫安至几十毫安的电流就可以触发器件导通，器件就可以通过较大的电流，即以"小电流"控制"大电流"。

2.　双向晶闸管

双向晶闸管的结构和图形符号如图 2.42 所示。它也有三个电极，但它没有阴、阳极之分，而统称为主电极 T1（或 A1）和 T2（或 A2），另一个电极 G 被称为控制极。

常见双向晶闸管的外形如图 2.43 所示，它的文字符号常采用 VS、VT 表示，以前也有用 SCR、CT、KG 及 KS 等表示的。

双向晶闸管的主电极 T1、T2 无论加正向电压还是反向电压，其控制极 G 的触发信号无论是正向还是反向，它都能被"触发"而导通。由于它具有正、反两个方向都能控制导通的特点，所以它的输出电压不像单向晶闸管那样是直流形式，而是交流形式。

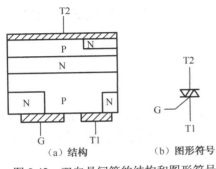

（a）结构　　　　（b）图形符号

图 2.42　双向晶闸管的结构和图形符号

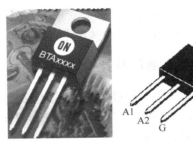

图 2.43　常见双向晶闸管的外形

3. 晶闸管的检测

单向晶闸管的检测方法如下。

（1）单向晶闸管电极的判别

把指针式万用表的量程选择在 R×100 挡或 R×1k 挡，可依据控制极 G 与阴极 K 之间是一个 PN 结的特点，首先判断出控制极 G。先用红、黑表笔分别接触晶闸管三个电极中的任意两个，测其之间的正、反向阻值。若某一次测得的阻值很小，则这次测量中黑表笔所接触的是控制极 G。然后，再用黑表笔去接触控制极，用红表笔分别接触它的另外两电极。在测得的两个阻值中，较小的那一次与红表笔接触的那个引脚是阴极 K，另一引脚就是阳极 A。

（2）单向晶闸管好坏的判断

用指针式万用表的 R×10k 挡测阳极与控制极、阳极与阴极之间的电阻均应很大。如果阻值很小，表明该管已被击穿损坏。

用 R×100 挡或 R×1k 挡，测控制极与阴极之间的电阻。如果正向电阻很大，说明控制极与阴极间已损坏；反向电阻一般会很大。

双向晶闸管的检测方法如下。

用指针式万用表的 R×1k 挡，测量 T1 与 T2 间的正、反向电阻，表针都应不动或微动。

将量程换到 R×1 挡，黑表笔接 T1，红笔接 T2，将触发极与 T2 短接一下后离开，万用表应保持几到几十欧的示数；调换两表笔，再次将触发极与 T2 短接一下后离开，万用表的示数基本同上。

如果实际测量情况与上述测量情况基本相符，表明该管基本上是好的，否则可能已损坏。

2.5　电路与集成电路

2.5.1　分立元件电路与集成电路

分立元件电路是把若干个电阻、电容、电感、二极管、三极管及其连接线等分立元件组成电路图并安装成电路板，其缺点是电路比集成电路庞大。

集成电路是一种微型电子器件或部件，其外形结构图如图 2.44 所示。制作集成电路需采用一定的工艺，把一个电路中所需的晶体管、电阻、电容和电感等元器件及布线互连在一起，制作在一小块或几小块半导体晶片或介质基片上，然后封装在一个管壳内，成为具有所需电路功能的微型结构。其中的所有元器件在结构上已组成一个整体。这样，整个电路的体积大大缩小，并且引出线和焊接点的数目也大为减少，从而使电子元器件向着微小型化、低功耗和高可靠性方面迈进了一大步。

图 2.44　集成电路的外形结构图

2.5.2　单片机及其代换

　　单片机，就是把中央处理器 CPU、随机存储器 RAM、只读存储器 ROM、定时器/计数器及输入/输出（I/O）接口电路等主要计算机部件，集成在一块集成电路芯片上的微型计算机。因此，被称为单片微控制器，简称单片机（MCU）。单片机的外形结构如图 2.45 所示。

图 2.45　单片机的外形结构

　　在小家电电路中，单片机是整个电路的控制中心，用于实现人机对话、监测工作电流和电网电压，以及操作、报警、显示当前状态等功能。小家电中通常采用 8 位单片机系统，并且无须外接存储器，时钟频率多为 4～8MHz。

　　任何型号单片机中的 CPU 在工作时，都必须具备以下三个基本条件。

　　① 必须有合适的工作电压。电磁炉中一般采用+5V 工作电压，即 V_{DD} 电源正极和 V_{SS} 电源负极（地）两个引脚。

　　② 必须有复位（清零）电压。由于单片机电路较多，在开始工作时必须处在一个预备状态，这个进入状态的过程叫复位（清零）。外电路应给单片机提供一个复位信号，使微处理器中的程序计数器等电路清零复位，从而保证微处理器从初始程序开始工作。

　　③ 必须有时钟振荡电路（信号）。单片机内由于有大规模的数字集成电路，这么多的数字电路组合对某一信号进行系统的处理，就必须保持一定的处理顺序及步调的一致性，此步调一致的工作由"时钟脉冲"控制。单片机的外部通常外接晶体振荡器（晶振）和内部电路组成时钟振荡电路，产生的振荡信号作为微处理器工作的脉冲。

　　当怀疑单片机有问题时，首先应检查单片机的三个工作条件是否正常，其次再检查单片机本身。由于每种小家电机型中的单片机内部的只读存储器（ROM）内的数据（运行程序）是不尽相同的，而且各厂家对各个 I/O 端口的定义也各不相同，因此，它的可代换性很小。

　　若确认单片机损坏，只能向售后维修单位或厂家索取，有条件的也可以自己烧录。也可找同型号、同软件版本的产品废件进行拆解维修。

2.5.3　三端稳压器及其代换

　　许多小家电尽管从外部来看，都由 220V 的市电电网供电，但在其内部，大部分都需要将交流电转换成不同规格的低压直流电，这就必须用到直流稳压电源。

　　为了给小家电产品提供一个稳定的直流电压，一部分机型采用分立器件，另一部分机型采用集成三端稳压器。三端固定式集成稳压器只有三个引脚：输入、地线和输出，其输出电压固定不可调。

我国生产的三端稳压器以"W"为前缀，其他不同公司生产的器件采用不同的前缀和后缀，但主体名称均相类似。

W78××系列（输出正电源）和 W79××系列（输出负电源）集成稳压电源的输出电压有多种规格，如表 2.4 所示。

表 2.4　W78XX/79XX 系列稳压器的型号与输出电压对照表

型号	输出电压（V）	输入电压（V）	最大输入电压（V）	最小输入电压（V）
W7805/7905	+5/-5	+10/-10	+35/-35	+7/-7
W7806/7906	+6/-6	+11/-11	+35/-35	+8/-8
W7809/7909	+9/-9	+14/-14	+35/-35	+11/-11
W7812/7912	+12/-12	+19/-19	+35/-35	+14/-14
W7815/7915	+15/-15	+23/-23	+35/-35	+18/-18
W7818/7918	+18/-18	+26/-26	+35/-35	+21/-21
W7824/7924	+24/-24	+33/-33	+40/-40	+27/-27

输出正电压的稳压器以 W78×× 命名，78 后面的数字代表输出正电压的数值（V），有 5V、6V、9V、12V、15V、18V 和 24V 七个挡位；78 后面的字母表示最大工作电流，其中 L 表示最大输出电流为 100mA，M 表示最大输出电流为 500mA，无字母表示最大输出电流为 1.5A（加散热器）。

输出负电压的稳压器以 W79×× 命名，后面的数字和字母所代表的意义与 W78×× 系列相同。

三端稳压器的封装形式常有金属封装和塑料封装两种，其外形和引脚功能如图 2.46 所示。

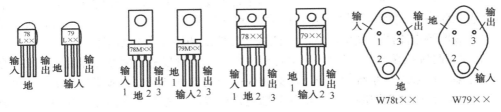

图 2.46　三端稳压器的外形和引脚功能

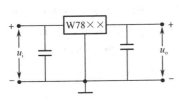

图 2.47　W78×× 系列集成稳压器的基本应用电路

图 2.47 所示的是 W78×× 系列集成稳压器的基本应用电路。实际应用中，需根据实际所需要的输出电压值选用适合的稳压器的型号。例如，需要+12V 的稳定电压，那么就选用 W7812 器件；如果只需要较小的电流（<50mA），可选带"L"的 W78L12（或 W7812L）器件。需注意的是，应正确选择输入电压 u_i 值，根据稳压器自身的要求，输入电压 u_i 应至少比输出电压 u_o 大 2～3V；考虑到电源波动及负载变化对 u_i 产生的影响，应考虑满负载时 u_i 值比 u_o 值大

4V 左右为宜；如果去掉负载，输入端一样有较大的滤波电容存在，u_i 值会提高 20%左右。

国产 78/79 系列三端集成稳压器用字母"CW"或"W"表示。例如，CW78L05、W78L05、CW7805 等。"C"是英文 CHINA（中国）的缩写，"W"是稳压器中"稳"字的第一个汉语拼音字母。进口 78/79 系列三端集成稳压器用字母 AN、LM、TA、MC、NJM、RC、KA、μPC

表示，如 TA7806、MC7806、AN7806、μPC7806、LM7906 等。不同厂家生产的 78/79 系列三端集成稳压器，只要其输出电压和输出电流等参数相同，就可以相互代换使用。

2.6　其他元器件

2.6.1　晶振

具有时钟振荡电路是单片机的工作条件之一。振荡电路主要由晶振组成。晶振的外形结构如图 2.48 所示。

（a）金属晶振　　　　　　　（b）贴片晶振

图 2.48　晶振的外形结构

检测石英晶体，首先从外观上检查，正常的石英晶体表面整洁，无裂纹，引脚牢固可靠，电阻值为无穷大。若用万用表测得的电阻很小甚至接近于零，则说明被测晶体漏电或已被击穿损坏；若所测得的电阻为无穷大，说明石英晶体没有击穿漏电，但不能断定晶体是否损坏。

2.6.2　蜂鸣器

蜂鸣器在小家电中主要用于发出提示与报警声，告诉使用者现在进行的工作状态如何。蜂鸣器的外形及符号如图 2.49 所示。

BUZ　　　　　BUZ

（a）外形　　　　　　　（b）符号

图 2.49　蜂鸣器的外形及符号

检测蜂鸣器时，将指针式万用表置于 R×1k 挡或数字式万用表置于"▷⊢"挡，两表笔一搭一放碰触蜂鸣器的两引脚会发出"叭、叭"的响声，表明蜂鸣器良好。电磁炉对蜂鸣器的要求不太严格，可以换用不同型号的代用件，只不过音质有些差异，但不影响效果。

2.6.3　数码管

数码管是目前常用的显示器件之一。数码管是以发光二极管作为显示笔段，按照共阴极或共阳极方式连接而成的。有时为了方便使用，将多个数字字符封装在一起成为多位数码管。

数码管按段数分，可分为七段数码管和八段数码管，八段数码管比七段数码管多一个发光二极管单元（多一个小数点显示）；按能显示多少个"8"，可分为 1 位、2 位、4 位等数码管；按发光二极管单元连接方式，可分为共阳极数码管和共阴极数码管；按发光强度，可分为普通亮度 LED 数码显示器和高亮度数码显示器；按字高，可分为 7.62mm（0.3 英寸）、12.7mm（0.5英寸）直至数百毫米；按颜色分，有红、橙、黄、绿等几种；按发光强度，可分为普通亮度

LED 数码显示器和高亮度数码显示器。常见数码管的外形结构如图 2.50 所示。

图 2.50　常见数码管的外形结构

数码管的 7 个笔段电极分别为 A～G，DP 为小数点，如图 2.51 所示。通过八个发光段的不同组合，可以显示 0～9（十进制）和 0～15（十六进制）等 16 个数字字母，从而实现整数和小数的显示。

数码管内部发光二极管有共阴极和共阳极两种连接方式。数码管的内部连接方式如图 2.52 所示。

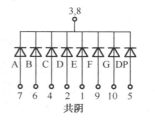
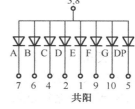

图 2.51　数码管的电极　　　　图 2.52　数码管的内部连接方式

共阳极数码管是指将所有发光二极管的阳极接到一起，形成公共阳极（COM）的数码管。共阳极数码管在应用时应将公共极 COM 接到+5V，当某一字段发光二极管的阴极为低电平时，相应字段点亮；当某一字段的阴极为高电平时，相应字段不亮。例如，当段 A、B、G、C、D 接低电平，而其他段输入高电平时，则显示数字"3"。

共阴极数码管是指将所有发光二极管的阴极接到一起形成公共阴极（COM）的数码管。共阴极数码管在应用时应将公共极 COM 接到地线 GND 上，当某一字段发光二极管的阳极为高电平时，相应字段点亮；当某一字段的阳极为低电平时，相应字段不亮。例如，当段 A、B、G、C、D 输入高电平，而其他段输入低电平时，则显示数字"3"。

思考与练习2

1．简述电阻的作用及分类。
2．写出色环电阻上的颜色与数值的对应关系。
3．怎样识读四色环电阻？
4．简述几种特殊电阻的作用及其检测方法。
5．简述电容的作用及分类。
6．用指针式万用表怎样检测电解电容？
7．简述电感的作用及分类。
8．简述用万用表检测变压器的方法。
9．简述二极管的分类及几种特殊二极管的作用。
10．简述用万用表检测、判断二极管的方法与步骤。

11. 简述三极管的分类。
12. 简述用指针式万用表检测、判断三极管的方法与步骤。
13. 什么叫单片机，它的工作条件是什么？
14. 三端稳压器的作用是什么？它是怎样命名的？
15. 数码管的内部连接方式有几种？它是怎样工作的？
16. 怎样用万用表检测数码管？

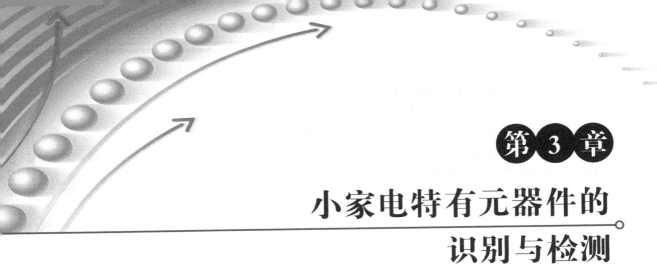

第 3 章
小家电特有元器件的
识别与检测

小家电产品的内部电路是由各种电子元器件构成的。由于各类产品的使用性能、工作原理等的不同，决定了该产品具有一定的"特有元器件"。本章从维修的角度出发，详细介绍小家电电路中的特有元器件的外形、符号、识别与检测方法，旨在使初学者一目了然、轻松入门。

3.1 电热元器件

在小家电中，能将电能转换成热能的元器件称为电热元器件，它是电热器具的核心。小家电中常见的电热元器件有电阻式电热元器件、红外线电热元器件、感应式电热元器件、微波式电热元器件和 PTC 电热元器件等几种。

▶ 3.1.1 电阻式电热元器件

1．电热材料

电阻式电热器具是利用电流的热效应来工作的，发热元件通常采用合金材料。在家用电器中，合金电热材料多选用高电阻的镍基合金和铁基合金。

2．绝缘材料

绝缘材料又称为电介质，即不导电的材料，如云母、氧化镁、橡胶等。绝缘材料在电热器具中主要起支撑、固定、散热、防潮及保护电热元器件等作用。

3．绝热材料

绝热材料是指导热性能较差的物质，如石英砂、石棉、石棉云母等。

绝热材料在电热器具中主要起保温、隔热及提高热效率等作用。同时，它还起到减少电热元器件对人身的热烫伤危险及防止火灾的作用。

4．常用的电阻式电热元器件

在实际应用中，一般先将合金电热材料制成电热丝，经过二次加工制成各种电阻式电热元器件。

（1）开启式螺旋形电热元器件

这种电热元器件是将电热丝绕制成螺旋状，然后嵌装在由绝缘耐火材料制成的底盘上或支架上，直接裸露在空气中，其结构如图 3.1 所示。

图 3.1　开启式螺旋形电热元器件的结构

（2）云母片式电热元器件

将电热丝缠绕在云母片上，再在外面覆盖一层云母进行绝缘，结构如图 3.2 所示。为安全起见，这种电热元器件一般置于某种保护罩下，如电熨斗中的电热元器件。

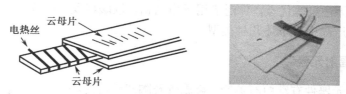

图 3.2　云母片式电热元器件的结构

（3）封闭式电热元器件

其结构是将电热丝装在用绝缘导热材料隔开的金属管或金属板内。封闭式电热元器件主要由电热丝、金属护套管、绝缘填充料、封口材料和引出线等组成，如图 3.3 所示。这种电热元器件一般用在热得快、电饭锅等小家电中。

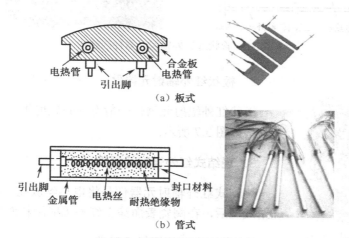

图 3.3　封闭式电热元件的结构

（4）线状电热元器件

线状电热元器件是在一根用玻璃纤维或石棉线制作的芯线上缠绕电热丝，再套一层耐热尼龙编织层，在编织层上涂敷耐热聚乙烯树脂，其结构如图 3.4 所示。这种电热元器件一般用在电热褥中，其结构如图 3.4 所示。

（5）薄膜型电热元器件

薄膜型电热元器件是一种用康铜或康铜丝作为电热材料、聚酰亚胺薄膜作为绝缘材料的新型电热元器件，它可以制成片状或带状，其结构如图 3.5 所示。薄膜型电热元器件具有以下特点：厚度小、柔性好、耐老化、性能稳定、可以进行精确的恒温控制等。

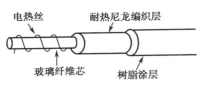

图 3.4　线状电热元器件的结构

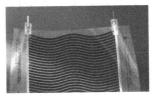

图 3.5　薄膜型电热元件的结构

▶ 3.1.2　远红外线电热元器件

红外线是一种电磁波，其加热基本原理是先使电阻发热元件通电发热，利用此热能来激发红外线辐射物质，使其辐射出红外线对物体加热。远红外线电热元器件具有升温迅速、穿透能力强、节省能源、无污染等优点，广泛应用于电烤箱、取暖器及电吹风等小家电中。远红外线电热元器件在家电产品中有下述几种类型。

1．管状红外辐射元器件

管状红外辐射元器件有乳白石英管、金属管及陶瓷管等几种。在石英管内装置具有引出端的螺旋电热丝，两端用耐热绝缘材料密封，以隔绝外界空气，防止电热丝氧化。当电热丝发热时，元器件表面可发出强烈的红外线辐射对物体进行加热。其结构如图 3.6 所示。

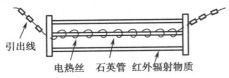

图 3.6　管状远红外辐射元器件的结构

2．板状红外辐射元器件

板状红外辐射元器件一般有红外辐射板、电热丝及壳体组成。其结构如图 3.7 所示。

3．烧结式红外辐射元器件

烧结式红外辐射元器件是将电热丝放在生陶瓷器中，经高温烧结成型后，在陶瓷表面涂上红外辐射涂料而制成的。

图 3.7　板状红外辐射元器件

4．黏结式红外辐射元器件

黏结式红外辐射元器件是在发热丝的表面涂以耐热黏结剂，再将红外辐射陶瓷黏附在电阻发热丝上，通电后用自身加热法黏结在一起而制成的。

▶ 3.1.3　PTC 电热元器件

PTC 电热元器件是具有正电阻温度系数的新型发热元器件。这种元器件通常是以钛酸钡为基料，掺入微量稀土元素，经陶瓷工艺烧结而制成的烧结体。在 PTC 电热元器件上加直流或交流电源，便可获得某一范围内恒定的温度。

利用陶瓷工艺，PTC 电热元器件可以制成不同的形状、结构及外形尺寸，并可以根据需要确定元器件的数量和排列方式，通常有圆盘形、蜂窝式、口琴式和带式等结构。其结构如图 3.8 所示。

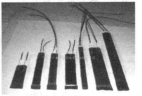

图 3.8　PTC 电热元器件的结构

PTC 电热元器件的阻值随温度的变化而变化。其电阻率与温度的特性曲线如图 3.9 所示。在温度低于转折温度 T_P 时，随着温度的升高，电阻率略减小，呈现出负温度系数性质；当温度升高到超过 T_P 时，其电阻率随着温度的升高而急剧增大，呈现出很大的正温度系数特性。这种阻值异常变化的现象被称为 PTC 特性，这个转折温度 T_P 被称为居里温度或居里点。

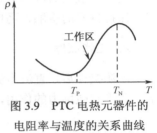

图 3.9　PTC 电热元器件的
电阻率与温度的关系曲线

利用 PTC 元器件中的这一性质可以制成恒温加热源。通电后，在低于居里点时，相当于普通的电阻性电热元器件；当温度达到居里点后，由于它的电阻值急剧增大，使电流减小了很多，温度不再上升，保持在一定范围内不变。

在实际产品中，可通过制作工艺和添加不同材料来改变其居里点。目前，PTC 元器件一般可实现在 -30～265℃ 的范围内调节温度。

▶ 3.1.4　感应式、微波式电热元器件

导体在交变磁场中可以产生感应电流，即涡流。感应式电热元器件是利用涡流能够在导体内部电阻上产生热效应的原理制成的，如电磁炉中的线盘（线圈）。其外形结构如图 3.10 所示。

微波是电磁波，频率较高。微波炉工作时，电能首先转换成微波能量，再对物体进行加热。

图 3.10　感应式电热
元器件的外形结构

3.2　电动器件

在小家电中，将电能转换为机械能而做功的器件，称为电动器件。最常用的电动器件是各种电动机及其调速装置，它是家用电动器具的核心部件。

家用电动器具所使用的电动机，一般都是微型电动机，功率多在 20～750W 之间。这些电动机体积较小，一旦损坏，目前在维修行业大都是整体代换。因此，本节对它的结构不做过多详细的介绍，重点放在介绍其工作原理及结构特点等方面。

▶ 3.2.1　永磁式直流电动机

1. 结构

永磁式直流电动机主要由定子、转子、换向片、电刷等组成，其结构如图 3.11 所示。

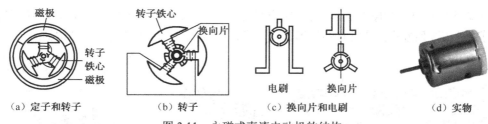

图 3.11 永磁式直流电动机的结构

定子是由永久磁铁制成的，定子磁场是由永久磁铁产生的。

转子又称为电枢，由转子铁心和电枢绕组共同组成，是直流电动机的转动部件。换向片是相互绝缘的弧形铜片，它和转子上的绕组线圈的一端相连。

电刷一般用石墨和磷铜片制成。两个电刷平行地安装在换向片两侧，依靠电刷的弹性与换向片保持良好的接触，而电刷的另一端与电源相连接。

2．工作原理

电源接通后，直流电流经电刷、换向片流入电枢绕组。因通电线圈（电枢）在磁场中（定子）会受到磁场力的作用，该磁场力会产生合力矩，使电枢开始转动，即转子转动。

3．特点

（1）易于实现正/反转

只要改变转子电流的方向，就能改变转子的旋转方向，即只要将连接电源的两引线互换便可实现反转。

（2）结构简单，体积小，转速稳定。

（3）只适用于低压直流电源，功率较小。

▶ 3.2.2 交/直流通用电动机

交/直流通用电动机又称为单相串励电动机。它具有体积小、转速高（可达到 20000r/min 以上）、启动力矩大、速度可调等优点，因此在小家电中得到了广泛的应用。

1．结构

交/直流通用电动机主要由定子、转子（电枢）、换向器及电刷等组成，其结构如图 3.12 所示。

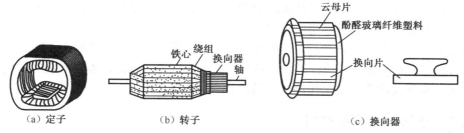

图 3.12 交/直流通用电动机的结构

定子由定子铁心和定子绕组（励磁绕组）组成。铁心由硅钢片叠压而成，定子绕组安装在铁心上。

转子由电枢铁心、电枢绕组和换向器、转轴等组成。转子上的每个线圈与换向片通过有规律的连接，使电枢绕组形成一个闭合回路。

换向器由换向片、云母片、塑料等组成。其作用是将电刷输入的电流轮流分配到相应的绕组上。

2．工作原理

交/直流电动机的工作原理如图 3.13 所示。由于励磁绕组与电枢绕组串联，电动机一旦通电后，励磁绕组产生磁场，电枢绕组可被看成是磁场中的通电导体，因此，通电导体在磁场中受到合力矩，从而使转子转动起来。

当电流方向改变时，励磁绕组和电枢绕组的电流方向同时改变，因此电枢绕组受到的转矩方向不变。所以，无论是接入交流电，还是直流电，转子的旋转方向始终不变。

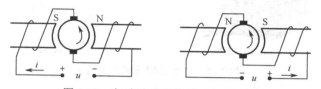

图 3.13　交/直流电动机的工作原理图

3．特点

（1）交/直流两用

使用交流电源与使用对应的直流电源都能产生同样大小的转矩。

（2）转速高，调速方便

转速可达到 20000r/min 以上。调速方法有多种形式，最简单的调速是通过调整电源电压，即可方便地调整转速。

（3）缺点

结构较复杂，运转噪声大，会产生无线电干扰等。

3.2.3　单相交流感应式异步电动机

单相交流感应式异步电动机简称单相异步电动机。它只需单相 220V 交流电源，使用方便，是小家电中使用最多的电动机，常用在洗衣机、电风扇、吸尘器、抽油烟机等电器中。

1．结构

单相异步电动机主要由定子和转子两大部分组成，其结构如图 3.14 所示。

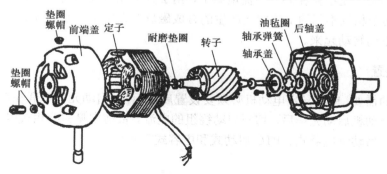

图 3.14　单相异步电动机的结构

（1）定子

定子是单相异步电动机的静止部分，它由定子铁心和定子绕组两部分组成。定子铁心是用硅钢片叠压而成的。定子绕组一般有两组：一组称为主绕组，也称工作绕组或运行绕组；另一组称为副绕组，也称为启动绕组。定子绕组的引出线一般有三根：一根称为公共端，常用 C 表示；一根是主绕组的引出端，常用 M 表示；另一根是副绕组的引出端，常用 S 表示。定子结构及接线图如图 3.15 所示。

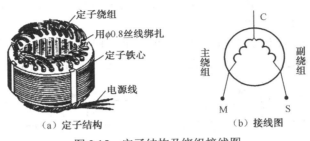

图 3.15　定子结构及绕组接线图

（2）转子

转子是单相异步电动机的转动部分，它由铁心和绕组两部分组成。转子铁心由多片硅钢片叠合而成，而转子绕组通常采用压铸的方法制成，转子结构如图 3.16 所示。

2．工作原理

单相异步电动机定子的两组主、副绕组，在空间中互成 90° 相位角，在这两个绕组中必须通入相位不同的电流，才能产生旋转磁场。即，必须用分相元件让同一个交流电源产生两个相位不同的电流。

常用的分相方式有两种：电容分相和电阻（又称为阻抗）分相，如图 3.17 所示。

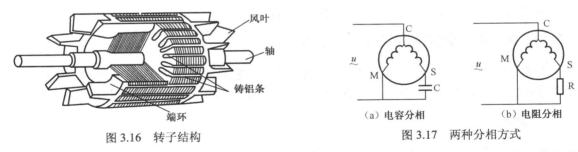

图 3.16　转子结构　　　　图 3.17　两种分相方式

当电动机的两个绕组接在同一交流电源上，由于分相元件的作用，使副绕组中的电流超前于主绕组。这两个相位不同的交流电流产生的合成磁场会在定子铁心的气隙内旋转，转子便因处于旋转磁场中而转动起来。

3．启动装置

由于分相的需要，单相异步电动机必须要设置启动元件。启动元件串联在启动绕组线路中，它的作用是在电动机启动完毕后，切断启动绕组的电流。目前常见的分相式电动机的启动装置有离心开关式、启动继电器式、PTC 启动式和电容式等几种。

3.2.4 罩极式电动机

罩极式电动机的结构如图 3.18 所示。其定子铁心多数是凸极式，由硅钢片叠压而成，每个极上都绕有主绕组。磁极极靴的一边开有一个小槽，在其较小的部分上套有一铜质短路环，成为罩极线圈。转子为笼形转子。

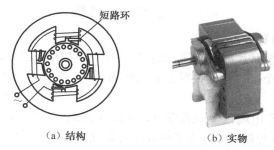

（a）结构　　　　　　　　　　　（b）实物

图 3.18　罩极式电动机的结构

当主绕组通电后，磁极中便产生交变磁场，形成变化的磁通量，其中一部分通过罩极，在短路环中产生感应电流。根据楞次定律可知，磁极被罩部分的交变磁场在相位上滞后于未罩部分，即两者存在相位差。因此，可以形成一个旋转磁场，在旋转磁场的作用下，转子启动并正常运转。

3.3　控制系统及自动控制器件

小家电中的控制系统可实现启停控制、温度控制、功率控制、调速控制等功能。自动控制元件因此也较繁多，除前面介绍过的开关电位器、二极管、三极管、晶闸管和单片机外，本节主要介绍温控器、继电器和定时器。

3.3.1 温控器

在小家电中，根据采用的感温元件的不同，常用的温控器有双金属温控器、磁性温控器、热电偶温控器及电子温控器等。

1．双金属温控器

双金属温控器是将两种热膨胀系数相差很大的金属材料按特殊工艺辗压在一起制成双金属片，如图 3.19 所示。其中，热膨胀系数大的称为主动层，热膨胀系数小的称为被动层。在常温时，两金属内部无应力，因此不发生形变；当加温时，由于两金属材料的膨胀系数不一样，产生内应力，引起形变，主动层向被动层一面弯曲形变，从而产生弹力。

主动层
被动层
（a）常温时 　　　　　（b）加热时

图 3.19　双金属片的结构及工作特点

双金属片根据实际的需要，经二次加工后可制作各种形状。在小家电中，常见的有直条形、U 形及碟形等几种形状，如图 3.20 所示。

双金属片是一种热驱动电气元件，它可将热量转换成机械位移量的变化，也就是说，它的动作原动力是热源。利用双金属片的形状会随温度的变化而改变这一特性，可将其作为温控器中的感温元件。

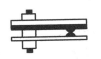 

（a）直条形双金属片　　　（b）U 形双金属片　　　（c）螺形双金属片

图 3.20　几种常见的双金属片

双金属温控器的热源有三种。

① 环境传热。指双金属片周围介质（如空气）经热辐射方式传给双金属片热量。

② 热源加热。将一个电热元件设置在金属片的周围，它所产生的热量以对流和辐射的方式传给双金属片。

③ 自身发热。让工作电流直接地或部分地流过双金属片，利用双金属片本身的电阻发热。

双金属片能实现温度控制，但是为了使温度可随使用要求而调整，还需另设调温机构。有调温功能的双金属温控器一般由双金属片、触点及调温螺旋杆等部分组成，如图 3.21 所示。触点的形式有动合触点（常开触点）和动断触点（常闭触点）两种。

（a）结构　　　　　　　　　　　　　（b）实物

图 3.21　双金属温控器的结构

调温机构一般通过改变双金属片或弹簧片的初始压力来调节其动作温度。以常闭型温控器为例来说明其调温原理。当旋动调温旋钮时，调温螺丝即随之转动，也就调整了两个触点的压紧程度。如向高调温，应使两触点压得更紧一些，这样，只有当双金属片在温度较高、发生较大形变时，才能使两触点脱离；向低调温，则反之。

2．磁性温控器

磁性温控器是利用磁性材料的磁性随温度变化的特性制成的。铁、镍等一些铁磁材料在常温下可以被磁化而与磁铁相吸，当温度升高到某一数值时，其导磁性能会急剧下降，最终磁性会完全消失而变成一般的非磁性物质。这个温度称为居里温度点。

不同铁磁性物质的居里温度点是不相同的。以目前的技术，可制造出居里温度点在 30～150℃的感温磁性材料。利用这些感温磁性材料，可以制成多种规格、动作的磁性温控器。

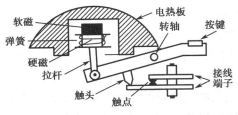

图 3.22　磁性温控器的结构及工作原理

磁性温控器主要由永久磁钢和感温材料（软磁）组成，其结构和工作原理如图 3.22 所示。

磁性温控器置于电热板的中部，在位置固定的感温软磁下有一个永久磁钢（硬磁），硬磁和软磁之间有一弹簧。在常温下，弹簧的弹力小于磁力与硬磁重力之和。

常温时，按下操作按键，软磁吸住硬磁，使它们所带动的两个触点闭合，电热元件通电发热。当电热板的温度升高到接近居里温度点时，软磁的磁性突然消失；此时，弹簧的弹力大于硬磁的重力，迫使硬磁下落，与其相连的杠杆连动使触点断开，切断电源。

3．电子温控器

电子温控器大多采用负温度系数的热敏电阻作为感温元件。负温度系数热敏电阻（NTC）的阻值随温度的升高而明显减小，利用这一特性，常将 NTC 接在由分立元件、集成电路或单片微处理器的输入电路中，将温度的变化转换为电量的变化，然后经电路放大，驱动执行机构动作，实现对电热元件的控制。

3.3.2　继电器

继电器是在小家电的自动控制电路中起控制与隔离或保护主电路作用的执行部件，它实际上是一种可以用低电压、小电流来控制高电压、大电流的自动开关。

小家电中常用的继电器主要有电磁继电器、干簧管继电器和固态继电器等。电磁式继电器按所采用的电源来分，又可分为交流电磁继电器和直流电磁继电器。

1．电磁式继电器

电磁式继电器属于触点式继电器，主要由铁心、衔铁、弹簧、簧片及触点等组成，在电路中常用 "K" 或 "KA" 表示。其外形、结构和图形符号如图 3.23 所示。

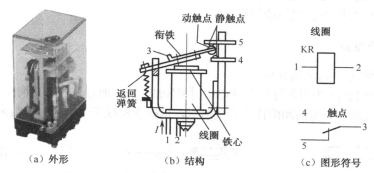

（a）外形　　　　　　　（b）结构　　　　　　　（c）图形符号

图 3.23　电磁式继电器的外形、结构和图形符号

（1）工作原理

当电磁式继电器线圈 1、2 两端加上工作电压时，线圈及铁心被磁化成为电磁铁，将衔铁 3 吸住，衔铁带动触点 3 与静触点 5 分离，而与静触点 4 闭合。这一过程称为继电器吸合状态。吸合后，线圈内必须有一定的维持电流才能使触点保持吸合状态。

线圈断电后，在弹簧拉力的作用下，衔铁复位，带动触头也复位。这一过程称为释放（或复位）状态。

常用的电磁式继电器触点形式有三种：动合触点（常开触点），动断触点（闭合触点），转换触点（动合和动断切换触点），它们的电路图形符号如图 3.24 所示。

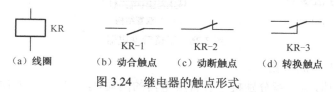

（a）线圈　　　（b）动合触点　　（c）动断触点　　（d）转换触点

图 3.24　继电器的触点形式

（2）主要参数

① 线圈电源与线圈功率。线圈电源是指继电器线圈使用的是直流电源还是交流电源。线圈功率是指继电器线圈所消耗的额定电功率。

② 额定工作电压与额定工作电流。额定工作电压、电流是指继电器正常工作时线圈所需要的电压值、电流值。

③ 吸合电压与吸合电流。吸合电压、电流是指继电器线圈能产生吸合动作的最小电压、最小电流值。

④ 释放电压与释放电流。释放电压、电流是指能使继电器产生释放动作的最大电压、最大电流值。

⑤ 线圈电阻。线圈电阻是指继电器线圈的直流阻值。已知此电阻值，可根据欧姆定律推算出额定电压和额定电流。

⑥ 触点负荷。触点负荷是指触点的带载能力，即触点能安全通过的最大电流和最高电压。

（3）电磁式继电器的检测

① 检测线圈的电阻值。各型号的继电器线圈阻值差异很大，一般为 2～2000Ω。若测得其阻值为无穷大，则说明线圈已断路损坏；若测得其阻值低于正常值很多，则说明线圈内部有短路故障。

② 检测触点。用万用表的 R×1 挡测量常闭触点的电阻值，正常时为零欧；将衔铁按下，此时常闭触点的阻值应为无穷大。若在没有按下衔铁时，测出某一组常闭触点有一定的阻值或无穷大，则说明该组触点已烧坏或氧化。

2．干簧管继电器

（1）干簧管继电器的结构和原理

将两片金属弹簧片（采用既导磁又导电的材料制成）平行地封装入充有惰性气体的玻璃管中，两簧片端部重叠处留有一定的间隙作为开关触点，这样就构成了干簧管。其结构如图 3.25 所示。

图 3.25　干簧管的结构

干簧管继电器是由干簧管和绕在其外部的电磁线圈等构成的，如图 3.26 所示。当线圈通电后（或永久磁铁靠近干簧管）形成磁场时，干簧管内部的簧片将被磁化，开关触点会感应出磁性相反的磁极。当磁力大于簧片的弹力时，开关触点接通；当磁力减小至一定值或消失时，簧片自动复位，使开关触点断开。

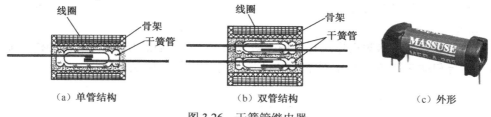

（a）单管结构　　　　（b）双管结构　　　　（c）外形

图 3.26　干簧管继电器

（2）干簧管继电器的检测

用万用表 R×1 挡，两表笔分别接干簧管继电器的两端，拿一块永久磁铁靠近干簧管继电器，此时万用表示数应为零欧，永久磁铁离开干簧管继电器后，万用表示数应为无穷大，这说明干簧管基本正常。线圈的好坏直接用万用表欧姆挡就能测量。

3．固态继电器

固态继电器简称 SSR，是一种由固态半导体器件组成的新型无触点的电子开关器件。它的输入端仅要求很小的控制电流，驱动功率小，能用 TTL、CMOS 等集成电路直接驱动，其输出回路采用较大功率晶体管或双向晶闸管的开关特性来接通或断开负载，达到无触头、无火花地接通或断开电路的目的。

固态继电器按使用场合不同可分为直流型（DC-SSR）和交流型（AC-SSR）两种。它们只能分别做直流开关和交流开关，不能混用。由于其内部电路较复杂，暂不做详细介绍。其电路图形符号如图 3.27 所示。

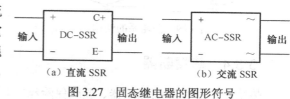

（a）直流 SSR　　　　　　（b）交流 SSR

图 3.27　固态继电器的图形符号

▶ 3.3.3　定时器

时间控制器件简称定时器，是一种控制小家电工作时间长短的自动开关装置。定时器按其结构特点，可分为机械式、电动式和电子式三种。其中，机械式和电子式在实际应用中较广泛。

1．机械式定时器

机械式定时器的内部实际上是机械钟表机构，主要由能源系、传动轮系、擒纵调速系和凸轮控制系等四大系统组成，其结构及外形如图 3.28 所示。

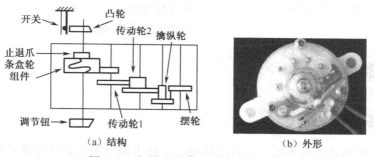

（a）结构　　　　　　　　　　　　（b）外形

图 3.28　机械式定时器的结构及外形

能源系主要由条盒轮组件和止退爪组成。发条是定时器的动力源，S 形地装在条盒轮内，当定时旋动调节钮时，盒内发条被卷紧，机械能就转换成弹力势能。

传动轮系由传动轮 1、传动轮 2 组成。定时后，发条的弹力势能进行转换，由条盒轮带动传动轮系进行转动。设置传动轮的目地是因为发条的圈数不是太多，以此来延长定时器一次上紧发条的持续工作时间。

擒纵调速系主要由擒纵轮和摆轮等组成，其主要作用是精确确定振荡系统的振荡周期，即准确计时。

凸轮系主要由凸轮和开关触点组成，其结构如图 3.29 所示。当需定时的时候，凸轮推动簧片使触点闭合，电路接通；定时后，凸轮也随发条的驱动而转动，当凸轮上的凹口转到对准簧片头时，在弹簧片弹力的作用下，带动触点断开，自动切断电源。

2. 电子式定时器

电子式定时器的电路形式较多，其外形结构如图 3.30 所示。

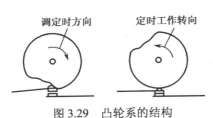

图 3.29　凸轮系的结构　　　　图 3.30　电子式定时器

◤ 3.3.4　热熔断器

热熔断器又称超温保险器、温度保险丝等。在电路中的文字符号为 Ft，外形图和图形符号如图 3.31 所示。其外形一般呈圆柱形，体积大小各异，外壳有铝管和瓷管两类，表面标注熔断温度（℃）、额定工作电压（V）及额定工作电流（A）等主要参数。正常的热熔断器电阻值为零，当热熔断器熔断后，其表面颜色变为深褐色，阻值为无穷大。

热熔断器是一种不可复位的一次性保护器件，以串联的方式接在电器电源输入端，其主要作用为过热保护。当使用中的家用电器出现不正常的温度或温控失灵导致温升过高时，热熔断器能迅速分断电路。

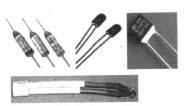

（a）几种热熔断器外形图　　　（b）图形符号

图 3.31　热熔断器图形符号

3.4　传感器

◤ 3.4.1　温敏传感器

小家电中常用的温度传感器主要有温敏电阻、热电偶及温敏晶体管等器件。

（1）温敏电阻

温敏电阻主要包括正温度系统温敏电阻（PTC）和负温度系数温敏电阻（NTC）两种类型。这部分内容可参看第 2 章的有关内容，这里不再重复。

（2）热电偶

当两种不同的导体组成闭合回路时，若两端结点温度不同（分别为 T_0 和 T），回路中就会产生电流，相应产生的电动势称为热电动势。这种装置称为热电偶，结构及外形如图 3.32 所示。

常用的热电偶温敏传感器有铂铑—铂热电偶、镍铬—镍铝热电偶、镍铬—镍硅热电偶和铜—康铜热电偶。

热电偶一般都设有保护装置，以延长器使用寿命。根据变化装置的不同，可构成不同结构的热电偶，如金属套管热电偶、铠装热电偶和绝缘层封装热电偶等。

（3）晶体管温敏传感器

晶体管温敏传感器一般是利用晶体管发射结的温敏效应（通常是将晶体管的基极与集电极

短接）来检测温度的，检测温度的范围为-50～200℃。

（4）集成温敏传感器

集成温敏传感器是将温敏晶体管及其相关电路集成在同一芯片内的传感器件。它的最大特点是直接给出绝对温度的理想输出电压信号。小家电上使用的集成温敏传感器，其温度范围主要为-50～150℃，如 AD590、AN6710、LM35（35A、35CA、35C、35D）等集成温敏传感器。集成温敏传感器外形图如图 3.33 所示。

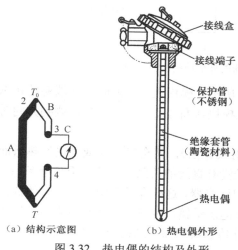

（a）结构示意图　　（b）热电偶外形

图 3.32　热电偶的结构及外形

图 3.33　集成温敏传感器的外形

3.4.2　气敏传感器

气敏传感器是用来检测气体的类别、浓度和成分的传感器。它可将气体浓度的变化转换为电信号。在排烟机等电器中，主要运用气敏传感器检测室内有害气体（如一氧化碳、煤气等气体）的浓度，以及控制设备自动报警和接通排风扇，将有害气体排出室外。气敏传感器的结构、外形及符号如图 3.34 所示。

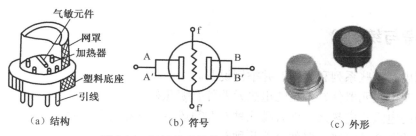

（a）结构　　　　　（b）符号　　　　　　　（c）外形

图 3.34　气敏传感器的结构、外形及符号

3.4.3　红外线传感器

自然界中任何有温度的物体都会辐射出红外线，只不过辐射出的红外线波长不同而已。人体辐射的红外线波长约为 10000nm。根据人体红外线波长的这个特性，如果用一种探测装置，能够探测到人体辐射的红外线而去除不需要的其他光波，就能实现采集人体活动信息的目的。因此，就出现了探测人体红外线的传感器。

红外线传感器是将红外辐射能量变化转换成电信号的装置，它是根据热电效应和光子效应原理制成的。运用热电效应制成的传感器称为热释电型红外传感器，运用光子效应原理制成的传感器称为量子（光子）型红外传感器。热释电型红外传感器的外形结构及符号图如图 3.35 所示。

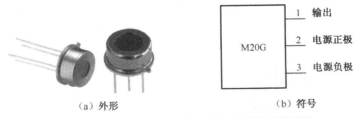

(a) 外形　　　　　　　　　　　　　(b) 符号

图 3.35　热释电型红外传感器的外形结构及符号图

热释电型红外传感器的检测连线图如图 3.36 所示，模块接上电源时输出端初始状态为高电平，约 20s 后模块恢复静态。此时，如果有人在模块前面移动时，模块能检测到并同时输出与感应信号相一致的电平，LED 点亮。

热释电型红外传感器只要接受到红外线（照射或遮挡），就会产生（或失去）热量而有电压信号输出，所以从理论上看，它与红外线的波长没有直接的关系。但从应用角度考虑，还是应选用那些适合于测定波长的材料来做传感器窗口滤光器，这样容易确定产生热量的红外线的波长范围。因此，热释电红外传感器前一般设置菲涅尔透镜，透镜的作用是将人体辐射的红外线聚焦、集中，以提高探测灵敏度。热释电型红外传感器的探头结构如图 3.37 所示。

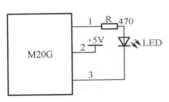

图 3.36　热释电型红外传感器的检测连线图　　　　图 3.37　热释电型红外传感器的探头结构

思考与练习3

1. 小家电有哪些系列和类型？并举例说明。
2. 什么叫电热元器件？常见的电热元器件有哪几种？
3. 常用的电阻式电热元器件有哪几种？并简述各自的结构和特点。
4. 常用的远红外电热元器件有哪几种？
5. PTC 电热元器件的特性是什么？
6. 简述永磁式直流电动机的结构和工作原理。
7. 简述交/直流电动机的结构和工作原理。
8. 简述单向交流感应式异步电动机的结构和工作原理。
9. 简述罩极式电动机的结构和工作原理。
10. 常用的温控器有哪几种？各自的特点是什么？
11. 简述磁性温控器的工作原理。
12. 画出电磁式继电器的图形符号，并简述其工作原理。

13. 怎样检测判断电磁式继电器的好坏？
14. 怎样检测判断干簧管继电器的好坏？
15. 定时器有哪几种形式？
16. 热熔断器的作用是什么？
17. 什么是红外线传感器？
18. 热释电型红外线传感器前为什么要设置透镜？

第 3 章

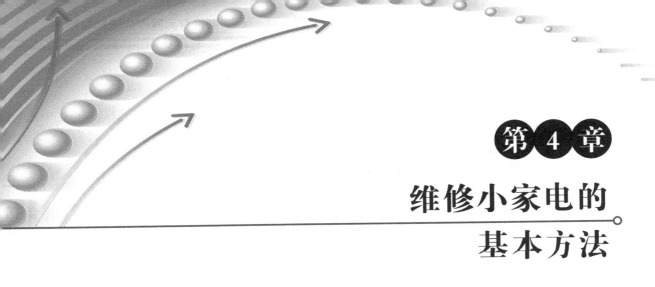

第 **4** 章

维修小家电的
基本方法

维修小家电是一项技术性很强而又细致的工作。当某款电器产品发生故障时，检修人员首先要细心观察故障现象，认真分析故障原因，逻辑判断故障部位；然后再仔细检查故障点，查找故障元器件，对故障元器件进行维修或替换；最后进行必要的复查和调试，使整机恢复良好的性能。

小家电种类繁多，故障庞杂，怎样才能快速地维修好？这就要求维修人员具备一定的理论知识和丰富的实践经验；同时，还需具备一些常用的维修工具、仪表等。本章主要介绍维修小家电应具备的条件、应注意的事项及基本维修方法。只有熟练掌握各种维修方法，才能又快又好地完成维修工作。

4.1 维修人员的基本功

▶ 4.1.1 维修人员应具备的条件

1．掌握基础理论知识

维修人员必须掌握一定的基础理论知识。基础理论知识，主要是指电工基础知识和电子基础知识，同时还包括电热、电动知识，以及仪表和工具的使用等。另外，还需了解各种家用电器的特点、工作原理及单元电路等。

2．准备图纸资料

维修前最好能准备好待修机的图纸资料，包括原理图、印制板图及说明书等。这样，便于了解本电器的电路原理、结构，便于检查电路。对于生疏的机型，无图纸的情况下，在拆卸时应做好记录工作，如记录拆卸顺序、元部件名称及原理草图等。

3．准备维修工具

准备好必要的维修工具、测量仪器、仪表等。必要的维修工具是提高维修效率的首要条件。

4．练好扎实的基本功

维修人员应掌握元器件质量好坏的判断、代用及更换等原则；应熟练掌握元器件的安装方式和焊接、拆焊工艺等；应熟练掌握工具及仪表的使用等。

5. 看懂电路图

看懂电路图是家电维修人员必须具备的基本功，但也是初学者最头疼的事情，下面主要谈谈这方面的经验。

① 掌握各种电子元器件的符号。电路图是由电阻元器件符号和导线、插件等组合而成的，识图首先要认识电路图中各种符号的实际意义。

② 掌握所看电路图的组成方框图。方框图能告诉你这个电路图是由哪几部分电路组成的，各电路之间是如何联系的，信号流程的大概来龙去脉。

③ 熟悉电路图中每一个电路的名称、作用，并熟悉每一部分电路输入什么信号，从哪些电路来，输出什么信号，到哪里去，中间信号如何变化等。

④ 对于集成电路，要熟悉该集成块都具有什么功能，这些功能分别由哪些引脚来完成，并了解有哪些输入、输出信号，分别来自何电路，又去向何处。

⑤ 对于基本单元电路，要了解它们的基本工作原理，并熟悉这些电路的特点，如各种放大电路、振荡电路、变频电路及各种电源电路等。

总之，看懂电路图并不难，只要不断学习、总结，一定能达到熟练的程度。

▶ 4.1.2　维修人员的安全意识

维修人员必须时刻把安全记在心上，这是头等重要是事情，切不可掉以轻心。维修时，必须时刻劳记以下原则。

① 要确保人机安全。人身安全应放在首位，应避免因操作不当造成触电事故的发生，同时应避免扩大机器（电器、仪表等）人为故障的发生或出现。

② 带电操作或测量时，一定要注意防止短路现象的发生。例如，测量时防止表笔的滑动，测量中不能转换量程，避免量程选择的不合理等。

③ 维修工作台和地面最好铺盖绝缘胶版。工作台面应经常保持干燥、干净、整洁，遇到雨雪天，要注意手、脚、头发和衣服的雨水避免带入工作台。

④ 当电器内的保险丝烧毁时，在未查明短路故障的原因之前，不可随意更换新保险丝，更不可随意用大容量规格的保险丝或铜丝来代替当前保险丝。

⑤ 重物或工具不要放置在检修电器的机壳上，防止落下后砸坏机内元器件或使电路短路。

⑥ 拆卸下的螺丝、元器件要妥善保管，便于维修后整机装配。

⑦ 在通电维修时，最好单手操作。

⑧ 电烙铁是最常用的工具，它的电源线经常会发生卷绕，出现这种情况，就应随时理顺。除应防止被电烙铁烫伤之外，还应特别注意别让电烙铁把电源线烫破。

⑨ 机内不得留有任何异物，如线头、螺丝、垫片之类。安装时，元器件不得碰外壳或底座。

▶ 4.1.3　小家电检修中的注意事项

1. 切忌盲目拆卸

在没有图纸和没有真正弄懂小家电的结构原理的情况下，不可随意拆开电器乱加检查，否则会越"修"越坏，以至报废。即使在了解原理结构、看懂图纸的情况下，也应仔细考虑拆卸检查的步骤。针对各种连接方法，应采用相应的工具进行拆卸，并记下各部位的相应位置和装配方法，以便维修之后的复原。

2．不能随意调整可调元器件

小家电中的一些可调元器件是厂家在总装时为达到一定的性能指标进行调节的，一般都已调准，一旦改变，整体电气性能将被破坏。确实需要进行调节的，也应当在调节前做一标记，一旦调节失败，便于恢复。

3．不能随意采用代换元器件

当故障查找出来后，需要更换元器件时，应当采用同一型号的产品代换，不能随意代换，否则会使小家电的性能下降，使所更换的元器件很快损坏，严重时还会引发其他新的故障。真正需要代换时，也应遵循元器件代换的基本原则进行。

4．切记注意人机安全

新手维修人员，检修时（特别是当着顾客的面）应避免慌慌张张、手忙脚乱，因此，应加强焊接、测量、检修的基本功学习与演练；中级维修人员，应避免"大意失荆州"。安全问题应贯穿于维修的整个过程，至始至终注意安全。

5．对于一些虽经尽力维修，但最终没有维修好的小家电，应认真复原并详细给顾客解释。这样有多个好处，如可赢得顾客的理解和信任，避免"找后账"，也利于其他维修人员进行进一步检修等。

6．更换下来的损坏元器件应妥善保管。一是好给顾客交代或好收费；二是防止短时间内返修时，可参考对比（特别是一些特殊元器件）。

4.2 维修工具

▶ 4.2.1 焊接工具——电烙铁

在小家电维修中，常用的手工焊接工具是电烙铁。它用电来加热电阻丝或 PTC 电热元器件，并将热量传递给烙铁头来实现焊接。在装配及维修中，常用的是锡铅焊料，简称焊锡。为方便使用，焊锡通常做成焊锡丝，焊锡丝内一般都含有助焊的松香。电烙铁的种类很多，内热式电烙铁的外形如图 4.1 所示，由烙铁头、烙铁心、连接杆、手柄和电源线等几部分组成。由于烙铁心（发热元件）装在烙铁头里面，故称为内热式电烙铁。

普通的内热式电烙铁，烙铁头的温度是不能改变的。若工作的室内温度变化大时，可根据不同的季节选用不同规格（功率）的电烙铁来进行焊接。焊接电子元器件时，一般经验为：夏季选用 20W，春、秋季选用 35W，冬季选用 50W。

如果维修量大且条件许可，可配备一台热风拆焊器。热风拆焊器是新型锡焊工具，主要由气泵、印制电路板、气流稳定器、外壳和手柄等部件组成。它用喷出的高热空气将锡熔化，优点是焊具与焊点之间没有硬接触，所以不会损伤焊点与焊件，最适合高密度引脚及微小贴片元件的焊接。热风拆焊器的外形如图 4.1 所示。

图 4.1 热风拆焊器的外形

▶ 4.2.2　拆焊工具

在维修焊接过程中常需要更换元器件和导线，所以需要拆除原焊点。拆卸元器件最容易引起焊盘及印刷铜箔剥落，尤其是拆卸集成电路，拆不好容易破坏印制电路板，造成不必要的损失。因此，掌握正确的拆焊方法和拆焊工具的使用方法显得尤为重要。

常见的拆焊工具是吸锡器，有以下几种：医用空心针头、金属编制网、吸锡器、电热吸锡器和双用吸锡电烙铁等。不管是哪一种吸锡器的使用，都需要经过长期的练习，才能达到得心应手的效果，正应了"熟能生巧"这句话。读者可根据自己的习惯或条件任选一到两种。

医用空心针头外形和吸锡方法如图 4.2 所示。使用时，要根据元器件引脚的粗细选用合适的空心针头，常备有 9～24 号针头各一只。操作时，右手用烙铁加热元器件的引脚，使引脚上的锡全部熔化，这时左手把空心针头左右旋转刺入引脚孔内，使引脚与铜箔分离，此时针头继续转动，去掉电烙铁，等焊锡固化后，停止针头的转动并拿出针头，就完成了脱焊任务。

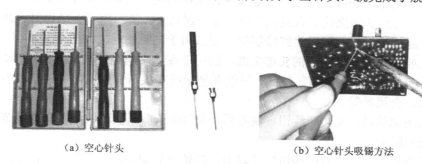

（a）空心针头　　　　　　　　　（b）空心针头吸锡方法

图 4.2　空心针头外形和吸锡方法

手动吸锡器的外形如图 4.3（a）所示。使用时，先把吸锡器末端的滑杆压入，直至听到"咔"声，则表明吸锡器已被锁定。再用烙铁对焊点加热，使焊点上的焊锡熔化，同时将吸锡器靠近焊点，按下吸锡器上面的按钮即可将焊锡吸上，如图 4.3（b）所示。若一次未吸干净，可重复上述步骤。手动吸锡器在使用一段时间后必须清理，否则其内部活动的部分或头部会被焊锡卡住。

（a）手动吸锡器　　　　　　　　　（b）吸锡器吸锡法

图 4.3　手动吸锡器的外形及吸锡方法

▶ 4.2.3　螺钉旋具

螺钉旋具又称螺丝刀、改锥或起子，是一种用以拧紧或旋松各种尺寸的槽形机用螺钉、木螺丝及自攻螺钉的手工工具。电磁炉维修中常用一字形、十字形或电动螺钉旋具等。螺钉旋具的外形结构如图 4.4 所示。

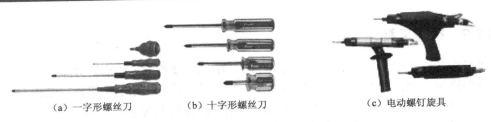

（a）一字形螺丝刀　　　　（b）十字形螺丝刀　　　　（c）电动螺钉旋具

图 4.4　螺钉旋具的外形结构图

使用时应按螺丝的规格选用合适的刀口，以小代大或以大代小都均会损坏螺丝刀、螺丝或电气元件。

4.2.4　剪切工具

在小家电的维修中，常用的剪切工具主要有钢丝钳、尖嘴钳、斜口钳及剥线钳等。

钢丝钳主要用于剪切或夹持导线、金属丝、工件的钳类工具，其结构如图 4.5（a）所示。其中，钳口用于弯绞和钳夹线头或其他金属、非金属物体；齿口用于旋动螺钉、螺母；刀口用于切断电线、起拔铁钉、削剥导线绝缘层等；侧口用于铡断硬度较大的金属丝等。

尖嘴钳又叫修口钳。尖嘴钳的头部尖细，适用于在狭小的空间操作，其外形如图 4.5（b）所示。钳头用于夹持较小的螺钉、垫圈、导线和把导线端头弯曲成所需的形状，小刀口用于剪断细小的导线、金属丝等。

斜口钳的头部偏斜，又叫断线钳、偏嘴钳，专门用于剪断较粗的电线和其他金属丝，其外形如图 4.5（c）所示。

剥线钳适宜给塑料、橡胶绝缘电线等剥皮，其外形如图 4.5（d）所示。它由钳口和手柄两部分组成，剥线钳钳口分有 0.5～3mm 的多个直径切口，用于与不同规格的线芯直径相匹配，切口过大难以剥离绝缘层，切口过小会切断芯线。

（a）钢丝钳　　　　（b）尖嘴钳　　　　（c）斜口钳　　　　（d）剥线钳

图 4.5　剪切工具

4.2.5　镊子

镊子是维修中必不可少的小工具，主要用于夹持导线线头、元器件、螺丝等小型物品。用于装置及焊接 1mm 宽的 SMT 电容和电阻组件、夹持所有平面 SMT 集成电路组件、夹持 SMT 圆柱形等组件时较为方便。镊子通常由不锈钢制成，弹性较大。其外形如图 4.6 所示。

图 4.6　不锈钢镊子

4.3 维修仪表

　　万用表是维修工作中必备的仪表之一，有条件的话可配备指针式和数字式万用表各一块，因条件所限至少应配备一块。指针式万用表的读数精度较数字式万用表稍差，但指针摆动的过程比较直观、明显，其摆动速度和幅度有时也能比较客观地反映被测量值的大小和方向，在判断晶体管的极性、测量电路正/反向电阻时尤为方便。常用的指针式万用表为 MF47 型，MF47 型万用表的外形结构如图 4.7 所示。

图 4.7　MF47 型万用表的外形结构

　　数字式万用表用于测量电压、电流时精确度高且测试非常方便，带有附加功能、可测量电容容量的数字式万用表，用于测试判断电容的好坏时更加方便。DT920A 型数字式万用表的外形结构如图 4.8 所示。

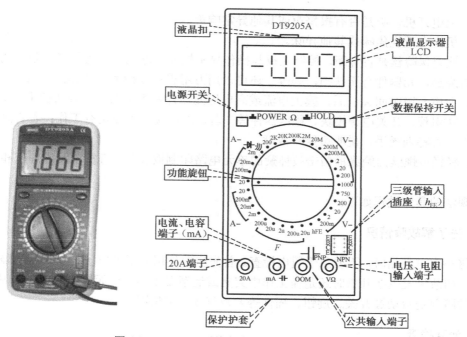

图 4.8　DT920A 型数字式万用表的外形结构

4.4 维修方法

　　维修小家电是一项技术性很强而又细致的工作。当某小家电发生故障时，检修人员要细心观察故障现象、认真分析故障原因、逻辑判断故障部位；然后再仔细检查故障点，查找故障元器件，对故障元器件进行维修或替换；最后进行必要的复查和调试，使整机恢复良好的性能。掌握正确的维修方法和检修程序会使维修工作事半功倍，少走弯路。下面介绍几种常用的维修方法。

▶ 4.4.1　直观检查法

　　直观检查法又称感觉法，是利用人的眼（看）、耳（听）、鼻（闻）、手（摸、拨）、振（振动），对机内外零部件进行检查来判断故障的。此法简便，对检查损坏型故障特别有效，不仅有助于快速判断故障，而且可以直接找到故障。因为此法不需要使用工具，所以在维修小家电中应优先采用。此法要诀是"看听闻、查摸振"，分述如下。

　　看：在断电的情况下，打开机盖，目测电路板、排线及各元器件外观有无异常。如果机壳、面板有破损，则说明该机在运输中被损坏或使用中受到人为的冲击，造成人为故障，视损坏的程度和部位能够推断可能引起的故障。看机内有无烧焦处，电容器上有无漏电黑迹和爆裂，线盘是否松散或烧焦，变压器绕组是否烧焦等。

　　用户送来因机内进水的小家电时，注意不能立即通电试机。首先打开机盖，认真审视机内各个元器件有无跳火痕迹、爆裂、烧焦等异常现象。再看控制板、主控板有无进水、油污、氧化锈渍、蟑螂排泄物等。还要看印制板上是否附着有含有油盐灰尘的混合物，这种混合物容易吸收空气中的水分成为导体材料，在元器件间产生漏电、短路的严重现象，损害元器件。对于直观的异常件应立即更换，再用无水酒精清洗控制板，使主板清洁光亮，最后用电吹风吹干待检测。

　　听：上电开机，听是否有报警声或其他异常响声。

　　闻：机内有无烧焦味或其他异味。

　　查：检查保险丝是否烧断，控制主板与操作显示板间的连线是否有差错、脱落现象，取样电阻是否烧焦，元器件有无缺损，等等。还可以用万用表初步检测各关键点电路。

　　摸：通电一段时间关机后，摸大电流或高电压元器件是否常温、温升或烫手，如整流桥、变压器、功率管、开关电源模块、稳压器件等。若常温，说明可能没有工作；若有温升，说明已经工作；若特别烫手，说明可能有故障。

　　振：轻轻用螺丝刀绝缘柄敲击被怀疑的单元电路印制板部分，查找电路虚焊点和接触不良性故障。

　　直观法的具体过程如下。

1．先了解故障情况

　　检修小家电产品时，不要急于通电检查。首先应向使用者了解电子产品设备故障前后的使用情况（如故障发生在开机时还是在工作中突然或逐渐发生的，有无冒烟、焦味、闪光、发热现象；故障前是否动过开关、旋钮、插件等）及气候环境情况。

2．外观检查

　　首先在不加电的情况下进行通电前检查。检查按键、开关、旋钮放置是否正确；电线、电缆插头是否有松动；印制电路板铜箔是否有断裂、短路、断路、虚焊、打火痕迹，元器件有无变形、脱焊、相碰、烧焦、漏液、涨裂等现象，保险丝是否烧断或接触不良，电动机、变压器、电线有无焦味或断线；继电器线圈是否良好、触点是否烧蚀等。

　　然后再做通电检查。通电前检查如果正常或排除了异常现象后，就可进行通电检查。通电检查时，在开机的瞬间应特别注意指示设备（如指示灯、仪表、荧光屏）是否正常，机内有无冒烟、打火等现象，断电后电动机外壳、变压器、集成电路等是否发烫。若均正常，即可进行测量检查。在通电检查时，动作要敏捷，注意力要高度集中，并且要眼、耳、鼻、手同时并用，发现故障后立即关机，防止故障扩大化。同时，一定要注意人身安全。

◤ 4.4.2 电阻法

电阻法是在不加电的情况下，利用万用表各电阻挡测量元器件的自身电阻值，以及小家电中的集成电路、晶体管各脚、各单元电路的对地电阻值，来判断是否有故障。

电阻法可分为"裸式电阻法"和"在机电阻法"。裸式电阻法即元器件不接入电路，或从电路板上脱焊下来，呈裸露的形式；在机电阻法即元器件焊接在电路板上。

1. 裸式电阻法

小家电电路中的元器件质量好坏及是否损坏，绝大多数都是用测量其裸式电阻阻值大小来进行判别的。当怀疑印制线路板上某个元器件有问题时，应把本元器件从印刷板上拆焊下来，用万用表测其电阻值，进行质量判断。若是新元器件，在上机焊接前一定要先检测，后焊接。

例如，电源线通断的检测，如图 4.9 所示。万用表一只表笔固定于插头的一端，另一只表笔分别接触插口的两个端口，应当只有一次导通，一次不导通；用同样的方法，最后再判断另一根电源线是否正常。

适于裸式电阻法测量的元器件有：各种电阻、二极管、三极管、插排、按键及印刷铜箔的通断等。电容、电感要求不严格的电路，可做粗略判断；若电路要求较严格，如谐振电容、振荡电容等，一定要用电容表（或数字表）等进行准确测量。

裸式集成电路（没上机前或从印制板上拆焊下来）可测其正反电阻（开路电阻），粗略地判断有无故障。这是粗略判断集成块好坏的一种行之有效的方法。本书在没有特殊说明的情况下，正/反向电阻测量是指黑表笔接测量点，红表笔接地，测量的电阻值叫做正向电阻；红表笔接测量点，黑表笔接地，测量的电阻值叫做反向电阻。裸式集成电路正/反电阻的测量如图4.10 所示。

  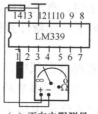 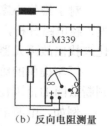

图 4.9 电源线通断的检测

（a）正向电阻测量　（b）反向电阻测量

图 4.10 裸式集成电路正/反电阻的测量

测量结果与问题说明如下。

测正向电阻时，红表笔固定接在地线的端子上不动，用黑表笔按顺序逐个测量其他各脚（或测几个关键脚），并且记录好数据。测反向电阻时，只需交换一下表笔即可。

测量完毕后，就可对测量数据进行分析判断了。如果是裸式测量，各端子（引脚）电阻约为 0Ω或明显小于正常值，可以肯定这个集成电路已被击穿或严重漏电，如果是在机（在路）测量，各端子电阻约为 0Ω或明显小于正常值，说明这个集成块可能短路或严重漏电，要断开此引脚再测空脚电阻后，再下结论。另外，也可能是相关外围电路元器件被击穿或漏电。

2．在机电阻法

在机电阻法对检修开路、短路故障和确定故障依旧最有效。实际测量时可以进行"在机"电阻测量和"脱焊"（裸式）电阻测量。使用在机电阻测量时，应选择合适的连接方式，并交换表笔作正反两次测量，然后分析测量结果，才能作出正确的判断。对难于判断的故障点，还是采用脱焊电阻法测量较好。若两种方法能够恰当地配合使用，就能充分发挥电阻法的优点。例如，测量稳压器输出端的正/反向电阻，将它与正常值进行比较，若阻值变小，则有部分元器件可能短路或被击穿。

在机电阻法在检修电源电路故障时，较为快速有效。例如，电源电压（整流滤波后、稳压后）不正常，输出电压会偏低许多，这里就要判断区分是电源电路本身有故障，还是后级负载有短路情况发生。具体操作方法为：先测该输出端对地的正/反电阻，记下数据；再脱开负载（划断铜箔），然后测该输出端对地的正/反电阻，记下数据，并同第一次测量结果进行比较。若第二次测量结果的数值增大，说明后级负载已短路。

> ⚡ **电阻法注意事项如下。**
> 测量与其他电路有联系的元器件或电路时，需注意电路的并联效应，必要时断开被测电路的一端进行测量；测量回路中有电表表头时，应将表头短路，以免损坏表头；若被电路中有大电容时，应首先放电；对于变压器、电机等的绝缘测量应选用兆欧表。

▶ 4.4.3 电压法

电压法有直流电压法和交流电压法两种，可在交流与直流两种状态下使用。

电压法是通过测量电路的供电电压或晶体管的各极、集成电路各脚电压来判断故障的。这些电压是判断电路或晶体管、集成电路工作状态是否正常的重要依据。将所测得的电压数据与正常工作电压进行比较，根据误差电压的大小，就可以判断出故障电路或故障元器件。一般来说，误差电压较大的地方，就是故障所在的部位。

对于维修小家电来讲，直流电压法可分别在静态或动态两种状态下进行。根据所测得的数据，经电路分析，了解电路元器件数值变化与工作点电压的关系，就可以根据检测到的电压变化来找出故障元器件。

厂家提供的维修资料及图纸中，大部分标注的是关键点电压。测量这些关键点电压，对于判断故障的范围往往可以起到事半功倍的效果。

例如，电源电路输入交流电压 V_i 经直接整流滤波后，输出直流电压值应为 $V_o=1.414V_i$。若输入为220V，则输出应为311V，若输入为200V，则输出应为282V。若实测电压值为零或很低，便可判断整流滤波电路（包括输入滤波器）有问题。若实测电压值比计算值低，也可能是负载过大（负载有短路现象）造成的，这时可脱开负载再测；脱开负载后测得的电压值正常，表明负载过大或电源带载能力差；脱开负载后测得的电压值还不正常，表明电源电路有问题。

对于电路中未标明各极电压值的晶体管放大器，则可根据 $V_c=(1/2\sim2/3)E_c$、$V_e=(1/6\sim1/4)E_c$、V_{be}（硅）$=(0.5\sim0.7)$ V、V_{be}（锗）$=(0.1\sim0.3)$ V 来估计和判断电路工作状态是否正常。晶体管工作在开关状态时，开时：$V_c\approx V_e$ 即 $V_{ce}\approx0$；关时：$V_c=V_{cc}$（E_c）。

晶体管放大电路静态电压的主要特点是：**发射极正偏，集电极反偏**。具体讲：NPN 型管应 $V_C>V_b>V_e$；PNP 型管应 $V_e>V_b>V_c$。其中，发射极电压硅管在 0.6V 左右，锗管在 0.2V 左右。如果偏离上述正常值，晶体管则失去正常放大作用，这时应检查电路故障点。

对于振荡电路，可以通过测试晶体管 V_{be} 电压来加以判断。它应略微正偏或处于反偏，V_{cc} 电压和上述线性放大器要求基本相同。若 V_{be} 处于正常正偏值时，则振荡器停振；若直流状态正常，则可用强迫停振法，看其是否起振，即将振荡器交流短路（但不能使直流通路短路），观察发射极电压或集电极电压或基极与发射极之间的电压在短路前后的变化，若有变化，说明电路已起振。

4.4.4　电流法

电流法是通过测量晶体管/集成电路的工作电流、局部电路的总电流和电源的负载电流来判断小家电的故障的。进行电流检查时，既可把万用表串入电路中直接测量，又可通过测量串入电路中的电阻两端的电压来间接测量。

电流法适合检查短路性故障、漏电或软击穿故障。电流法检查往往反映出各电路静态工作是否正常。测量整机工作电流时，必须将电路断开（或取下保险管），将万用表电流挡（选择最大量程）串入电路中（应将万用表先接好再通电）。另外，还可以测量电子设备插孔电流、晶体管和集成电路的工作电流、电源负载电流、过荷继电器动作电流等。

在小家电维修中一般是测量整机总电流的。测量时，常采用把万用表串入保险丝插座或利用自制检测电盘上的电流表的方法进行，条件许可的情况下，用钳型电流表也可以。

测量前先估算一下整机电流。例如，一般家用电磁炉功率在 1500～2100W 之间，以市电电压为 220V 进行计算，电流等于功率除以电压，则 1500÷220=6.82A，2100÷220=9.55A，即工作电流在最大火力加热时为 6.82～9.55A。工作电流过大，表明整机有短路故障发生；工作电流过小，表明部分电路不工作。

4.4.5　替换法

替换法是指用好的元器件替换所怀疑的元器件，若故障因此清除，说明怀疑正确，否则便是失误（除同时存在其他故障元器件外），应进一步检查、判断。

替换法包括元器件替换和某一个部件的替换。这种方法一般用于经多次检修没能修好而且故障部位又未得到确切判断的情况，较适用于难以判断是否失效的元器件，如电容、集成电路等元器件。对于其他检查方法久久难以判断的疑难故障，采用替换法往往可迎刃而解。

使用替换法时应注意以下几点。

1．必须保证替换件良好

若替换件本身不良，替换就完全没有意义了。采用替换法鉴别故障，一定要保证替换上去的元器件是好的，否则会产生错误的结论，导致故障难以排除。因此，应准备一部分经实际测试是良好的元器件，专门作为替换件使用。

2．替换用的集成电路最好用插座安装在印制线路板上

这样不仅便于拆装及多次实验，而且可避免损坏芯片。替换集成电路的型号与原用型号最好相同，也可用能与原型号直接互换而型号不一样的芯片。

3．注意替换件的安全

对于小替换件，如二极管、三极管、小电容等，也可暂时焊在印制板面上，但一定要注意管脚的极性要正确，且引脚不要太长以免碰触其他焊点。对于功率较大且带有散热器的元器件，一定要按原要求在原位置上安装好，不能临时搭接线路而开机试验。

▶ 4.4.6 其他维修方法

除了上述的几种基本方法外，还有不少行之有效的方法，如加热法、冷却法、干扰法、开路法、短路法、振动法及并联试验法等。下面简要介绍几种常见维修方法。

1．代码法

某些小家电中的指示灯除了指示工作状态外，另一个重要作用就是能显示故障代码，因此，可给维修人员带来极大的方便。电器开机上电后，虽不能正常工作，但若能显示故障代码，维修时可优先采用代码法，但前提是必须要了解代码的含义。因此，在日常维修工作中，要注意多收集、整理小家电的故障代码资料。

2．单元电路整体代换法

当某一单元电路的印制板严重损坏（如铜箔断裂较严重或印制板烧焦），或某一元器件暂时短缺，而现行身边有具备其他代换条件，可采用单元电路整体代换法。例如，用小型开关电源代换电磁炉低压电源，同类型机控制线路板的代换等。

3．电路改动法

电路改动法就是对原电路的设计缺陷进行改动，增减一些元器件或改变元器件的参数。小家电销售后，厂家根据售后服务提供的维修情况，会及时对某些机型的设计缺陷进行改动，以使产品更适于正常使用并进一步完善产品的电器性能。维修人员在元器件缺乏或元器件资料（型号）不详或印制电路板损坏的情况下，电路改动法不失为最好的方法。

4．波形法

有条件的情况下，可采用示波器观察波形图。用示波器测量波形，可比较直观地检查电路的动态工作状态，这是其他方法无法比拟的。

5．对比法

大部分小家电，出厂时没有随机附带的原理图，或者虽有原理图但图中没给出应有的数据。这类小家电出现故障时，由于没有参考值而难以把测得的电流、电压及其波形作为判断故障的依据。遇到这种情况，最好的办法是找一部同型号的电器，分别测量其相对应部位的有关数据，作为检修时的参考值。

有些元器件，因没有相关的技术资料而难以判断其好坏。遇到这种情况，可以找同类（最好是同型号的）元器件进行测量比较，从而做出判断。

一部小家电，总有和别的电器相通的地方，特别是同类不同型号的电器，相通的地方就更多。在找不到图纸时，可以找同类型电器的图纸作为参考。

若有两台同型号的小家电，可以用一台好的作为比较。分别测量出两台机器同一部位的电压、工作波形、对地电阻、元器件参数等来相互比较，可方便地判断故障部位。另外，平时要多收集一些小家电的各种数据，以便检修时作为对比。

上述几种在检修电器时所使用的方法统称为对比法。

6．干扰法

干扰法又称为触击法、碰触法、人体感应法等。干扰法主要用于检查有关电路的动态故障，即交流通路的工作正常与否，适用于检查小家电设备在输入适当的信号时才表现出来的故障。方法是用镊子、螺丝刀、表笔等简单的工具碰触某部分电路的输入端，利用人体感应或碰触中的杂波作为干扰信号，输入到各级电路；或用短路法使晶体管基极对地（连续或瞬间）短路，在给电路输入端加入这些干扰信号的同时，可用万用表或示波器在电路的输出端进行测量；若为音频或视频信号，可注意观察荧光屏上的噪波或听喇叭的噪声。以此来判断被检查部位能否传输信号，从而判断故障部位。

该方法一般是按"从后级向前级"的顺序进行的。如果用螺丝刀触击时反应不明显，可改用万用表表笔触击，即将万用表（指针式）置于 R×1 或 R×10 挡，红表笔接地，用黑表笔碰触电路的输入端。这时由于输入的振杂信号更强，所以反应会更加明显。

7．开路法、短路法、并联法

开路检查法是将某一个元器件或某一部分电路断开，根据故障现象的变化来判断故障的。为了更好地确定故障发生的部位，可通过拔去某些部分的插件和电路板来缩小故障范围，分隔出故障部分。例如，电源负载短路可分区切断负载，检查出短路的负载部分。开路法用于检查短路性故障较为方便。

短路检查法是利用短路线（直流短路）或接有电容的线（交流短路）将电路的某一部分或某一个元器件短路，从小家电的响声或电压等的变化来判断故障。此法适合检查开路性故障，以及判断振荡电路是否起振和印制线路板铜箔断裂的故障。

8．加热法、冷却法

有些故障，只有在小家电开机一定时间后才能表现出来，多数情况下是由于某个元器件的热稳定性不良所致。通过给被怀疑的元器件加热或冷却，来诱发故障现象尽快出现，以提高检修的效率，节约检查时间和缩小故障范围。

除了上述这些维修方法外，还有隔离法、故障恶化法、信号追踪法等。检修、调试小家电是一项技术性很强的工作，要提高检修效率，必须灵活、变通、综合性地运用各种检查方法。

4.4.7　万用表综合测试法案例

用万用表检查电路的方法较多，如电阻法、电压法、电流法及分贝法等，具体用哪一种方法或几种方法交替使用，需根据故障现象做出合理的选择，下面实战演练几种用万用表检查电路的方法。

1．电阻法

用电阻法检查断路故障较为理想与方便，如图 4.11 所示。当初步判断或怀疑电路有断路故障时，可采用逐级（逐点）检测的方法。固定黑表笔于 A 点，红表笔测 C 点，若阻值为 0，表明该段电路正常；若阻值为∞，则表明该段断路。然后红表笔测 D 点，若阻值为 0，表明保险丝正常；若阻值为∞，则表明保险丝烧断。同理，测 F 点，若阻值为 0，表明开关正常；若阻值为∞，则表明开关断路。测 G 点，若阻值为 0，表明电阻 R1 短路；若阻值为∞，则表明电阻 R1 断路。依次类推检测下去，就可查找到故障点。

2. 电压法

用电压法检查断路故障较为理想与方便，如图 4.12 所示。当初步判断或怀疑电路有断路故障时，可采用逐级（逐点）检测的方法。固定黑表笔于 B 点，红表笔测 C 点，若电压为 E（24V），表明该段电路正常（电源正常）；若电压为 0，则表明该段断路或电源异常。然后红表笔测 D 点，若阻值为 E（24V），则表明保险丝正常；若电压为 0，则表明保险丝烧断。同理，测 F 点，若电压为 E（24V），表明开关正常；若电压为 0，则表明开关断路。测 G 点，若电压为 3.96V，表明电阻 R_1 正常；若电压为 24V，则表明电阻 R_1 短路。依次类推检测下去，就可查找到故障点。

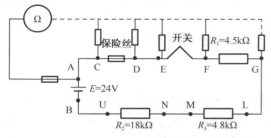

图 4.11　用电阻法检查断路故障

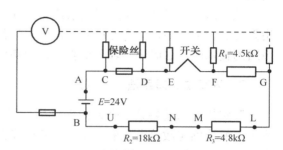

图 4.12　用电压法检查断路故障

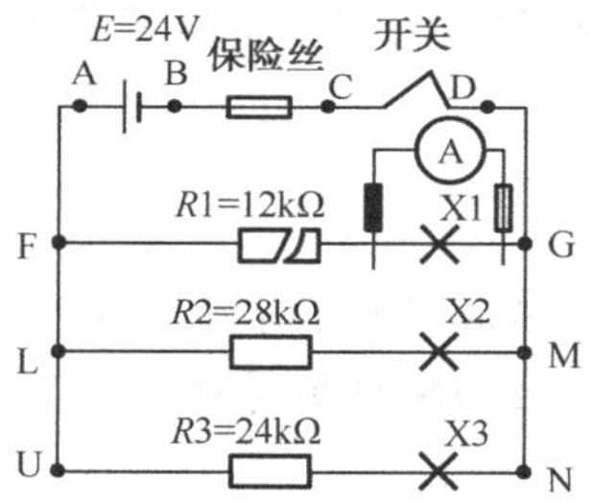

图 4.13　用电流法检查短路、断路故障

3. 电流法

用电流法检查短路、断路故障较为理想与方便，如图 4.12 所示。当初步判断或怀疑电路有短路故障时，可采用逐级（逐支路）检测的方法。脱开支路 X1 处，将万用表串联接入。若电流为 0，则表明 R_1 短路；若电流为 2mA，则表明 R_1 正常；若电流大于 2mA 许多，则表明 R_1 变值或短路。依次类推检测下去（X2 处、X3 处），就可查找到故障点。

4.5　小家电维修中的先后次序

1. 先调查，后熟悉

当用户送来一台故障机，首先要询问产生故障的前后经过及故障现象，就像医生对病人诊病一样，先要问清病情，才能对症下药。根据用户提供的情况和故障现象，再认真地对电路进行分析研究（这一点对初学者尤其重要），弄通弄懂其电路原理和元器件的作用，做到心中有数，有的放矢。

2. 先机外，后机内

对于故障小家电，应先检查机外部件，特别是机外的一些开关、旋钮位置是否得当，外部的引线、插座有无断路或短路现象等。当确认机外部件正常时，再打开机器进行检查。

3．先机械，后电气

例如，检修一台电风扇，应当先分清故障是由机械原因引起的，还是由电气毛病造成的。只有当确定各部位转动机构无故障时，再进行电气方面的检查。

4．先静态，后动态

所谓静态检查，就是在机器未通电之前进行的检查。当确认静态检查无误时，方可通电进行动态检查。若发现冒烟、闪烁等异常情况，应迅速关机，重新进行静态检查。这样可避免在情况不明时就给电器加电，造成不应有的损坏。

5．先清洁，后检修

在检查电器内部时，应着重看看机内是否清洁。如果发现机内各元件、引线、走线之间有尘土、污物、蛛网或多余的焊锡、焊油等，应先清除，再进行检修。这样既可减少自然故障，又可取得事半功倍的效果。实践表明，许多故障都是由于脏污引起的，一经清洁，故障往往会自动消失。

6．先电源，后其他

电源是电器的心脏，如果电源不正常，就不可能保证其他部分的正常工作，也就无从检查别的故障。根据经验，电源部分的故障率在整机故障中占的比例最高，许多故障往往就是由电源引起的，所以先检修电源常能收到事半功倍的效果。

7．先通病，后特殊

根据电器的共同特点，先排除带有普遍性和规律性的常见故障，然后再去检查特殊的电路（包括一些特殊的元器件），以便逐步缩小故障范围，由面到点，缩短修理时间。

8．先外围，后内部

在检查集成电路时，不要先急于换集成块，而应先检查其外围电路，在确认外围电路正常时，再考虑更换集成块。若不问青红皂白，一味更换集成块，只能造成不必要的损失，且现在的集成块引脚众多，稍不注意便会损坏，而且即使确定是集成块内部问题，也应先考虑能否通过外围电路进行修复。从维修实践可知，集成块外围电路的故障率远高于其内部电路。

9．先直流，后交流

这里的直流和交流是指电路各级的直流回路和交流回路。这两个回路是相辅相承的，只有在直流回路正常的前提下，交流回路才能正常工作。所以在检修时，必须先检查各级直流回路（静态工作点），然后检查交流回路（动态工作点）。

10．先故障，后调试

对于"电路、调试"故障并存的机器，应当先排除电路故障，然后再进行调试。因为调试必须是在电路正常的前提下才能进行的。当然有些故障是由于调试不当而造成的，这时只需直接调试即可恢复正常。

4.6 检修集成电路（IC）的方法

随着工艺的不断提高，集成电路的集成度越来越高，其性能和优点更趋完善和突出。但如果使用不当（过载），或者受到强干扰（如打火、雷击等），以及外围元器件损坏等，仍然会使集成电路的某一局部发生损坏。一个集成电路只要某一局部损坏，整块就不能正常工作了，因此也就报废了。同时，集成电路的测量、判断、拆换等有别于分立元器件，实践中经常会遇到要检测集成电路的好坏的问题，本节从维修的角度出发，以万用表为检修工具，介绍检修集成电路的常用方法与技巧。

▶ 4.6.1 IC 故障的一般检测法

1. 裸式检测 IC 的方法

新购买的 IC 或从印制电路板上脱焊下来的 IC，通过测量单块 IC 各引脚间（或对地端）的电阻值，并与资料上的标称值进行比较，或结合内部电路进行分析，就可判断 IC 的好坏。测量时，应交换表笔作正/反两次测量，然后对结果进行分析、比较和判断。如果差别较大，说明其内部单元电路可能已经损坏。为了防止误诊，万用表的型号和挡位选择最好同参考标称值所要求的保持一致。

2. 在路（在机）检测 IC 的方法

（1）各脚对地电压

将测得的各脚对地电压与电路原理图中的标称值进行比较，数值误差较大的部分就是故障点。当排除外部元器件损坏的可能性后，就表明 IC 的这一部分有故障。但应注意，有些引脚在无信号和有信号或因控制调节的不同，其电压是会变化的，这是正常现象并非故障。

（2）在路正/反电阻

IC 的在路电阻值通常厂家是不给出的，只有通过搜集专业资料或自己从正常的同类几种IC 上测量获得。如果测得的电阻值变化大，而外部元器件又都正常，则表明 IC 相应部分的内部电路损坏。由于内外电路元器件会形成一个复杂的混联电路，且可能存在单向导电的元器件，所以需交换表笔作正/反两次的测量。

▶ 4.6.2 检测 IC 故障的原则

对于大规模 IC 来说，有时为了快速判断其是否有故障，不可能首先依次对每个引脚逐一测电压或正/反电阻值，常常采取测量几个关键点电压的方法，先初步判断 IC 的大致工作特性，逐步缩小故障范围后，再采取常规检测方法加以验证和判断。因此，检测 IC 故障时，应遵循如下原则：①先查工作条件；②查输入端；③查控制或调节端；④查输出端；⑤查有关端；⑥先外而后内。

1. 查工作条件

集成电路必须在正常工作条件下才能工作。最基本的工作条件就是正常的供电电压，即正、负电源的端口电压。需注意的是，有些 IC 的正、负电源有多个正电源或负电源端口，供电电压可能相同也可能不相同。除最基本的工作条件供电电压外，IC 因其型号和功能的不同，还有一些其他工作条件，如单片机除故障电源外，还有时钟振荡、复位等。因此，当初步判断故障与集成电路有关时，应先测其工作条件是否具备。若电源端口电压过高或过低，那么其他各引脚电压跟随变化也在情理之中，并非 IC 有问题。

2．查输入端

当 IC 的工作条件具备时，就应再检测输入端。先检测输入端口的静态值，再检测其动态值，看前级信号是否能到达本端口。

3．查控制或调节端

当输入端基本正常时，就要检测各种控制或调节端口的静、动态值；同时，要通过调节，看其是否能随调节的变化而变化。

4．查输出端

输出端口的电压正常与否，能表明 IC 能否正常地输出信号，因此输出端口也要作为一个关键点重点检查。

5．查有关端口

IC 内电路的某一单元电路，向外不一定只有一个引出（或引入）端口，当发现某一端口电压不正常时，顺便查一下与此有关联的其他端口，看其是否正常。

6．先外而后内

当发现某脚（或多脚）电压异常时，先不要盲目地更换集成块。因为故障原因既可能在 IC 内部，也可能是外部元器件引起的，应先排除外部元器件的故障，然后再判断 IC 故障。

上述原则，除第 1 条外，其他各条在运用时，可以错开顺序灵活通用。

4.7　电路图的识读技巧

4.7.1　电路图的分类

学习电路或对电路进行分析，往往要识读电路图。模拟电路中常用到的电路图纸有六种：概略图、方框图、电路原理图、印制电路板图、安装图及接线图等。

1．概略图

概略图是一种用单线表示法绘制，用图形符号、方框符号或带注释的框，大概地表示系统或成套装置的基本组成、相互关系及主要特征的简图。图 4.14 所示的是一个供电系统概略图。

2．方框图

方框图是采用符号或带文字注释的框和连线来表示电路工作原理和构成概况的电路简图。它描述和反映了整机线路中各单元电路的具体组成，它是整机线路图的框架，形象、直观地反映了整机的层次划分和体系结构，简明地指出信号的流程。晶体管收音机的方框图如图 4.15 所示。

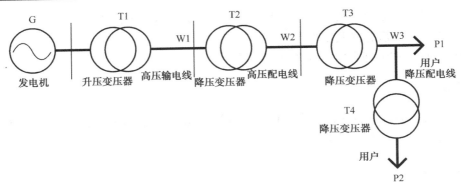

图 4.14　供电系统概略图

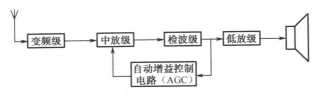

图 4.15　晶体管收音机的方框图

3．电路原理图

电路原理图简称电路图或原理图。它是各种电子元器件以图形符号形式体现电子电路工作原理的一种电路详细图，体现了电路的具体结构与工作原理。图 4.16 所示为一个具体的电路原理图。

在电路原理图中，各种电子元器件都有特定的表示方式——元器件电路符号。这些符号都是采用国家标准或专业标准所规定的图形符号绘制的。

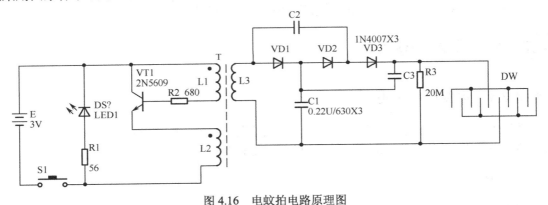

图 4.16　电蚊拍电路原理图

4．印制电路板图

印制电路板图是根据电路原理图，把各个元器件用印制板上的铜箔进行实际焊接装配的敷设图，是实现电路原理图的工程图。从印制电路板图上，能清楚地看到印制电路板的尺寸大小、外形、安装槽或孔、各元器件的安装位置和铜箔敷设路径等情况。图 4.17 所示的是收音机的印制电路板图。

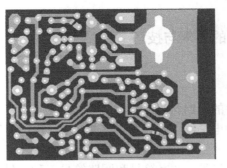

图 4.17　收音机的印制电路板图

5．安装图

安装图是一种用于提供电气设备和电子元器件安装位置及连接关系的图纸，如图 4.18 所示。

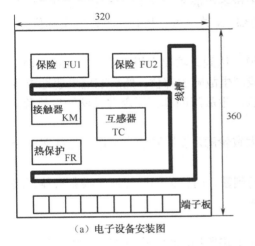

（a）电子设备安装图

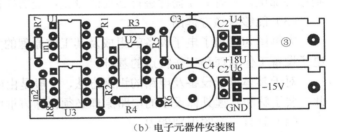

（b）电子元器件安装图

图 4.18　安装图

6．接线图

接线图是一种反映电气装置或设备连接关系的简图，主要用于电气设备和电气线路的安装接线和线路的检查、维修及故障分析等场合。图 4.19 是一个单元接线图。

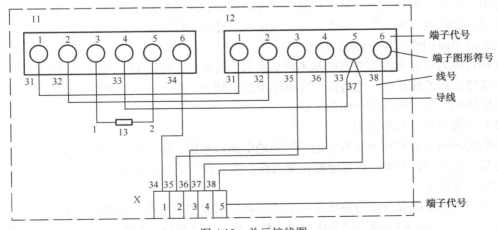

图 4.19　单元接线图

61

▶ 4.7.2 识读电路图的要求与技巧

1．识读电路图的要求

（1）要熟悉每个元器件的电路符号

电子元器件是组成各种电子线路及设备的基本单元。熟悉电子元器件的电路符号是识读电路图的基本要求。

电路符号主要包括图形符号、文字符号和回路符号三种。图形符号通常用于电路图或其他文件，是表示一个元器件或概念的图形、标记。文字符号是用来表示电器设备、装置和元器件种类和功能的字母代码。回路标号主要用来表示各回路的种类和特征等。

（2）根据图纸能快速查找元器件在电子设备中的具体位置

这是一个由理论到实践的过程。电路图提供了电子设备组成和工作原理的理论依据，根据电路图可迅速、准确地判断出有关电路在整机结构中的部位，甚至可查找到元器件的实际位置。这是识读电路图的主要目的之一。

对于电子产品的装配、检测、测试和维修人员来说，达到此项要求极为重要。在维修时，通常首先要根据故障现象，参考电路原理图分析出可能产生故障的部位；然后准确迅速地查找到相关部位，对有关元器件进行必要的测试；最后确认产生故障的真正原因并设法予以排除。

（3）能够看懂方框图

方框图勾画出了电子设备的组成及其工作原理的大致轮廓。能够看懂方框图，是掌握整个电子设备工作原理和工作特点的基础。

对于具体电子设备及电路的识别方法，一般是由简到繁、由整体到局部逐步摸索规律。因此，要了解和掌握具体设备的电路原理必须读懂方框图。

（4）具有一定的识别能力

一个电子设备通常是由许许多多元器件组成的单元电路所构成的。在读图过程中，还要求具有对单元电路、元器件的识别能力。即确认各单元电路的性质、功能及组成元器件。识别能力还体现在对元器件的实物识别等方面。

2．识图方法

任何一个电子设备，无论其电路复杂程度如何，都是由单元电路组成的。在对单元电路进行分析时，要认准"两头"，即输入端和输出端，进而分析两端口信号的演变、阻抗特性，从而达到弄清电路的作用或用途的目的。

各种功能的单元电路都有它的基本组成形式。而各单元电路的不同组合，构成了不同类型的整机电路。在了解各单元电路信号变换作用的基础上，再来分析整机电路的信号流程，就能对整机电路的工作过程有个全面的了解。

（1）化繁为简，器件为主

我们的识图对象是较为复杂的电子产品的电路原理图。要一下子读懂由成千上万个元器件组成的复杂电路确有困难，只有遵循化繁为简、由表及里、逐级分析的识读原则，读懂、走通电路就变得容易了。

化繁为简就是将复杂电路看成是由主要元器件组成的简单基本电路。而基本电路的核心又是各种电子元器件，如电路中的集成电路、放大器中的三极管、检波电路中的二极管都是对电路工作原理起主要作用的器件。所以，在分析电路时要注意把握器件为主的要领。

（2）查找电源和地线

每个电子设备都少不了电源，每个电子电路的工作都需要由电源来提供能量。识图时找到电源，不仅能了解各电子电路的供电情况，而且还能以此为线索对电路进行静态分析。

对于检修来说，通常应了解电路中各点工作电压的情况，分析时要抓住地线，并以此作为测量各点工作电压的基准。

（3）功能开关、走通回路

许多电子设备中都有控制其实现多种功能的功能开关。功能开关的切换可使电子设备工作于不同的状态，在其内部形成不同的工作回路。因此，读图时必须弄清功能开关在不同位置时的电路特点、工作情况。

识图能力的培养，不是一朝之功所能达到的。在熟练掌握基本识图知识的基础上必须勤于学习、勇于实践，探索出行之有效的识图方法。

3．方框图的识读技巧

首先要了解该电子产品的主要作用、特点、用途和有关技术指标。然后依据方框图的特点进行识读，其识读方法有以下几种。

① 以输入信号为起始点，顺着箭头读图，经过中间电路直到输出端。一般为从左到右，从上到下的顺序。例如，彩色电视机电源电路的方框图如图 4.20 所示。

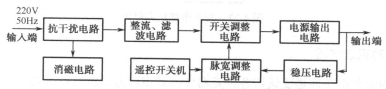

图 4.20　彩色电视机电源电路的方框图

② 以控制电路或大方框为中心，顺着箭头向四周辐射读图。例如，图 4.21 所示为收音机原理图，以电源电路（控制电路）为中心（虚线左边部分）分析电源的工作原理，然后以集成电路 D2025（大方框）为中心（虚线右边部分），分析收音机的信号流程。

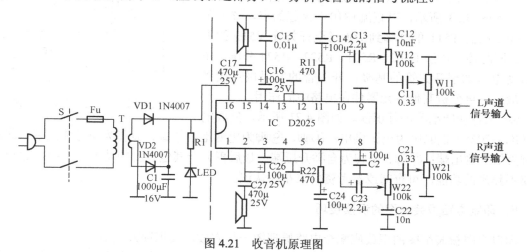

图 4.21　收音机原理图

③ 按照各功能、各流程识图。例如，图 4.22 所示为彩色电视机方框图，可按照电源供电

（多路）、振荡、复位、遥控开/关机、行激励输出、场激励输出、中频输入、视频输出这样的流程来识图。

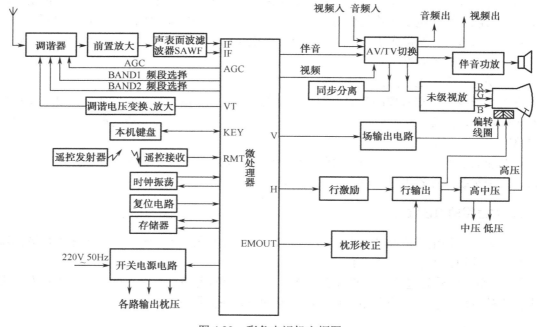

图 4.22　彩色电视机方框图

4．电路图的识读技巧

识读电路图的前提条件是要认识各种元器件，其识读方法常有以下几种。

① 以主要元器件为中心，先主后次。图 4.23 是开关电源的调整电路，识读时，以调整管（三极管 V513）为中心，分别分析它的各电极供电或信号流程情况。

② 以输入信号为起始点，按照信号流程的反向进行识读。如图 4.23 所示，以直流+310V 为起始点，该电压经开关变压器 T511 的③脚到⑦脚送至开关管 V513 的集电极；同时该电压经 R502、R521、R522、R524 分压，作为启动电压加至开关管的基极；开关管的发射极直接接地。最后，再分析其他各元器件在电路中的作用。

③ 按各功能电路进行识读。如图 4.21 所示，集成电路（IC D2025）的⑯脚为电源供电；①脚、⑨脚为电源地；⑦脚、⑩脚为信号输入端；②脚、⑮脚为信号输出端；③脚、⑭脚为自举升压端。最后再分析其他各脚的功能和作用。对于集成电路不熟悉的功能，可查阅或参考资料来帮助认识。

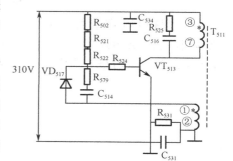

图 4.23　开关电源调整电路

5．印制电路板装配图的识读技巧

印制电路板装配图的识读应配合电路原理图一起完成，其识读方法如下。

① 首先读懂与之对应的电路原理图，找出原理图中基本构成电路的关键元器件（如集成电路、三极管、变压器等）。

②　在印制电路板上找出接地端。通常大面积铜箔或靠印制板四周边缘的长线铜箔为接地端。

③　根据印制板的读图方向，结合电路的关键元器件在电路中的位置关系及与接地端的关系，逐步完成印制电路板组装图的识读。

思考与练习4

1．维修小家电应具备哪些条件？

2．维修小家电应注意的事项是什么？

3．维修小家电时，常用的仪表和工具有哪些？

4．常用维修方法有哪些？

5．什么是感觉法？它主要包括哪些内容？

6．电阻法和电压法的区别是什么？

7．什么是替换法？在替换时应注意什么事项？

第4章

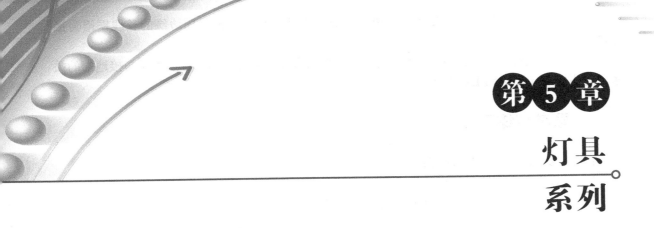

灯具系列，按照其功能可分为照明电器和装饰性照明电器两大类；按其发光原理可分为热辐射光源（即固体电光源）和气体放电光源；按电源驱动形式可分为直接驱动和电子电路驱动。

本章将阐述电子式荧光灯工作原理、电子调光灯工作原理，以及它们的常见故障和故障排除方法。

5.1 电子式荧光灯

5.1.1 荧光灯的分类

荧光灯按启动线路方式分，有预热式、快速启动式和冷阴极瞬时启动式；按功率大小分，有标准型、高功率型和超高功率型；按结构型式分，有直管型、环型和紧凑型，其中紧凑型又可分为 2U、3U、H 和双Ⅱ型；按所采用的整流器分，有电感整流器和电子整流器；直管型荧光灯管按光色分，有三基色荧光灯管、冷白日光色荧光灯管和暖白日光色荧光灯管；按具体功率型号分，有 5W、7W、9W、11W、13W、15W、18W 等规格。几种荧光灯的外形如图 5.1 所示。

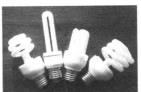

图 5.1　几种荧光灯的外形

5.1.2 电子式荧光灯工作原理

电子式荧光灯的电路方框图如图 5.2 所示，一般由电源电路、高频自激振荡电路及串联谐振电路或充电泵电路等组成。电源电路的主要作用是交流变直流；高频自激振荡电路的主要作用是直流变换为高频 20kHz 以上的交流。谐振网络的作用有两点：将高频方波变为正弦波，以减小 EMI 辐射；产生恒流作用，以镇定荧光灯的电流。充电泵电路主要是解决由单相整流电容滤波造成的电流落后、电流尖峰波问题。

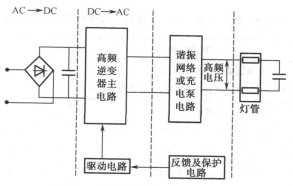

图 5.2　电子式荧光灯的电路方框图

电子式荧光灯的电路原理图如图 5.3 所示，其工作原理如下。

220V 市电经 VD1～VD4 全波整流、C1 滤波后，得到 300V 左右的直流电压。

启动电路由 R1、R2 组成。整流后的直流电经过 R1、R2 分压，给三极管 VT2 基极供电，使 VT2 导通后迅速达到饱和导通状态。

高频自激振荡电路由 VT1、VT2 及 T1 等组成，当 VT2 导通时，高频变压器初级线圈 L2 中有电流经过。由于互感作用，L1 中便感应出一个自感电动势，迫使 VT2 截止，而线圈 L1 中感应出上正下负的自感电动势，使 VT1 导通，这时 C4、C5 被充电。

由于高频变压器的互感作用，又促使 VT2 导通、VT1 截止，这样 VT1、VT2 在高频变压器的控制下周而复始地导通、截止，形成高频振荡，使灯管得到高频高压供电。

灯管启辉后，其内阻急剧下降，该内阻并联于 C5 两端，使 T2、C5 串联谐振电路处于失谐状态。故 C5 两端（即灯管两端）的高启辉电压下降为正常工作电压，维持灯管正常发光。

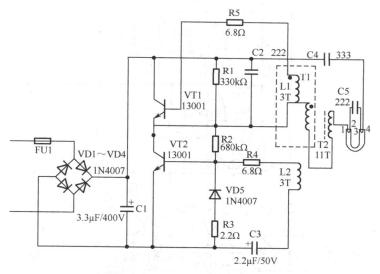

图 5.3　电子式荧光灯的电路原理图

5.1.3　电子式荧光灯的常见故障及其排除方法

电子式荧光灯常见故障、故障分析及排除方法如表 5.1 所示。

表 5.1　电子式荧光灯常见故障、故障分析及排除方法

常 见 故 障	故 障 分 析	排 除 方 法
亮度较暗且灯管闪烁	主要原因是整流后的电压低，可能为：VD1～VD4之一断路或虚焊；电容 C1 断路或容量减小	检查更换（或补焊）整流二极管；检查更换电容 C1
灯管两端发黑，通电后不亮	表明灯管已经老化	更换灯管
灯管不亮	根据经验，常损坏元器件有：三极管 VT1、VT2，电容 C4、C5	更换良品配件，特别是电容 C5，耐压值应选用在 630V 以上
灯管不能启辉	先检测 C1 两端是否有 300V 直流电压，若有则故障在此之后，若无则故障在此之前；后级电路重点检查电阻及 VT1、VT2 等元件器	检查更换损坏的元器件，VT1 可用原型号或参数为 $BV_{CEO} \geq 400V$、$I_{CB}=0.5A$ 的其他型号高反压三极管更换

5.2　消防应急灯

消防应急灯被广泛安装于公共场所的走廊、消防通道内，属于消防专用设备。当市电停电时，消防应急灯自动点亮，来电时自动熄灭。消防应急灯作为一种备用照明设备，在灯具内装有停电时提供电源的蓄电池。

▶ 5.2.1　消防应急灯的工作原理

下面以 GF066 型全自动消防应急灯为例，来分析它的工作原理，其原理图如图 5.4 所示。

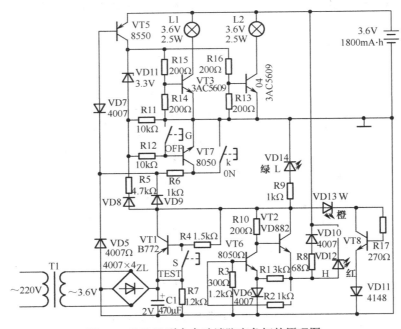

图 5.4　GF066 型全自动消防应急灯的原理图

该电路主要由电池充电电路、灯控制电路、电源电路和故障指示电路等组成。照明灯泡 L1、L2 为 2.5W/3.6V；充电池为 3.6V/1800mAh 的镍镉电池，在停电时可提供的功率为 2×2.5W，照明时间不少于 100min。3 个按键开关分别为 G（OFF 关）、K（ON 开）、S（TEST

实验）。H 红色指示灯表示充电，W 橙色指示灯表示电路故障，L 绿色指示灯表示外电供电。工作原理如下。

1. 电源电路

220V 市电经电源变压器 T1 降压为 3.6V，再经桥式整流器 ZL 整流、C1 滤波、三极管 VT1 集电极输出 4.6V 的直流电压。该电压经限流电阻及 VD14 发光指示。

2. 灯控制电路

该电路主要由 VT3、VT4、VT5、VT7 和键 K、G 组成。在没有市电时，按下 K 键（开），VT5 饱和导通，其集电极的电流通过 R12 使 VT7 维持导通；VD11 反向击穿于稳压状态，VT5 的集电极电压给 VT3、VT4 提供偏置使其导通，于是 L1、L2 点亮。当按下 G 键（关）时，VT7、VT5 截止，灯关闭。

当有市电供电时，外电源经 VD9 使 VD7 反偏而截止，VT5 基极无偏压而截止，键 K、G 都不能控制灯的开与关。停电后二极管 VD7 的负极电位为零，瞬间使 VT5 导通，使点灯条件得到满足，L1、L2 点亮。来电后，VD7、VT5 又截止，灯灭。点灯控制电路中 VD7、VT7 通过 R6 工作在临界状态，开关键 K、G 只起到触发的作用。

3. 充电电路

电池恒流充电电路由 VT2、VT6、R8、VD10 等组成。当有外电源供电时，充电电流经 R8、VD10 向电池充电，且使充电指示灯（VD12）同时点亮。

4. 实验电路

实验电路的作用是测试点灯电路是否正常。当按住实验按键 S 不放时，VT1 截止，VD7 负极电位变低而正偏导通，使 VT5 导通满足点灯条件，灯 L1、L2 点亮。松开 S 按键灯随即熄灭。

5. 故障显示电路

故障显示电路主要由 VT13、VT8、R17 及 VD11 组成。若外电路电源电压过高使 VT8 导通，VD13 点亮，指示过压故障。

▶ 5.2.2 消防应急灯的常见故障及排除

1. 故障现象：灯常亮

故障分析：VT3、VT4、VT5 击穿都将造成该故障现象发生。

故障检修：脱焊下 VT3、VT4、VT5 进行检测，判断其好坏。更换已损坏的元器件。

2. 故障现象：无主供电源

故障分析：当有交流电的情况下主供电指示灯 VD14 不亮时，主要原因可能是电源变压器损坏、电源调整管 VT1 损坏等。

故障检修：①先用观察法检查变压器是否有烧焦等现象，其他电路是否有明显的问题等。
②上电，用电压法检测电源电路的工作状态。主要应检查变压器 T1、整流桥 ZL、滤波电容 C1 及调整管 VT1 等。更换已损坏的元器件。

3. 故障现象：电池充电失效

故障分析：由于电池一直处于浅充浅放的状态，造成电池容量不足或失效。

故障检修：更换良品电池。

5.3 自动控制类节能灯

5.3.1 声光控制节能灯的工作原理及常见故障的排除

1. 声光控制节能灯的工作原理

分立式声光控制开关的原理图如图 5.5 所示，主要由电源电路、光控电路、声控电路及通断控制电路等组成。

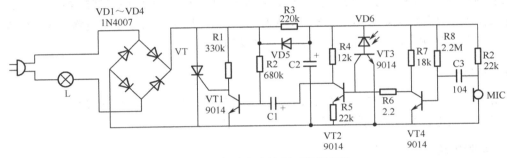

图 5.5 分立式声光控制开关原理图

（1）电源电路

电源电路主要由二极管 VD1～VD4、电阻 R3 和电容 C2 等组成。接通市电，220V 经灯泡 L、整流二极管 VD1～VD4 桥式整流，得到 310V 左右的脉冲电压，其中一路经电阻 R3 降压、电容 C2 滤波后得到 15V 左右的电压，为声光控制电路提供工作电压。

（2）光控电路

光控电路主要由三极管 VT3、VT2、光敏二极管 VD6 及外围元件等组成。当白天有光照射到光敏二极管 VD6 时，其阻值变小，导致 VT3 导通，使 VT2 基极为低电平，短路了声控信号到达 VT2 的基极，此时声控无效；反之，当夜晚无光照时，光敏二极管阻值增大，VT3 截止，声控起作用。

（3）声控及通断控制电路

声控及通断控制电路主要由话筒 MIC、三极管 VT4、VT2、VT1、晶闸管 VT 及外围元器件等组成。当夜晚无光照时，声控起作用。此时，声控经话筒 MIC 拾音→电容 C2 耦合→三极管 VT4 放大→电阻 R6→三极管 VT2 放大→电容 C1 充放电至三极管 VT1，VT1 输出高电平触发晶闸管 VT 导通，从而点亮灯泡。由于触发声音较为短暂，当其消失后，VT4 的集电极又变为低电平，VT2 截止。但由于 C1 两端的电压不能突变，仍可维持 VT1 集电极输出高电平，灯泡仍点亮。由于 VT2 截止，电源经 R2 向 C1 充电，随着 C1 两端电压逐渐升高，当升到某一值时，使 VT1 导通，导致晶闸管因失去触发电压而关闭。

2. 声光控制节能灯的常见故障及排除

分立式声光控制开关的常见故障有电路不工作，即灯泡不亮、灯泡常亮、点亮时间短、灵敏度低、白天也点亮等。

（1）故障现象：电路不工作，即灯泡不亮

故障原因分析及维修方法：该故障范围较广，任何一部分电路损坏都将造成此现象。为了缩小故障范围，首先应查看灯泡是否损坏。若损坏，可更换；若正常，再检查电路部分。

电路部分若有故障，首先检测桥式整流器输出端的电压（正常值为 310V 左右），若不正常，应检查整流二极管 VD1～VD4 是否损坏，插头、插座及电源线等是否有问题；若正常，则再检测电容 C2 两端的电压是否正常（正常值为 15V 左右）。若 C2 两端电压不正常，应检查电阻 R3、电容 C2 是否损坏及负载电路是否有短路现象发生；若正常，可先检查或代换晶闸管。若故障依旧存在，表明故障原因为声光控局部电路损坏，主要应检查三极管 VT1、VT2、VT3、VT4 及外围元器件等。

（2）故障现象：灯泡常亮

故障原因分析及维修方法：该故障一般是由于晶闸管击穿损坏或桥式整流二极管 VD1～VD4 其中之一击穿损坏所致。可用万用表检测，更换损坏的元器件。

（3）故障现象：点亮时间短

故障原因分析及维修方法：正常情况下灯泡点亮延时时间为 1min，经较长时间使用后，延时时间可能会因电路元器件的参数发生变化而缩短。决定灯亮时间的主要元件是电容 C1，因此只需用高质量的电解电容更换即可。

（4）故障现象：灵敏度低

故障原因分析及维修方法：灵敏度低的主要表现为必须用较大的声音才能点亮灯泡，重点应检查声电转换（MIC）及 VT4 组成的放大电路。驻极体话筒（MIC）长时间使用后，内部灰尘沉积过多，常引起灵敏度降低，可用替换法进行判断。

（5）故障现象：白天也点亮

故障原因分析及维修方法：该故障主要在光控电路，主要应检查光敏二极管 VD6、三极管 VT3 等。更换光敏二极管 VD6 时，应选用亮阻小于 10kΩ、暗阻大于 1MΩ 的光敏二极管，以保证电路能在合适的光线下工作。

5.3.2　人体感应照明灯的工作原理及故障维修

1. 人体感应照明灯的工作原理

人体感应照明开关电路原理如图 5.6 所示，该电路主要由电容降压电路、全波整流电路、稳压电路及控制执行电路等组成。电路工作原理如下。

当市电经电容 C1 降压后送至全桥 D，经全桥整流、C2 滤波及稳压集成电路 78L05 稳压后得到+5V 直流电压，作为远红外模块的供电电压。感应模块的输出直接驱动继电器 J，当有感应信号输出时，输出端子"1"脚就输出高电平延时信号驱动继电器，继电器 K 吸合后，照明灯点亮；没有感应信号输出时，模块处于静态，输出端处于低电平，不能驱动继电器吸合，继电器触点开关断开，照明灯熄灭。这就实现了人体感应控制照明灯的目的。

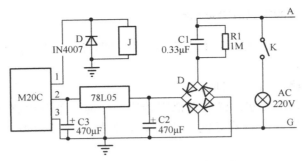

图 5.6　人体感应照明开关电路原理

2. 人体感应照明灯故障维修

（1）故障现象：照明灯常亮

故障原因分析及维修方法：照明灯常亮故障最可能的原因为继电器触头烧焦而粘连，其次为红外线探头损坏。脱开继电器线圈或脱开红外线探头的①脚，故障依旧，则说明继电器触头处于常闭状态，可更换继电器；若脱开后指示灯不亮，则为红外线探头损坏，可更换探头。

（2）故障现象：照明灯不亮

故障原因分析及维修方法：照明灯不亮可能损坏的元器件较多，如照明灯本身损坏，整流器、稳压块、降压电路、探头等损坏都会造成照明灯不亮，可采用电压法检测排除。图5.7所示的是该故障的故障检修逻辑图。

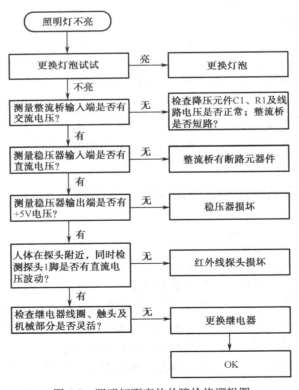

图 5.7　照明灯不亮的故障检修逻辑图

3. 热释电红外传感器的安装

热释电红外传感器不加光学透镜（又称非涅耳透镜），其检测距离通常不大于 2m，而加上透镜后，其检测距离可大于 7m。因此在实际应用中，热释电红外传感器通常与菲涅尔透镜配合使用。菲涅尔透镜的外形结构如图 5.8 所示。

图 5.8　菲涅尔透镜的外形结构

热释电红外传感器的安装位置与误报率有极大的关系。热释电红外传感器的感应头应安装在距离地面 2.0～2.2m 的高度；一是以防人为不小心碰触造成损坏，二是这个高度对于人的感应信号也最强，灵敏度更高，可以预防家畜等小动物不必要的干扰。

热释电红外传感器探头应尽量安装在角落以取得最理性的探测范围，且远离空调器、电冰箱、火炉等空气温度变化敏感的地方，不要正对着门、窗户、灶台等，否则热气流扰动和人员走动会引起误报，应装在侧光或背光的位置。探头前面更不能有隔离物体。

思考与练习 5

1. 荧光灯有哪几种分类？
2. 简述电子式荧光灯的结构和工作原理。
3. 电子调光灯不亮的故障怎样检修？
4. 简述电子调光灯的工作原理。
5. 简述电子调光灯的常见故障及排除方法。
6. 简述消防应急灯的工作原理。
7. 分析自动控制类节能灯的工作原理。

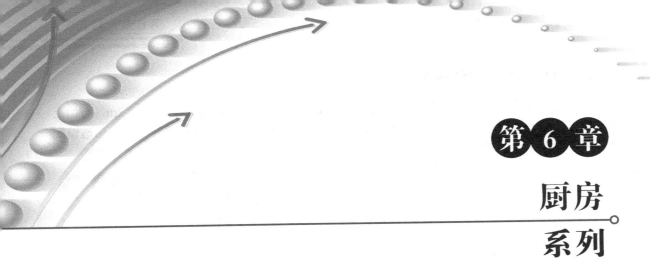

第 6 章
厨房
系列

厨房系列产品主要是指在家庭厨房中，用来烹调食物的各种用电设备，包括电饭锅、电热水器、饮水机、排油烟机、消毒碗柜、电磁炉、微波炉等。本章优选几个代表产品，介绍它们的结构、工作原理及常见故障。

6.1 电饭锅

电饭锅是一种能够自动进行蒸、煮、炖、煨、焖等多种加工工艺，且能保温现代化炊具。电饭锅使用起来清洁卫生，省时省力，是现代家庭不可缺少的用具之一。

▶ 6.1.1 电饭锅的分类

电饭锅的种类较多，有以下几种分类。

1. 按加热方式分

电饭锅按加热方式分，有直热式和间热式两种。

直热式电饭锅，是指锅底电热板直接对锅体加热。因此，其效率高、省时省电，缺点是做出的饭容易上下软硬不一致。

间热式电饭锅的结构分为内锅、外锅和锅体三层。其中，电热板装在外锅底部，外锅装水，内锅装食物，由外锅的热水或蒸气对内锅进行加热或蒸煮。最外层是锅体，起着安全防护和装饰的双重作用。这种电饭锅的优点是：食物加热均匀，做出的饭上下软硬一致，内锅可取下，清洗方便；缺点是：结构较复杂，费时间，耗电多。

2. 按结构形式分

电饭锅按结构形式分，有整体式和组合式两种。

整体式电饭锅的发热板和锅体是一个整体，电热器件直接固定在锅体的底部。整体式电饭锅由于锅体的结构不同，又可分为单层电饭锅、双层电饭锅和三层电饭锅三种。但双层、三层整体式电饭锅的内锅可以取出。

组合式电饭锅的发热板和锅体是可以分开的，锅体和发热板之间没有紧固连接，锅体放在电热座上，可以方便地取下，既便于清洗，又可以放到其他发热体上或餐桌上。

3．按控制电路的形式分

电饭锅按控制电路的形式分，有机械式和电子式两种。

机械式主要是由磁性温控器和双金属温控器作为主要的控制与检测部件；电子式主要是由单片机（MCU）和热敏电阻作为主要的控制与检测部件。

4．其他分类方法

此外，电饭锅按锅内压力分有常压式、低压式、中压式及高压式四种；按控制方式分有自动保温式、定时启动保温式及电脑控制式三种。

6.1.2　机械式电饭锅的工作原理及检修

在各型号的电饭锅中，机械式自动保温电饭锅使用最广泛，其他类型的电饭锅都是在此基础上发展起来的。下面介绍这种电饭锅的结构特点和工作原理。

1．整机结构

机械式自动保温电饭锅的整机结构如图 6.1 所示。它主要由外壳、内锅、电加热器、磁性温控器、双金属温控器及插座等组成。

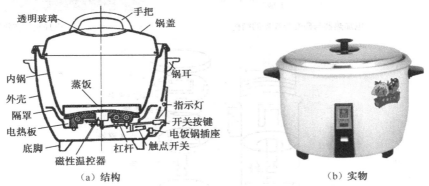

图 6.1　机械式自动保温电饭锅的整机结构图

（1）外壳

外壳通常采用 0.6～1.2mm 厚的冷轧钢板一次拉伸成型。它除了装饰保护作用外，还是安装电加热板、温控器及内锅的支承部件。电饭锅外壳如图 6.2 所示。

（2）内锅

内锅是盛放烹煮食物的锅体，一般采用 0.8～1.5mm 厚的铝板一次拉伸成型，锅底呈球面状，与电热盘面紧密接触，以利提高热效率。电饭锅内锅如图 6.3 所示。

图 6.2　电饭锅外壳

图 6.3　电饭锅内锅

（3）电加热器

电加热器又称为电热盘、发热器等，其结构如图6.4所示。它采用管状电热器件浇铸在铝合金中而制成。

（4）磁性温控器

磁性温控器又称为磁钢限温器，主要作用是当饭熟后自动断电，其结构如图6.4所示。磁性温控器的工作原理可参阅第3.3节，这里不再详述。

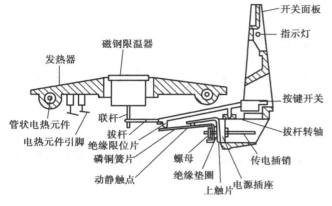

（a）电加热器与磁性温控器的结构　　　　　　　　（b）电加热器实物图

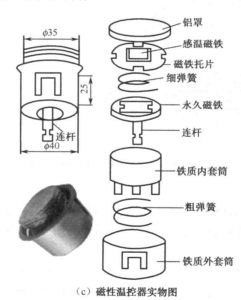

（c）磁性温控器实物图

图6.4　电加热器与磁性温控器的结构

电饭锅上的磁性温控器的居里温度点一般设定在103℃左右。当锅内温度升到103℃时，磁性温控器自动动作切断电源。

（5）双金属温控器

双金属温控器的结构如图6.5所示。其主要作用是在饭煮熟后，磁性温控器触点断开，降温至70℃以下时自动接通电源，使锅内的温度保持在70℃左右。

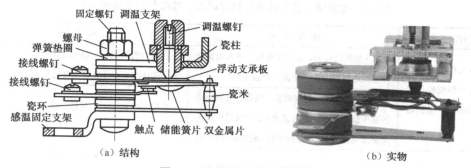

图 6.5　双金属温控器的结构

(a) 结构　　　　(b) 实物

2. 电饭锅的工作原理

电饭锅的工作原理如图 6.6 所示。其中，T1 是电源插头，Fu 为超温熔断器，SA 是磁性温控器（与按键开关组合限温），ST 是双金属温控器（60～80℃范围内保温），EH 是发热器，R 是降压限流电阻，HL 是指示灯。

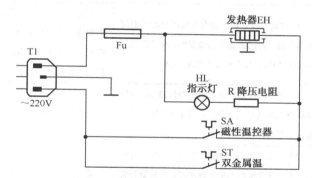

图 6.6　电饭锅的工作原理图

常温下，双金属温控器的触点闭合，而磁性温控器的触点断开。插好电源线未按按键开关时，发热器即能通电，指示灯 HL 点亮，电饭锅处于保温状态，温度只能升高到 80℃，双金属温控器 ST 的触点便会断开，切断电热板的电源。如果要煮饭，必须按下操作按键，磁性温控器 SA 动作，按键开关闭合。此时 SA、ST 并联，发热器得电发热，且指示灯点亮，锅内温度逐渐上升。当温度升到（70±10）℃时，双金属温控器 ST 动作，常闭触点断开，但 SA 的常开触点仍闭合，电路仍导通，发热器继续发热。等饭煮熟、温度升高到（103±2）℃时，磁性温控器 SA 的触点断开，发热器断电，停止加热，指示灯 HL 熄灭。随着时间的延长，当温度降至 70℃以下时，双金属温控器 ST 触点闭合，电路又接通，指示灯 HL 点亮，发热器 EH 发热，温度逐渐上升。此后，通过双金属温控器触点的重复动作，能使熟饭的温度保持在 70℃左右。

3. 机械式电饭锅常见故障的检修

电饭锅的常见故障现象有烧保险、发热器不热、煮不熟饭、饭烧焦、不能保温、指示灯不亮及外壳漏电等。电饭锅（煲）的常见故障现象、故障分析及排除方法如表 6.1 所示。

表 6.1　电饭锅（煲）的常见故障现象、故障分析及排除方法

常见故障现象	故障分析	排除方法
刚一插入电源插头，供电保险立即烧断，表明电饭锅出现严重的短路故障	（1）使用过程中，水或饭溢出后流入电源连接器或电饭锅电源插座内，导致短路。	在断电的情况下，将上述部分抹干或用电吹风吹干，确认绝缘性能良好后便可继续使用。
	（2）电饭锅使用时间较长，电源连接器或电饭锅电源插座存在油污或水分，导致通电后两电极放电拉弧，胶木烧焦炭化，最终造成短路。	炭化程度较轻时，可做绝缘处理；炭化严重时，更换新配件。
机内超温熔断器烧毁	造成故障的原因有两个：一个是久用性能变差，自然烧断；另一个是电路出现短路故障，熔断器起到保护作用而烧断。	首先按下磁性温控器，用电阻法测量电源线 L、N 两点的阻值，判断电路是否存在短路性故障；若阻值为零，表明有短路故障，拆机检查并排除故障后再换熔断器；若无短路，则可直接更换。
发热器不热	拆机查看熔断器是否烧毁，若烧毁，按短路性故障检查；若完好，按断路性故障排查。	断路性故障原因：磁性温控器和双金属温控器触点全不闭合；发热元件烧断；各元器件与连接线接触不良或断开。用电阻法逐一检查。
煮不熟饭	（1）内锅与发热器之间有饭粒或异物等引起传热不良；内锅底或发热器变形，两者接触面积小于 40%，导致热效率明显下降。	首先排出异物，内锅有无变形确认的方法是：在内锅底用粉笔均匀地涂一层粉，放入内锅左右转动两三下，拿出内锅观察粉层，未被磨去粉层的部位说明与发热器未接触。若变形，应予以整形。
	（2）磁性温控器的永久磁钢磁性减弱，与感温磁钢之间的吸力下降，温度低于 103℃ 磁性温控器就起跳。	更换磁性温控器。
	（3）按键开关动、静触点的上下位置没有对正，按下开关键后不能接通电源；或按键开关动、静触点接触不良导致断续通电。	需调整、修复或更换按键开关。
饭烧焦	饭烧焦，说明煮饭温度过高。（1）双金属温控器的动、静触点熔结粘死；或其上的支撑瓷米脱落，导致动、静触点压死。	需调整、修复或更换双金属温控器。
	（2）双金属温控器的动作温度偏高。	用小螺丝刀顺时针方向微调 1/3 圈，经多次试调，温度调准后，可在调温螺丝钉头部点漆，防止日后使用中松动移位。
不能保温	不能保温是由于双金属温控器不工作或工作不正常引起的。（1）双金属温控器温度调得太低或调节螺丝松动。	重新调整双金属温控器的调节螺丝。
	（2）双金属温控器的动、静触点接触不良、脏污及锈蚀。	需修复或更换双金属温控器。
指示灯不亮	如果发热器的工作正常，而只是指示灯不亮，故障范围应在指示灯电路中。（1）与指示灯连接的引线断路或螺丝松动。	需检查补焊、修理。

续表

常见故障现象	故 障 分 析	排 除 方 法
指示灯不亮	（2）指示灯本身老化失效或损坏。	需代换、更换指示灯。
	（3）限流电阻断路等。	更换同规格的电阻。
外壳漏电	电热元器件封口熔化引起短路；导线或元器件与底盘相碰；电源插座绝缘不良等。	检查并接上可靠的地线；排查碰壳短路处及进行干燥、绝缘处理。

4. 机械保温式电饭锅的内部结构

机械保温式电饭锅的内部结构如图 6.7 所示。

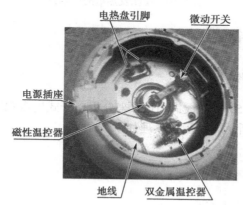

图 6.7　机械保温式电饭锅的内部结构

取下的按键组件及微动开关如图 6.8 所示。

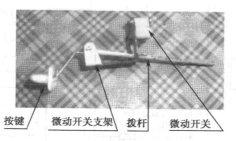

图 6.8　按键组件及微动开关

用万用表检测双金属温控器触点的好坏如图 6.9 所示。

图 6.9　检测双金属温控器触点的好坏

检测发热盘的电阻值示意图如图 6.10 所示，该发热盘的电阻值为 75Ω。

图 6.10　检测发热盘的电阻值

▶ 6.1.3　电子式电饭锅的工作原理及检修

1. 电子式电饭锅的工作原理

下面以尚朋堂牌 SC-1253 型电饭锅为例，来分析电子式电饭锅的工作原理。尚朋堂牌电饭锅的工作原理图如图 6.11 所示，其工作原理如下。

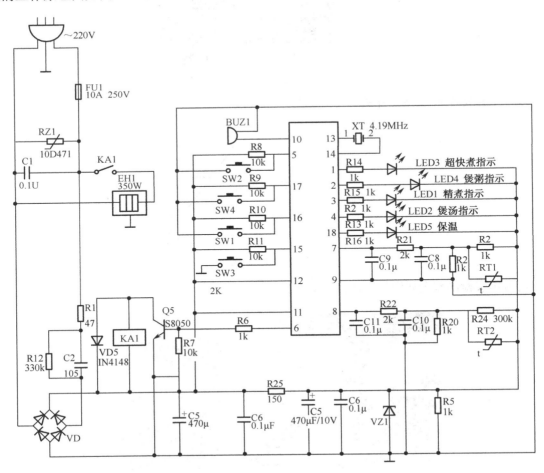

图 6.11　尚朋堂牌电饭锅工作原理图

220V 市电经熔断器（FU1）、电容降压电路（R1、R12、C2）、整流电路（VD）、C4 滤波，得到继电器（KA1）供电电压，该电压进一步经滤波（C5、R5）、稳压（VZ1、R5），得到 8V 左右的电压供给单片机。其中，RZ1 是压敏电阻，起过压保护作用；C1 为抗干扰元件。

单片机的三个工作条件是：⑫脚为正极供电端，⑨脚为负极供电端；⑪脚为复位端；⑬、⑭脚为时钟振荡端，其外接 XT 石英振荡晶体。

当电源插头上电后，此时电饭锅就处于待机状态，单片机⑱脚输出低电平，指示灯 LED5 待机指示灯点亮。以煮饭为例，按下煮饭按键（SW3），⑮脚从高电平变为低电平，完成煮饭控制信号的输入；此时，③脚输出低电平，使 LED1 煮饭指示灯点亮，与此同时，⑥脚输出高电平，驱动 Q5 导通，继电器（KA1）励磁线圈得电，吸合常开触点（KA1）闭合，使发热器通电开始加热工作。

RT1、R23、R19、R21、C8、C9 共同组成了锅底温度检测电路。负温度系数热敏电阻 RT1 镶在发热器中间，随时对锅的温度进行检测，其变化电压输入至⑦脚，进而通过⑥脚对发热器的供电进行适时地控制。RT2、R24、R20、R22、C11、C10 共同组成了保温检测电路。负温度系数热敏电阻 RT2 随时对锅的温度进行检测，其变化电压输入至⑧脚，进而通过⑥脚对发热器的供电进行适时控制。

煲汤、保温、煲粥的工作原理与煮饭相同，与之对应的指示灯也点亮。

2. 尚朋堂牌 SC-1253 电饭锅常见故障的检修

尚朋堂牌 SC-1253 电饭锅的常见故障现象及检修如表 6.2 所示。

表 6.2　尚朋堂牌 SC-1253 电饭锅的常见故障及检修

常见故障现象	故 障 分 析	排 除 方 法
烧机内熔断器	电源本身出现短路性或负载有短路性故障。 （1）熔断器不符合要求	更换同规格的熔断器，即 185℃/250V/10A 的熔断器
	（2）压敏电阻 RZ1 或 C1 击穿短路	更换同规格的压敏电阻或电容，压敏电阻没有时，也可暂时不安装，但一定要把原损坏的拆焊下来
	（3）整流桥短路	更换整流桥，也可用二极管 1N4007 代换
	（4）电容 C3、C4、C5、C6、VZ1、R5 任意一元件短路损坏	更换损坏元件
	（5）单片机损坏	更换单片机
上电后没有任何反映	（1）电源部分可能损坏的元件有：熔断器断或接触不良，R1、R12、C2 断路，整流桥断路，R25、VZ1 断路，电容 C4、C5 断路或容量减小等	检查、更换上述元件
	（2）单片机的三个工作条件不正常	检查⑫、⑪脚供电电压；代换晶振 XT4.19MHz
	（3）单片机本身损坏	更换单片机
上电后待机指示灯正常点亮（或其他指示灯正常点亮），但煮饭等功能不起作用	上电后待机指示灯正常点亮（或其他指示灯正常点亮），表明电源电路和单片机的工作条件正常，故障主要在驱动等电路 （1）发热器断路	更换发热器
	（2）继电器（KA1）、驱动管（Q5）、单片机损坏	更换继电器、驱动管、单片机

续表

常见故障现象	故 障 分 析	排 除 方 法
煮饭、煲汤、保温、煲粥某一功能不起作用	某一功能不起作用，表明电源电路和单片机的工作条件正常，故障主要在该功能的电路，即该功能电路的按键开关断路或上拉电阻断路	更换按键开关或上拉电阻
饭烧焦	（1）锅底温度检测电路异常	检查更换 RT1 及其外围元件，RT2 在常温下的电阻值为 150～200kΩ
	（2）继电器触点烧死或粘连	维修触点或更换继电器
	（3）驱动三极管 Q5 的 C-E 极击穿短路	更换驱动三极管
不能保温	保温温度检测电路异常	检查更换 RT2 及其外围元件，RT2 在常温下的电阻值为 150～200kΩ

6.2 电热饮水机

电热饮水机是利用电热元件将储水桶的水加热，集开水、温开水功能于一身，它具有外形美观、使用方便等优点。

电热饮水机一般有如下几种分类。

按外形结构分，有台式和立式；按供水水源方式分，有瓶装供水式和自来水自动供水式等；按出水温度分，有冷热型、温热型和冷热温三温型三大类，其中冷热型和冷热温三温型都有制冷功能。

▶ 6.2.1 温热型饮水机的结构及工作原理

温热型饮水机的结构和外形如图 6.12 所示。温热型饮水机主要由箱体、温水水龙头、热水水龙头、接水盘、加热装置、聪明座等组成。

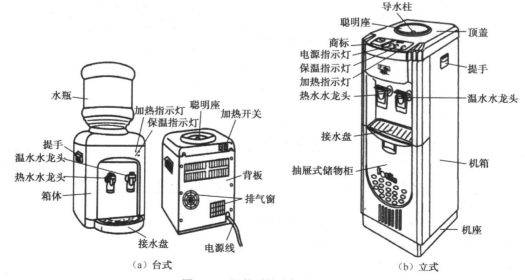

图 6.12 温热型饮水机的结构

加热装置主要由热罐、电热管、温控器及保温壳等组成。热管用不锈钢制成，内装功率为500～800W 的不锈钢电热管。在热罐的外壁装有自动复位和手动复位温控器。将保温壳前、后两半合好，上、下端各用扎线扎牢。加热装置的结构和拆解图如图 6.13 所示，温控器的外形如图 6.14 所示。

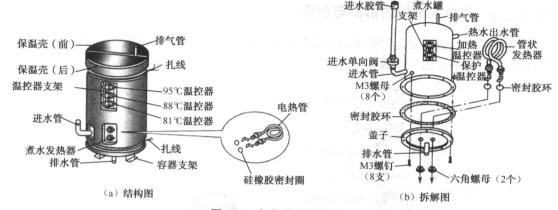

（a）结构图　　　　　　　　　　　　　　　　（b）拆解图

图 6.13　加热装置的结构

图 6.14　温控器的外形

温热型饮水机电路原理如图 6.15 所示。全电路由加热电路和指示灯板电路组成。各元件作用如下：K2 是电源开关，EH1 是加热器，BX1、BX2 是熔断器，W2 是加热温控器，W1 是超温温控器，R 是加热指示灯，G 的保温指示灯，R1、R2 是限流电阻。

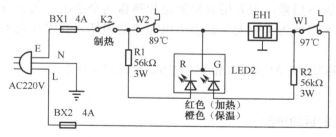

图 6.15　温热型饮水机电路原理图

插入水瓶，接通电源，按下电源开关 K2，加热器 EH1 通电加热，与加热器并联的指示灯G（红色）同时点亮。当热罐内的水温达到设定温度时，温控器 W2 的触点断开，切断加热器电源，停止加热。与此同时，由于电源开关未断开，此时电源经 R1、发光二极管 R 半波整流后，加至加热器，加热器工作在保温状态下，橙色指示灯点亮。

当水温降到某一值时，温控器 W2 的触点重新闭合，EH1 又通电加热。自动温控器如此周而复始，使水温保持在 85～90℃的范围内。

W1 是超温保护温控器，动作温度为 97℃。它可防止热罐内的水达到沸点。它一旦动作后，可手动使其复位。

▶ 6.2.2 电热饮水机的拆卸与安装

电热饮水机的进水装置结构图如图 6.16（a）所示，加热装置的结构图如图 6.16（b）所示。它们拆卸与安装的方法与步骤如下。

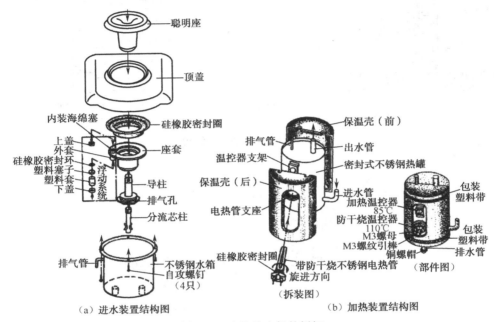

图 6.16 电热饮水机的拆卸

1. 电热饮水机加热器、温控器的检测

经初步判断，如果电热饮水机的故障可能是因为加热器或温控器有问题引起动，就要对其先进行检测。拆下后盖，用万用表检测电加热器两个引出线的直流电阻值，正常值应为几十欧。若侧得的阻值为无穷大，则表明电加热器损坏，要将加热器从热罐上拆卸下来进行更换。

用万用表检测各温控器的触点引出线间电阻，此时应为 0 欧，否则说明温控器异常，应检修或更换。

2. 电热饮水机的拆卸步骤

① 旋转聪明座，使它与饮水机顶盖分离，然后向上提起取下。

② 拆下顶盖后端的固定螺丝，取下顶盖后，手伸进内部拔下电源开关插件及进、出水管，最后取下顶盖。

③ 拆下底板上紧固热罐的螺丝，然后拔下热罐上的电源线，并对各插件件做标号记录。最后拆卸下热罐。

3. 电热饮水机的安装步骤

安装是拆卸的逆过程，后拆卸的先装，先拆卸的后装。安装好后，应仔细检测一遍，再上电试机。

▶ 6.2.3　饮水机常见故障的检修

饮水机的常见故障有通电无反应、加热时水温过高或过低、加热正常而指示灯不亮、聪明座溢水及水龙头出水不正常等。温热型饮水机的常见故障及其分析、排除方法如表 6.3 所示。

表 6.3　温热型饮水机的常见故障及其分析、排除方法

故 障 现 象	故 障 分 析	排 除 方 法
通电后不能加热	通电后不能加热，表明加热器并没有得电。主要原因有：熔断器 BX1 或 BX2 烧断、电源开关 K2 断路、温控器 W2 损坏（常开）、温控器 W1 不能复位、加热器断路、内部连接线断等。	加热器好坏的判断及更换：打开背板，用万用表测加热器的电阻值，正常值为 95Ω 左右。若加热器烧坏，需用同规格等功率代换。检查熔断器 BX1、BX2，电源开关 K2，温控器 W2、W1，更换以上损坏的元器件。
水温过低	造成水温过低，可能有如下原因：温控器 W2 性能变差，加热器老化严重或电源电压过低等。	更换温控器或加热器
水温过高	在电网电压正常的情况下，水温过高不能进入保温状态，可能是温控器 W2 触点烧蚀粘死，当水温达到预定温度 96℃ 时触点不能动作，继续通电而导致。	更换温控器
加热正常而指示灯不亮	可能是发光二极管损坏、限流电阻变值或断路，以及它们之间的连接线断路等。	更换相应的元器件及连接线
聪明座溢水及水龙头出水不正常	① 聪明座溢水的主要原因是水箱口变形，可用新配件更换。 ② 出水水龙头不正常的主要原因有：导水柱进入水箱的水路不正常；水箱至热罐的进水水路或热罐至水箱的排气气路等不正常；龙头本身损坏等。	可修复或用新配件更换。

6.3　排油烟机

排油烟机，又称为抽油烟机、吸油烟机等，是净化厨房空气的清洁器具。它能把烹饪时产生的油烟或煤气等有害气体从室内排到室外。

▶ 6.3.1　排油烟机的分类与结构

1. 排油烟机的分类

排油烟机一般有下列几种分类方式。

按气体排出方式分，有外排式和内排式（内循环式）两种。外排式是将污染气体经过处理后直接排到大气中；内排式是将污染气体经过处理、过滤后再排回室内。我国目前的产品大多是外排式。

按风机的数量为，有单扇（单眼）和双扇（双眼）两种。单扇式是一只电动机带动一只排风扇，适合在较小的厨房使用；双扇式是两只电动机各带一只排风扇，适合在较大的厨房使用。

按自动化程度分，有普通型和自动型两大类。普通型排油烟机的开启和关闭需要人工来操作控制。自动型排油烟机是由气敏传感器将检测到的油烟信号送入控制电路，由控制电路对它实行自动启动和关闭。

按外型结构式分，有超薄型、普通型和深槽型等三大类；按风扇转速分，有单速、三极和无极变速三种类型；按抽油烟方式分，有直吸式、侧吸式、斜吸式；按风机机型分，为有轴流式和离心式。

2. 排油烟机结构

排油烟机的结构如图 6.17 所示，主要由四大部分组成：箱体（机架组件）、风机系统、油路系统和控制系统等。主要的零部件有电动机、风机、集气罩、集油盘、油杯、过滤器、机壳、主控板（机械或电脑）、琴键开关、照明灯等。

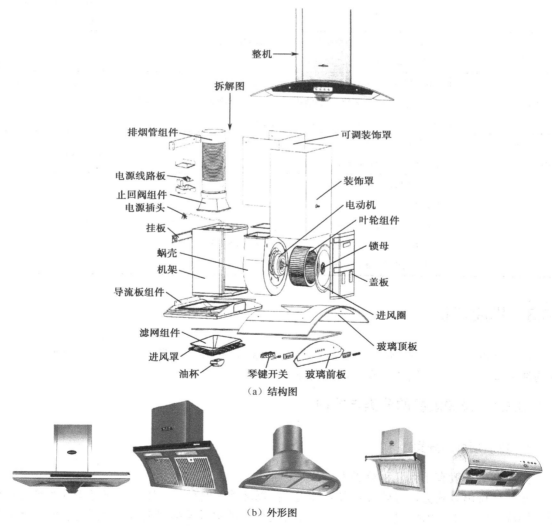

（a）结构图

（b）外形图

图 6.17　排油烟机的结构与外形图

（1）电动机

排油烟机一般采用单向电容式小型电动机，或小型通用电动机等，外形如图 6.18（a）所示。单扇电动机功率为 55～80W，双扇电动机功率每台为 40～60W。

（2）风机

风机的作用是将油烟吸入和进行油气分离。风机中的风叶多采用离心轴流复合式风叶，又称为双层母子风叶式，它实质上是一只离心式风叶与一只轴流式风叶串联使用。轴流式风叶具有增加吸气压力及脱油的作用，离心式风叶主要起排烟作用。风叶外形如图 6.18（b）所示。风叶通常采用高强度工程塑料一次注塑成型，或用金属材料制成风叶或叶轮。

（a）电动机　　　　　　　　　　　　　　　　　（b）风叶

图 6.18　排油烟机的几种配件

（3）集气罩

集气罩一般用不锈钢板或超薄钢板冲制而成，上有均匀小孔，表面经过电渡处理，主要用来收集油烟气体。

（4）集油盘、油杯

油烟气经过风机的分离后，油脂颗粒粘附在集油盘的内壁，冷凝后逐渐流入油杯，以待清除。

（5）外壳与内壳

外壳包括侧板、顶板和面罩，采用 a3 冷轧钢板（有的是不锈钢板）冲压焊接而成，表面一般经过防锈、喷漆、电镀等工艺处理，因而防护层光亮坚硬，能防霉、防潮、防酸并易于擦洗。

内壳一般是由 ABS 塑料注塑而成，内有弧形隔板，形成左右对称的螺旋形内室，其内径刚好与风扇保持一定空隙。当风扇高速转动时，由于离心力的作用，油烟被抽走，将污油甩到螺旋线的最低点，经导油管进入并储存在集油盒内。

3．工作原理

排油烟机通电后，电动机驱动风叶高速旋转，在风叶周围产生空气负压区，迫使灶台下的油烟气体（上升的热气体）被进风罩所捕获，并由进风口进入机体内。进入机体内的油烟气体，首先经过海绵油脂过滤器或活性炭粒过滤板，进行过滤，过滤后的油滴在风叶和离心力的作用下，脱离风叶顺着油道流入油杯内，而废气则从出风口排到室外。自动控制型排油烟机是在普通排油烟机上增加自动监控电路，当厨房的油烟或可燃有害气体达到一定浓度时，传感器可使监控电路自动启动并发出声光报警，排油烟机将有害气体抽走并排出。

▶ 6.3.2　普通型排油烟机的工作原理及检修

普通型单眼排油烟机的电路原理如图 6.19 所示。图中各主要元件的作用如下：SB1 为灯开关；SB2 为强吸挡，SB3 为弱吸挡，SB4 是停止挡，其中 SB2～SB4 是自锁式按键开关；M 为单相电容式电动机，C 为电容器。

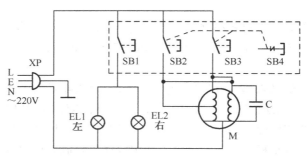

图 6.19　普通型单眼排油烟机的电路原理图

将电源插头 XP 插入电源插座，当按下强吸挡按键 SB2 时，电动机高速运行；按下弱吸挡按键 SB3 时（SB2 按键自动弹起），电动机慢速运行；强吸挡和弱吸挡可以相互转换；按下停止按键 SB4，电源切断，电动机停止运行。按 SB1 按键，左、右照明灯同时点亮；再按一下 SB1，则同时熄灭。

普通型排油烟机的常见故障有：通电后，排油烟机不工作；按键不能操作；电动机转速变慢；工作时噪声很大；排油烟机效果变差；漏油、漏电等。普通型排油烟机的常见故障、故障分析及排除方法如表 6.4 所示。

表 6.4　普通型排油烟机的常见故障、故障分析及排除方法

故障现象	故障分析	排除方法
通电后，排油烟机不工作	通电后，排油烟机不工作，可采取观察法、电阻法、电压法及替换法逐级缩小故障范围，最后直到查出故障元器件，其逻辑检修顺序如右图所示。	电动机不转 → 手拨动叶片是否转动灵活 →（否）电动机或风机机械性损坏 →（无）测电源插头端电压 →（无）查供电线路；（正常）测电动机绕组端电压 → 查按键开关、连接线等；（是）通电后是否有"哼"声 →（有）查供电电压是否过低；启动电容、起动绕组、主绕组是否损坏 → 查起动电容、电动机是否损坏
按键卡阻按不下，或按下弹不起	按键有两种结构形式，即单独式和连锁琴键式。在使用过程中，被油烟、潮气等侵蚀，油污覆盖，加上操作次数较多或用力过大，容易造成按键开关损坏。其损坏形式以动、静触点（片）严重变形、氧化、锁片活动受阻较多见。	检修时，先拆出琴键开关，用清洁剂将油污清洗干净，用小锉刀或细砂纸修磨触点，然后再将变形的动、静触片通过整形恢复原状。若损坏严重或有配件的情况下，建议整体代换。
电动机转动时噪声大	引起该故障的主要原因有两个，一是支座固定螺钉、轴孔止动螺钉等松动；二是电动机本身严重磨损、扫膛及风轮变形、异物卡阻等。	需重新调整、装配或整体代换有关部件。

续表

故障现象	故障分析	排除方法
排油烟机漏油	集油杯、集油盘有裂纹；导风密室封圈龟裂破损；排油管破裂或接头松脱等。	可用万能胶粘接或配换相应部件。
电动机转速变慢	引起该故障的主要原因有：电容器容量减小许多；定子绕组匝间有短路；供电电压显著偏低等。	更换同规格的电容器；定子绕组匝间短路不太严重时，进行修复、绝缘处理，短路严重时整体代换；检查供电线路或配备稳压器。

6.3.3 自动型排油烟机的工作原理及检修

1. 自动型排油烟机的工作原理

自动型排油烟机的电路原理如图 6.20 所示。它装有两个电动机，一个 100W 的照明灯和四个选择开关。SB2、SB1 分别是左、右风扇电动机控制开关按键，SB3 是自动/手动选择开关，SB4 是照明灯开关。单片机 LC227 的各脚功能如表 6.5 所示。

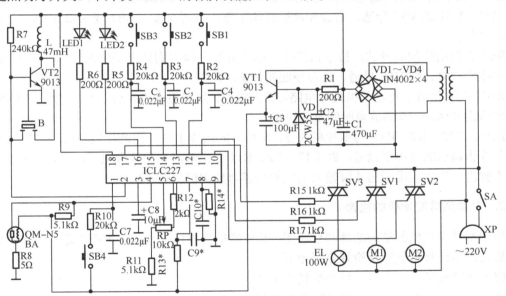

图 6.20 自动型排油烟机的电路原理图

表 6.5 单片机 LC227 各脚功能

脚 号	引脚功能	脚 号	引脚功能
1	照明灯控制输入端，高电平有效	10	左控制输出端
2	报警信号输出端	11	控制输出端
3	报警声频率控制端	12	手动右控制输入端，高电平有效
4	反相电压输入端	13	手动左控制输入端，高电平有效
5	同相电压输入端	14	手动/自动输入端，高电平有效
6	基准电压输出端	15	手动指示灯驱动端

续表

脚 号	引 脚 功 能	脚 号	引 脚 功 能
7	基准电压开机延迟控制端	16	自动指示灯驱动端
8	自动关机延迟控制端	17	指示灯驱动端
9	负电源	18	正电源

当开关 SA 闭合后，市电经变压器 T 降压得到 10V 左右的交流电；再经 VD1～VD4 全波整流，C1、R1、C2 滤波，VT1、VD、C3 稳压，从 VT1 集电极输出 6.5～7.5V 的直流电压、发射极输出 6～7V 的直流电压供给控制电路。

单片机（IC LC227）18 脚加正电压、9 脚加负电压。BA 为气敏传感器，当它检测到有煤气或油烟等有害气体时，其输出电压下降，即 4 脚电压下降。当该电压下降到一定值时，2 脚输出高电平，驱动放大器 VT2 工作并报警；与此同时，10、11 脚同时输出低电平，从而使左、右风机同时运转。

SB3 为自动/手动选择开关，按下该按键时即输入一个高电平脉冲。此时由自动方式转为手动方式，指示灯 LED2 点亮，表明整机处于手动控制状态。

SB1、SB2 为右左风扇电动机控制开关，当按下 SB1 或 SB2 键时，单片机的 11、10 脚输出低电平，VS1 或 VS2 导通，右或左风机开始工作；当再次按下 SB1 或 SB2 键时，右或左风机停止工作。

SB4 为照明灯控制开关，按下该开关，单片机的 1 脚得到高电平输入信号，其 17 脚输出低电平控制信号，使 VS3 导通，进而使照明灯 EL 点亮。

R14、C10 组成了自动关机延时电路。当关机后，风扇电动机还会延时一段时间才会关机，延时时间由 R14、C10 的放电时间常数决定。

此外，R12、RP、R11 与单片机的 5、6 脚共同组成了气体检测比较器的基准电压设定电路。从 6 脚输出的高电平信号，经 R12、RP、R11 分压后产生的基准电压，通过 RP 微调电阻加至 5 脚内，该电压用于与 4 脚输入的气敏传感器检测信号进行比较。

2. 自动型排油烟机的检修

自动型排油烟机的结构原理同普通型，其故障检查与排除方法可参照普通型，现将自动型排油烟机的电路常见故障及检修介绍如下。

（1）故障现象：通电后，排油烟机不工作

通电后，排油烟机不工作的故障逻辑检修图如图 6.21 所示。

（2）故障现象：手动控制正常，自动控制不能工作

故障原因分析及维修方法：自动监控电路的任一部分出现故障或异常，都将导致自动控制功能不能工作。主要应检查 SB3 自动/手动选择开关、气敏传感器 BA 是否损坏，若有损坏，更换之。

（3）故障现象：自动监控电路灵敏度低

引起该故障的可能原因有：①电位器 W 损坏；②气敏传感器 BA 被油污严重覆盖；③气敏传感器 BA 性能下降或老化。

检修方法：先检查电位器 W 是否脱焊、接触不良或损坏。若正常，轻轻进行调节，此时故障排除，表明电路某些参数发生了变化；若故障依然存在，就要拆下气敏传感器，用清洁剂清洗油污，再看故障能否排除，必要时可用替换法检查。

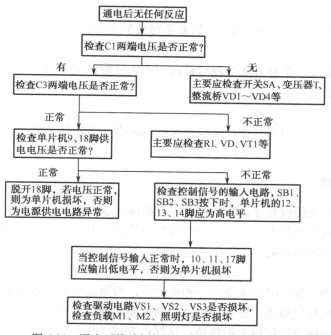

图 6.21　通电后排油烟机不工作的故障逻辑检修图

（4）故障现象：电动机启动困难或不启动

此故障多是电动机启动电容漏电或失效所致。

（5）故障现象：电动机能转动，噪声大，外壳很烫

故障原因分析及维修方法：此故障多是电动机转子含油轴承严重缺油或磨损所致，首先拆下扇叶，用手捏住转子轴端轻轻摇动，此时有两种现象：一是没有松动，手感很紧，此现象是严重缺油；二是有松动现象，手感间隙很大，此现象是轴承严重磨损，需更换新轴承。

（6）故障现象：蜂鸣器不报警

故障原因分析及维修方法：该故障的范围只在报警电路。给 2 脚加一高电平，若报警声正常，则为单片机故障；否则故障可能是由于驱动管 VT2、蜂鸣器 B 及其外围元件等损坏引起的。

6.4　微波炉

频率范围在 300MHz～300GHz 的电磁波为微波。微波炉是一种利用高频电磁波来烹调食物的厨房用具。微波炉可直接使食物内、外部同时受热，具有加热速度快、热效率高、无污染等优点。

6.4.1　微波炉的简介及分类

1. 微波炉的简介

微波具有如下特性。

（1）制热特性

微波遇到极性分子（如水分子）时，会引起分子的剧烈振荡而产生分子热（水温升高），这实际上是一个能量的转换过程，即把电磁能转换成了热能，这就是微波的制热特性。

（2）反射特性

微波遇到金属物体时，会产生反射，这就是微波的反射特性。因此常用金属件来隔离微波。

（3）可透视性

微波对玻璃、陶瓷、塑胶等非金属材料既不产生反射，也不被吸收制热，而是顺利通过，这就是微波的可透视性。

（4）吸收性

微波遇到含水或含油脂的食物，能够被大量地吸收，并转换为热能。微波炉就是利用这一特性来加热食物的。

2. 微波加热原理

介质一般可分为无极性分子和有极性分子。组成介质的有极性分子是杂乱无章的，但如果将有极性分子介质放在外加电场中，这些有极性分子会沿着电场线的方向而呈现有序排列，此现象称为极化。外加电场越强，极化作用也越强，外加电场方向改变，有极性分子的取向也随之改变。

微波炉加热食物，食物中的水分是一种电介质。当微波炉中的磁控管发出微波时，水分便随着正负极性的变换反复振动，分子热运动的动能随之增大，相邻分子之间的摩擦、碰撞作用更加激烈，短时间内便会产生很大的热量，这样就完成了电磁能转化为热能的过程。

3. 微波炉的分类

微波炉常有以下几种分类。

按使用频率分，可分为 915MHz 工业微波炉和 2450MHz 的家用微波炉。选择该频率的理由是为了避免对通信电波的干扰。

按结构分有柜式和台式。柜式又称为独立式，容量一般在 1kW 以上；台式或称轻便式、嵌入式等，容量一般在 1kW 以下。

按输出功率为，常有 500W、550W、600W、650W、700W、1000W、1500W 和 2000W 等。

按控制方式分，有普及型（机电控制型）和电脑控制型。机电控制型，是微波通过定时器和功率调节器等机械装置来控制微波加热时间的；电脑控制型，是按设定的程序完成各种操作的。

按功能分，可分为单一微波加热型和多功能组合型。单一微波加热型，又分为转盘式和搅拌式两种；多功能组合型，是在单一微波加热的基础上，增加烘烤装置。

按磁控管供电方式分，可分为变压器式和变频式。变压器式磁控管供电是在它的阳极和阴极加上由高压变压器、高压二极管、高压电容组成的高压整流电路输出的 4000V 左右的直流高压。变频式微波炉是以变频器替代了传统微波炉内的变压器式高压电源，变频器可以将 50Hz 的电源频率任意转换成为 20000～45000Hz 的高频，通过改变频率来得到不同的输出功率。

按微波的容量分，还可划分为 17L、18L、20L、23L、24L、26L、28L 等微波炉。

▶ 6.4.2 普及型微波炉的结构、工作原理及其检修

1. 结构

家用普及型微波炉的基本结构如图 6.22 所示，主要由磁控管、波导管、搅拌器、炉腔体、旋转工作台、炉门及控制系统等组成。

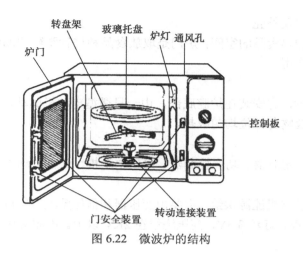

图 6.22　微波炉的结构

（1）磁控管

磁控管又称为微波发生器，它是微波炉的心脏部件。磁控管有脉冲磁波管和连续波磁控管两种，家用微波炉采用连续波磁控管。磁控管的作用是将电能转换成微波能，产生和发射微波，其结构如图 6.23 所示。

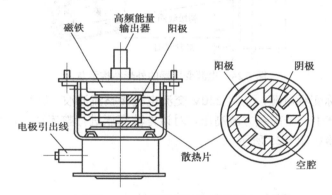

图 6.23　连续波磁波管结构图

磁波管主要由灯丝、阴极、阳极、天线及磁铁等组成。灯丝的主要作用是发热；阴极的主要作用是受热后能发射（产生）电子；阳极的主要作用是接受阴极发出的电子；天线又称为微波能量输出器，主要作用是对外发射微波；磁铁的主要作用是提供一个与阴极轴平行的匀强强磁场。

微波炉工作时，磁控管灯丝通电发热而烘烤阴极，阴极受热后产生电子而发射，在电场力作用下向阳极运动。在运动过程中，受负高压的加速和受洛仑兹力的作用，合成结果使电子绕着圆周轨迹飞向阳极。在到达阳极之前，通过许多谐振腔产生振荡而输出微波，经天线进入波导管，由其引入炉腔。

（2）波导管

波导管的作用是传输微波，采用导电性能良好的金属做成矩形空心管。它一端接磁控管的微波输出口，另一端接入炉腔。

（3）搅拌机

搅拌机又叫风叶，其作用是使炉腔内的微波场均匀分布。它一般安装在炉腔顶部的波导管输出口处，由小电动机带动风叶以低速旋转。

（4）炉腔体、炉门及外壳

炉腔体是盛放被加热食品的空间；炉门是取放食品和进行观察的部件；外壳主要起对电磁波的屏蔽作用和装饰作用。

（5）旋转工作台

旋转工作台即转盘，它安装在炉腔底部，由一只微型电动机驱动，以 5～8r/min 的转速旋转，使放在转盘上的食物各部位均匀吸热。

（6）控制系统

控制系统由电源、定时器、功率控制器、风扇电动机、转盘电动机、过热保护器与炉门联的联锁开关等构成。

电源为微波炉提供整机能源供给，主要由变压器和倍压整流器组成。电源变压器一般有三个绕组：初级绕组 220V，灯丝 3.3V，高压绕组在 2KV 以上。电源变压器的外形结构示意图如图 6.24 所示。

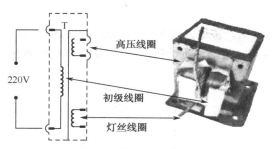

图 6.24　电源变压器的外形结构示意图

倍压整流器又称变频电源，它将 220V 交流电直接整流滤波，得到一个直流低压，提供给方波振荡器，由其产生一个高频方波高压，对该方波高压进行整流滤波，得到磁控管需要的直流高压。倍压整流器如图 6.25 所示。

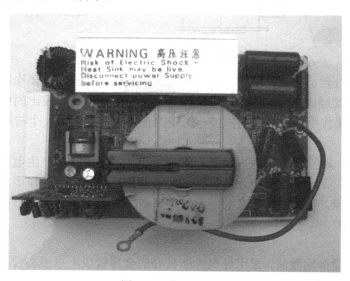

图 6.25　倍压整流器

定时器有两种：一种为机械数字式，一种为电子显示式。经使用者设定时间后，定时器触点闭合，但只有当联锁开合闭合（即炉门关闭）后，计时才开始。定时时间一到，定时器自动切断供电电源，并报警（振铃）提示。

功率控制器用来调节磁控管"工作"、"停止"时间的比例，即调节磁控管的平均工作时间，从而达到调节微波平均输出功率的目的。机械控制式微波炉常采用 3～6 个刻度挡位，电脑控制式一般有 10 个调整挡位。

在强挡时，微波是连续输出的；其他挡时，微波是间断输出的。功率控制器一般也由定时器来驱动。

风扇电动机的作用是给磁控管和变压器降温散热，常采用单相罩极式。

为了确保微波炉的整机安全性能，防止磁控管因过热损坏，在磁控管附近设有过热保护器，即碟形双金属片。通常情况下它处于闭合状态，一旦微波炉散热失控或温升超过设定值时，可自动切断电源。

2. 工作原理

格兰仕 MA-2318 普及型微波炉电路图如图 6.26 所示。图中已注明各主要元器件的功能。

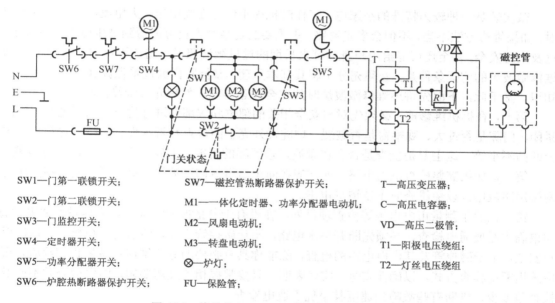

SW1—门第一联锁开关；　　SW7—磁控管热断路器保护开关；　　T—高压变压器；

SW2—门第二联锁开关；　　M1—一体化定时器、功率分配器电动机；　　C—高压电容器；

SW3—门监控开关；　　M2—风扇电动机；　　VD—高压二极管；

SW4—定时器开关；　　M3—转盘电动机；　　T1—阳极电压绕组；

SW5—功率分配器开关；　　⊗—炉灯；　　T2—灯丝电压绕组

SW6—炉腔热断路器保护开关；　　FU—保险管；

图 6.26　格兰仕 MA-2318 型微波炉电路原理图

使用时，关上炉门，门第一联锁开关（SW1）、门第二联锁开关（SW2）闭合，同时门监控开关（SW3）断开，微波炉处于准备工作状态。设置好定时时间（SW4 闭合）及加热功率（SW5闭合），电路接通，炉内灯点亮，微波炉开始工作。开始工作后，定时器电动机（M1）、风扇电动机（M2）、转盘电动机（M3）开始运转。磁控管输出端送出微波，经导管引入炉腔，对食物进行加热。设置的定时时间一到，定时器开关（SW4）断开，切断电源，加热工作结束。

炉门的联锁开关由初级门锁（第一门锁开关）、次级门锁开关（第二门锁开关）、监控开关、门钩和启动联锁机构等组成，如图 6.27 所示。

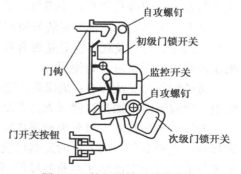

图 6.27　炉门联锁开关结构图

炉门上有门钩，在炉腔和门钩对应的位置开有两只长方孔，各长方孔的内侧均装有微动开关。其工作过程如下：当炉门关闭时，炉门上的两只门钩插入长方孔内，正好按下两只微动开关，这时，门第一、第二联锁开关闭合，门监控开关断开，微波炉处于准备工作状态；当炉门开启时，动作原理同上述相反，使整机断电。

若一旦由于器件原因或人为过失，在门开启时使初级门锁开关处于闭合状态，因为此时监控开关处于接通状态，会使 220V 交流电压短路，熔断器烧毁，也决不会使微波炉在炉门打开的状态下工作。

微波源由电磁控管、高压二极管 VD、高压电容 C 和变压器 T 组成。市电进入变压器 T 的初级，经变压后，次极 T1 得到 3.3V 的交流电压，作为磁控管的灯丝电压，它是共阴极的，也就是灯丝即是管子的阴极；次极 T2 得到 2kV 左右的交流高压，经高压二极管（硅堆）及高压电容器组成的半波倍压整流电路后，变成峰值达 4kV 的脉冲高压提供给磁控管。

3. 普及型微波炉的检修

微波炉是一种较为特殊的小家电，工作时机内不仅存在高电压、大电流，而且还有微波辐射，如果维修方法不当，不但会多走弯路，更重要的是维修人员可能遭到高压电击和微波辐射，危及人身安全，甚至还可能给用户身体带来长期的过量微波照射而造成不可弥补的损害。因此，维修微波炉的前提条件是，必须充分了解其基本原理，掌握防微波过量泄漏和高压电击的相关知识。鉴于此，下面先讲述维修微波炉时的安全注意事项，然后介绍维修技巧。

第一，在拆机维修前，必须先对与安全相关的部位和零部件进行检查，主要是看炉门能否紧闭、门隙是否过大、观察窗是否破裂、炉腔及外壳上的焊点有否脱焊、炉门密封垫是否缺损及凹凸不平等。这主要是检查是否存在微波过量泄漏的可能。若发现有问题，应先行修复。

第二，如果需要检查机内电路，通常应在断电后再拆卸微波炉。拆机后，先先将高压电容两端短路放电，以免维修时不慎遭受电击。

第三，除了测量市电电压等检查项目外，在没有十分把握的情况下，应尽量不通电检查。如果确实需要通电检查，必须先断开高压电路，不让磁控管工作，然后再开机检查，以确保人身安全。至于磁控管及其供电电路的检查，除非你具有必要的专业维修设备知识和经验，否则应采用断电检查方式，以确保安全。实践表明，只要掌握相关技巧要领，断电检查并不比通电检查差多少，判断有些故障的速度甚至优于通电检查。

第四，维修中需要对零部件进行拆卸检查或更换时，拆件时要逐个记住所拆卸零部件的原位置，特别是安全机构和高压电路的零部件更要重视，并且拆卸后要放置好，以防止丢失，造成不必要的麻烦；重装时应逐个准确复位装好，并拧紧每个紧固螺丝和其他紧固件，不要装错，或遗漏安装垫圈等易忽视的小零件。若需更换零部件，注意尽量选用原型号配件。

第五，维修完毕，全部安装好所有零部件后，应再一次检查炉门是否能灵活开关，同时注意查看门隙、门垫及观察窗等是否有异常状况，还有各调节钮和开关等零部件是否正常，直到确认没有问题了才可开始使用。

微波炉的常见故障有：烧保险；通电后不工作；炉灯亮，但不加热；炉灯亮，但转盘不转；漏电、微波泄漏；加热缓慢（火力不足）、间歇工作、有明火出现、火力不可调节等。

微波炉电路基本上可分为初级电路（变压器初级之前的电路）和次级电路（高压电路）两大部分。无论是任一部分中的元器件发生故障，都会使整机工作不正常。这样划分的理由是，从维修的角度出发能迅速判断故障的部位。因此，应首先判断是初级电路还是次级电路有故障，然后再逐步缩小故障范围，确定故障的具体元器件。普及型微波炉的常见故障及分析、检修方法如表 6.6 所示。

表 6.6　普及型微波炉的常见故障及分析、检修方法

常见故障现象	故障分析	排除方法
1. 整机不工作，电源保险丝好	电源插头与插座接触不良	更换插头、插座，或改善接触状态
	电源线损坏	更换电源线
	门第一、二联锁开关损坏或插头不良	更换联锁开关，维修插头
	定时开关触点或触头不良	维修触点或更换定时开关
	磁控管自复位过热，保护器开路	100℃以下测试阻值应为 0Ω
2. 转动定时器，保险 Fu 立即烧毁	转动定时器，保险 Fu 立即烧毁，说明电路存在短路性故障。以高压变压器 T 为界，分别判断、检查是初级还是次级电路有短路。 在断电的情况，拆出微波炉机壳，先将高压电容短路放电，然后拔出高压变压器的初级插件，暂时换上普通保险试机。若保险再次烧毁，表明初级电路存在短路，可能是电动机 M2～M3、SW3 损坏等。若新换上的保险不烧毁，就要检查判断变压器是否损坏。这时也可恢复初级插件，拔出次级所有插件，如果通电后烧保险，即说明变压器有短路性损坏；不烧保险，则说明故障范围在次级电路中。 次级电路中易损元器件有：高压二极管击穿短路、高压电容击穿短路、变压器次级绕组短路及磁控管内部各电极有短路现象等。	各主要元器件的正常数据如下，可做测量判断参考。 变压器：初级绕组电压 220V，电阻值 2.2kΩ 左右；次级绕组灯丝电压 3.3V 左右，电阻很小，在 1Ω 以下；次级绕组高压电压 2100V 左右，线圈电阻值 130Ω 左右。 高压电容：耐压一般在 400V 以上，容量一般取 0.6～1.2μf（代换时，一定要按原规格替换）。 高压二极管：耐压在万伏以上，额定电流在 1A 以上。用万用表 R×10k 挡测量，正向电阻在 150kΩ 左右，反向阻值为无穷大。 风扇电动机：单相罩极微型电动机，正常阻值一般为 200～370Ω 左右。 定时电动机：正常阻值一般是 25kΩ 左右。 转盘电动机：正常阻值一般为 6～8kΩ 左右
3. 通电后不工作	通电后不工作，引起该故障的原因较多，可根据炉灯是否点亮，或保险管是否烧毁来判断缩小故障范围。 （1）若炉灯亮，主要检查后级电路；	检查功率分配器开关 SW5、变压器、高压二极管、高压电容等是否有断路性故障，磁控器是否损坏及后级电路的插接件是否接触不良或断线等。
	（2）若炉灯不亮，先查看保险是否烧毁。若保险烧毁，按短路性故障检修。若保险完好，则多为断路性故障。	断路性故障主要检查前级电路，如门第一、第二连锁开关是否常开，定时器开关（SW4）、热断路器保护开关（SW6、SW7）等是否常开，以及前级的插接件、连接线等是否接触不良或断线等
4. 炉灯亮，但转盘不转	炉灯亮，表明前级基本正常；转盘不转可能的原因有：电动机本身断路性损坏、电动机的连线及插接件断或接触不良等。	用观察法、电阻法或电压法检测排除。检查转盘电动机绕组是否断路或电源插头脱落；检查连接器凸道与转盘凹道是否对好；检查是否有赃物卡死转盘支架轨道。

第 6 章

常见故障现象	故 障 分 析	排 除 方 法
5. 微波泄漏检测	微波炉工作时如果发生微波泄漏，会对人体造成一定的损害，目前较先进的检漏工具是检漏仪。	这里只介绍两个简单的小方法。 （1）收音机检漏：在微波炉工作时，将调频收音机打开，在微波炉门及炉身周围来回挪动，如果调频收音机发出轻微的咝咝声，则证明有微波泄漏。 （2）日光灯检漏：取一支 8 瓦日光灯管（不需要连接电路），关闭室内灯光，在工作的微波门及炉身四周来回挪动，如果日光灯发出微亮，则证明有微波泄漏。
6. 加热缓慢	微波炉能加热，但加热缓慢，其原因通常有： （1）电源电压过低； （2）磁控管衰老导致发射的微波功率下降； （3）高压电容失容或漏电； （4）高压整流二极管正向电阻增大（一般为 100kΩ左右）或反向电阻减小（正常为无穷大）； （5）微波是否泄漏（炉门关不严，磁控管波导管口、垫圈接地不良）。 以上原因均会导致加至磁控管灯丝上的负高压降低，致使灯丝发射电子能力即磁控管发射的微波功率降低。	对于磁控管是否衰老的判别，传统的方法是测量灯丝电阻，正常情况下应小于 1Ω，且越小越好。但在实际测量时会有一定的困难，这是因为一般维修者没有毫欧表或电桥，对于毫欧级的电阻变化难以区分。实际维修时可采用如下方法：在微波炉通电的情况下，用万用表2500V 直流电压挡测量磁控管灯丝引脚（不论哪根引脚均可）对地电压（目前绝大多数磁控管阴极均为直热式），正常一般为-2000V 左右。若电压明显偏低，则说明高压电容或高压整流二极管有问题。若测得灯丝对地电压正常，则基本上可确定是磁控管衰老引起故障。
7. 微波炉启动后风扇时转时停	主要原因有电动机轴承损坏或缺油、供电线路接触不良等。	检查轴与轴承是否缺润滑油，若是，可清洗后加入轻质润滑油；检查风扇电动机绕组插座与插头是否接触不良；检查风扇与转轴之间是否打滑，若是，可重新拧紧锁定螺母。
8. 屡烧高压熔断丝	高压二极管或高压电容击穿；	更换高压二极管或高压电容击穿；
	磁控管灯丝短路或灯丝插座与外壳漏电；	前者可更换磁控管，后者可试着维修；
	磁控管输出窗严重油污，导致高压漏电、短路。	更换云母片，清理炉腔。
9. 开机内胆打火	烧烤加热管及其周围积有较多油垢；	清理、擦除干净加热管及附近的油垢；
	加热食物时使用了金属或镶金属边的容器，或加热食物中有铝箔包装物；	严禁使用金属或镶金属边的容器，禁止加热金属包装的食品及饮品；
	磁控管过热保护器失效；	更换过热保护器和过热损坏的磁控管等元器件；
	波导管处隔离云母片烧蚀、油污严重，内胆太潮湿；	清理炉腔、发射腔，更换云母片；
	高压变压器高压绕组引出线及高压绕组连接导线与机壳离得太近。	将高压导线远离机壳。

续表

常见故障现象	故障分析	排除方法
10. 加热不停机	定时钮与面板卡壳；	维修或恢复即可；
	定时火力选择电动机损坏或插头不良。	更换电动机或插头。

6.4.3　飞跃牌 WP600 微电脑型微波炉的工作原理

飞跃牌 WP600 微电脑型微波炉的工作原理图如图 6.28 所示，工作原理如下。

电源电路主要由 F1、RV1、C8、T1、VD1、VD2、C5 及 IC4 等组成。220V 市电经过插排 XP3、XP2、保险管 F1、过压保护器 RV1、抗干扰电容 C8、变压器 T1 降压后，再经 VD1 整流、VD2 稳压、C5 滤波，得到+12V 的直流电压，供给继电器励磁线圈供电；该电压再经三端稳压器 IC4 稳压、C6 滤波，得到+5V 的直流电压，供给微处理器作为工作电压。

微处理器型号为 MC6870R3，图中编号为 IC1，其各引脚功能如表 6.7 所示。微处理器的三个工作条件是：⑦脚为+5V，供电电源正极，①脚为电源负极；⑤、⑥脚为振荡端；②脚为复位端。

表 6.7　微处理器（MC6870R3）各引脚功能

脚号	符号	引脚功能	脚号	符号	引脚功能
1	GND	地	21	PD3/AN3	
2	RESET	复位	22	PD2/AN2	
3	INT	外部中断	23	PD1/AN1	PD 端口
4	VCC	+5V 电源	24	PD0/AN0	
5	EXTAL	时钟	25	PB0	
6	XTAL	时钟	26	PB1	
7	VPP	+5V 电源	27	PB2	
8	TMER	定时，计时外部输入端	28	PB3	
9	PC0		29	PB4	PB 端口
10	PC1		30	PB5	
11	PC2		31	PB6	
12	PC3		32	PB7	
13	PC4	PC 端口	33	PA0	
14	PC5		34	PA1	
15	PC6		35	PA2	
16	PC7		36	PA3	
17	PD7		37	PA4	PA 端口
18	PD6	PD 端口	38	PA5	
19	PD5/VRH		39	PA6	
20	PD4/AN4		40	PA7	

IC1 的㊳脚为蜂鸣器报警驱动信号输出端。当用户进行烹调时，由微动开关输入烹调程序，每输入一个正确的按键信号时，该脚就会输出一个高电平信号，使 VT1 驱动管导通，蜂鸣器就会报警一次，同时，显示器也显示相应的内容。

IC1 的㉕～㉚脚、⑨～⑮脚分别输出字符显示信号，且分别通过驱动管 VT8～VT20 放大，再经插排 XT 与发光二极管显示器连接。显示器共有 6 位，其中数字 4 位，标记符 2 位。显示器采用的是动态显示方式，即一位一位地轮流点亮各显示位。

IC1 的㉝～㊱脚为键盘扫描端，它通过插排 XP4 与键盘电路连接，如图 6.22（a）所示。SA6 轻触开关是一个 4×6 的开关矩阵，如图 6.22（b）所示，在开关未按下时，行、列之间的 10 根线是互不连通的，当按下某一按键时，该键相对应的行与列两根线应接通；如按下烹调键，则①、⑦两根线应接通。

图中 KA1 为功率控制继电器，KA1、KA2 继电器励磁线圈中的电流通路受 IC1 的㊴、㊵脚输出信号控制，当这两种继电器的触点均闭合时，微波炉就开始加热工作。

图 6.28（b）中 SA1～SA4 为联动开关，当门打开时，SA4 开关处于闭合状态，SA1～SA3处于断开状态；当关上炉门时，SA4 开关处于断开状态，SA1～SA3 处于接通状态。SA5 为外接检测开关，用于检测炉内的温度，一旦检测到高温时，就会自动断开，切断电源变压器的供电，不致损坏有关元器件。当温度下降到安全温度范围时，该开关又会自动接通，使电路又会得电工作。

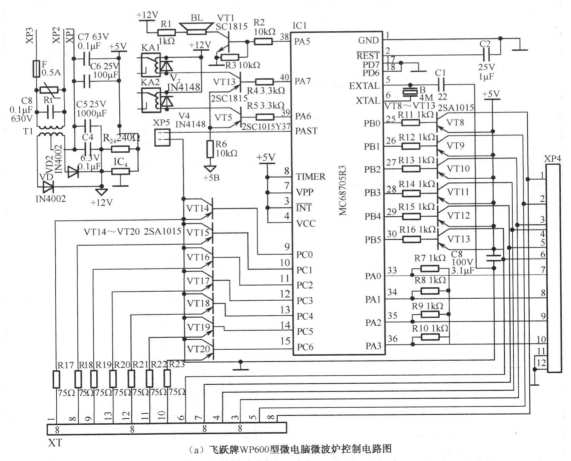

（a）飞跃牌WP600型微电脑微波炉控制电路图

图 6.28　飞跃牌 WP600 微电脑型微波炉电路图

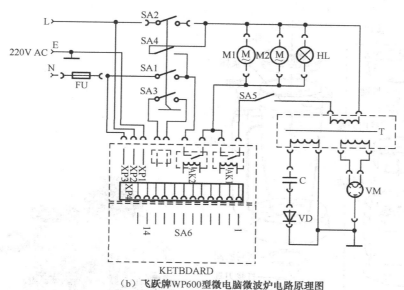

（b）飞跃牌WP600型微电脑微波炉电路原理图

图 6.28　飞跃牌 WP600 微电脑型微波炉电路图（续）

6.5　食品加工机

　　家用食品加工机通常都是多功能的，一般可用于切削瓜果、蔬菜、肉类及各种生熟食品，可以将各种生熟食品切削加工成片、丝、块、末等，还可以绞肉、碾磨、粉碎、打浆、榨汁、混合搅拌于一体，具有功能多、使用方便等许多优点。

6.5.1　食品加工机的分类及结构

1. 分类

　　按结构和外形分，食品加工机一般可分为台式和座式两大类；按转速分，可分为两类：300～1300r/min 的低速机和 1500r/min 的高速机；按控制方式分，可分为多速、无级调速和自动控制三种；按电功率分，一般有 50W、70W、75W、100W、150W、175W、200W、250W、300W、350W 等多种规格；按功能分，有榨汁机、搅拌机和多功能型机等。

2. 结构

　　典型的座式食品加工机的结构和外形如图 6.29 所示。

　　它主要由机座、机壳、电动机、动力传动机构、食品容器、刀轴总成、刀具等构成。

（1）电动机

　　电动机一般采用性能优越的单相串励电动机。这种电动机的特点是转速高，启动力矩大，实现调速方便。

（2）动力传动机构

　　食品加工机的动力传动机构一般安装在底座中，常采用一级带减速传动。直径较小的主动轮安装在电动机轴上，直径较大的从动轮安装在刀具总成轴上（传动连接器）。传动带是用纤维层加聚酯塑料注塑而成的。

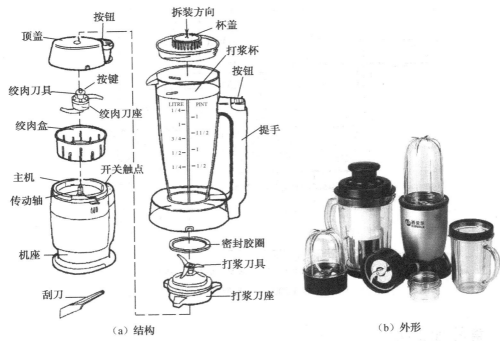

（a）结构　　　　　　　　　　　　（b）外形

图 6.29　座式食品加工机结构和外形图

（3）食品容器

食品容器包括榨汁杯、研磨杯、盖子、滤网筒、密封胶圈等，除密封胶圈外都采用透明无毒塑料制成。容器杯是通过逆时针旋转（或插入件）锁定在定位板上，以确定加工过程中不会从机座上脱开。定位板上有一安全联锁开关，只有在杯体插入机座逆时针旋转到位后，联锁开关才能闭合接通电路；否则，该开关处于断开状态，电动机就无法运转，可以保证使用者的安全。

（4）刀轴总成

刀轴总成又称为刀盘，由轴承座、上下含油轴承和刀轴组成。其下端安装在传动连接器上，上端安装各种刀具。

（5）刀具

食品加工机一般配有各种刀具，如图 6.30 所示。主要有切片刀、切丝刀、切碎刀和两面用切片切丝刀等，这些刀具采用不锈钢制造。此外还配备有多种工程塑料材料制的搅拌器和打泡器等。

图 6.30　各种刀具图

6.5.2　多速式食品加工机的工作原理与其检修

多速式食品加工机工作的原理图如图 6.31 所示，各主要元器件的作用为：SA1 是琴键调速开关，有低速、中速、高速及点动四个挡位；SA2 是联锁安全开关，它受装料杯及杯盖的控制，只在装料杯放好、杯盖旋进将安全开关压下时，电动机才能转动；VD1 是整流二极管；SA3 为电动机自动复位热保护开关，它被固定在电动机绕组上，只有在电动机绕组发热到 115℃时，开关自动断开，当绕组温度降至 45℃时，开关自动接通。

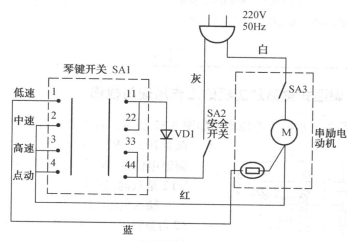

图 6.31　多速式食品加工机的工作原理图

插头插入电源，杯体旋转到位，开关 SA2 受压后触点闭合。按下高速按键（3-33 触点接通），市电加至电动机 M 两端，电动机在全电压下快速运转进行工作；按下中速按键（2-22 触点接通），快速按键自动复位，中速电路经整流二流管 VD1 将电路接通，电动机 M 降压运转，中速进行工作。按下低速按键（1-11 触点接通），高速或中速按键自动复位，市电经整流二流管 VD1、低速线圈加至电动机，电动机低速工作。按下点动按键（4-44 触点接通），电动机工作在点动状态。

多速式食品加工机的常见故障及检修如表 6.8 所示。

表 6.8　多速式食品加工机的常见故障及检修

常见故障现象	故 障 分 析	排 除 方 法
接通电源，整机不工作	琴键开关损坏；刀盘脱落或损坏；传动皮带松脱；料杯未到位；压合开关接触不良或引线脱落；过热保护开关接触不良或引线脱落；电动机定子绕组或电枢绕组开路或短路等。	检查琴键开关；检查刀盘、传动皮带是否脱落或损坏；检查料杯是否到位；检查压合开关是否损坏；检查电动机定子绕组是否损坏、过热保护开关是否损坏；更换损坏零部件。
接通电源，电动机转速变慢，负载能力降低	电动机定子绕组或电枢绕组局部短路；皮带或刀盘打滑等。	更换皮带或刀盘；检查电动机定子绕组或电枢绕组是否正常。

续表

常见故障现象	故 障 分 析	排 除 方 法
电动机运转时火花大，转动无力，转速变慢	该故障多是由于电动机炭刷磨损所致。一般情况下，炭刷磨损到原长度 2/3 时，应及时更换。更换炭刷示意图如右图所示。所更换的炭刷应符合磨损时间、火花级别、电阻系数及噪声大小等电气性能。	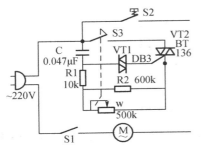

▶ 6.5.3　无级调速式食品加工机的工作原理与检修

无级调速式食品加工机的工作原理图如图 6.32 所示。各主要元器件的作用如下：S1 是电源总开关；S2 是点动开关；S3 是调速开关，它和调速电位器 W 是联动的；VT1 是双向二极管；VT2 是双向晶闸管。

插入电源，打开电源总开关 S1，按压点动开关 S2 可直接进行点动操作，而不经过调速电路。当进行调速时，旋转调速开关 S3，它同时带动电位器 W 旋转，控制电动机变速。电容 C 主要为双向晶闸管 VT2 的控制极提供触发电压。改变 W 的阻值，即改变了电容的充放电时间常数，导致双向晶闸管控制极的触发电压改变，即改变它的导通角度，从而改变了电动机的运转速度，达到无级调速的目的。

图 6.32　无级调速式食品加工机的工作原理图

无级调速式食品加工机的常见故障及检修如表 6.9 所示。

表 6.9　无级调速式食品加工机常见故障及检修

常见故障现象	故 障 分 析	排 除 方 法
接通电源，调节变速开关，电动机不转	引起该故障的主要原因有：总开关 S1 接触不良或损坏；变速开关 S2 接触不良或损坏；电阻 R1、R2 或电位器 W 开路等；电容 C 损坏；电动机本身损坏。	首先检查交流电源供电是否正常。若正常，检查双向晶闸管 VT2 有没有触发电压。若没有触发电压，VT2 不导通，主电路无输出电压而导致上述故障。应检查双向二极管 VT1 是否损坏，若正常，分别检查总开关 S1、变速开关 S2、电阻 R1、R2 及电位器 W 和电容 C，发现损坏元件予以更换。若外围元件没有问题，故障就在电动机上，打开底盖，首先检查电动机引线接点有无异常，炭刷磨损是否严重。若正常，用万用表电阻挡测量转子绕组、定子绕组是否断路等。若断路可进行修复、重绕，或整体代换电动机。
接通电源，调节调速开关，电动机高速运转，调节变速开关无效	根据故障现象，说明电动机已得电，只是其两端无可变电压所致。主要原因有双向晶闸管击穿短路等。	检查更换双向晶闸管，故障即可排除。
调速范围窄	该故障多是电容 C 损坏引起的。	可检查更换电容。

⚑ 6.5.4　电脑型豆浆机的工作原理及其检修

1. 九阳电脑型豆浆机的工作原理

九阳牌豆浆机的机械结构如图 6.33 所示，其各部分的组成如下。

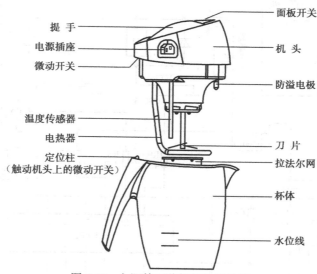

图 6.33　九阳牌豆浆机的机械结构

① 杯体。杯体像一个硕大的茶杯，有把手和流口，材料主要有不锈钢杯体。杯体的上口沿恰好套住机头下盖，对机头起固定和支撑作用。

② 机头。机头是豆浆机的总成，除杯体外，其余各部件都固定在机头上。机头外壳分上盖和下盖。上盖有提手、工作指示灯和电源插座。下盖用于安装各主要部件，在下盖上部（也即机头内部）安装有电脑板、变压器和打浆电动机。伸出下盖的下部有电热器、刀片、网罩、防溢电极、温度传感器及防干烧电极。

③ 电热器。其加热功率为 800W。

④ 防溢电极。该电极用于检测豆浆沸腾，防止豆浆溢出。它的外径 5mm，有效长度 15mm。

⑤ 温度传感器。用于检测"预热"时杯体内的水温，当水温达到 84℃左右时，启动电动机开始打浆。

⑥ 防干烧电极。该电极并非独立部件，而是兼用的不锈钢外壳作为温度传感器。外壳外径 6 mm，有效长度 89 mm，长度比防溢电极长很多。杯体水位正常时，防干烧电极下端应当被浸泡在水中。当杯体中水位偏低或无水，或机头被提起，并使防干烧电极下端离开水面时，微控制器将禁止豆浆机工作。

⑦ 刀片。高硬度不锈钢材质，用于粉碎豆粒。

⑧ 网罩。用于盛豆子，过滤豆浆。

九阳 JYDZ-8 电脑型豆浆机的工作原理图如图 6.34 所示。电源插头上电后，市电经变压器 B 降压、桥式整流器 D1～D4 整流、C1 滤波得到 +14V 左右的直流电压，供给继电器 K1、K2 励磁线圈及蜂鸣器；该电压再经三端稳压器 78L05 稳压、C3 滤波，得到 +5V 的直流电压，供给单片机的⑭脚，此时单片机的⑬脚输出信号经 VT2 驱动蜂鸣器发出报警提示音，同时发光二极管 LED 发光指示，整机处于待机状态。

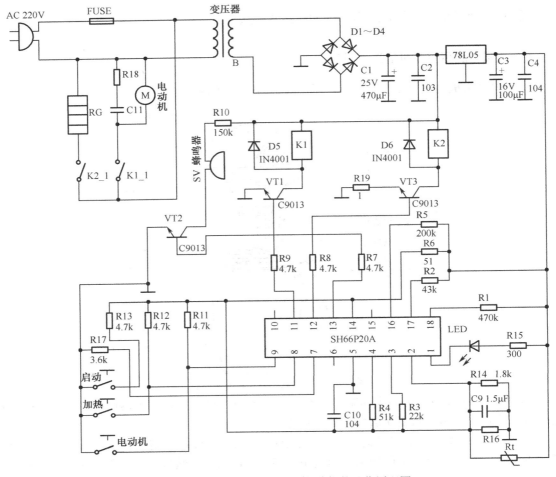

图 6.34　九阳 JYDZ-8 电脑型豆浆机的工作原理图

　　当按下启动开关时，单片机的⑦脚由高电平变为低电平，此时如果单片机的⑰脚外接的水位探针检测到杯内无水时，⑰脚变为高电平，⑬脚输出高电平，蜂鸣器报警的同时加热器停止加热工作，防止干烧；如果检测到杯内有水，单片机的⑰脚为低电平，⑫脚输出高电平，VT3饱和导通、继电器 K2 吸合，加热器开始加热工作。

　　当水温加热到 84℃以上时，通过温度传感器 RT 检测，单片机的②脚变为高电平，⑪脚输出高电平，VT1 导通，继电器 K1 吸合，电动机 M 高速运转进行打浆。打浆 4 次后，单片机的⑫脚输出高电平继续加热，直到豆浆沸腾，浆沫溢出到浆沫探针电极后，单片机的⑱脚变为低电平，⑫脚输出低电平停止加热。当浆沫离开探针电极后，单片机的⑱脚又变为高电平，同时⑫脚输出高电平控制加热器继续进行加热工作，加热累计 15 分钟后，⑪、⑫脚同时输出低电平，⑬脚输出报警信号，继电器 K1、K2 释放，LED 点亮指示，自动工作完成。

2. 九阳电脑型豆浆机检修

（1）"指示灯不亮，整机不工作"的故障检修逻辑图

"指示灯不亮，整机不工作"的故障检修逻辑图如图 6.35 所示。

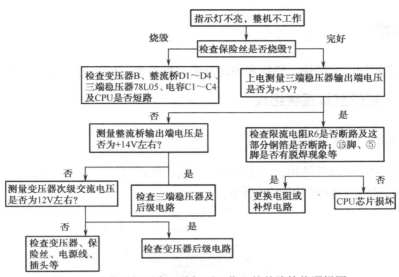

图 6.35 "指示灯不亮，整机不工作"的故障检修逻辑图

（2）不加热

首先检查容器内的水位是否到达水位线。测量 CPU 的⑰脚为低电平，⑫脚为高电平，表明整机正处在加热状态中（CPU 输出信号正常），故障应在控制电路，主要应检查驱动管 V3、继电器 K2、D6 等元器件及电路。若⑫脚始终为低电平，则应怀疑 CPU 有问题。

（3）打浆电动机不工作

将该电动机直接接入 220V 市电，若电动机能正常转动工作，表明电动机无损坏；否则为电动机损坏。测量 CPU 的⑪脚有高电平输出，表明 CPU 已发出打浆指令，故障应在⑫脚外接的控制电路中；否则故障在 CPU。

（4）继电器基本检测

由于豆浆机工作时离不开水和蒸汽，所以机头进水、部件受潮、发霉会对继电器造成威胁。而且继电器自身电流负载很大、转换频繁，因此很容易将触点烧坏。可采取对继电器单独通电法进行检测，外加一个直流 12V 电源。注意将该电源正极接在二极管负极上，负极接在二极管正极上，接通或断开外加电源，应该听到继电器吸合与释放动作发出的声响，而且测量常开或常闭触点，应该有相应的接通或断开反应。如果继电器无动作反应，表明继电器电磁线圈有问题，正常情况下，继电器电磁线圈阻值分别为 190Ω和 380Ω，如果无相应的接通或断开现象，表明触点已被烧坏。豆浆机所用继电器的工作电压多为 DC12V，触点负载额定电流多为 10A（28VDC）。继电器的代换，应当选择知名品牌的优质继电器。

（5）打浆电动机的基本检测

有相当一部分豆浆机电动机功率裕量太小，因功率不足，温升过高，再加上进水、受潮等客观因素而烧坏电动机，几乎是各机型的一种通病。对电动机应首先直观检查，看电动机各绕组是否有烧焦、短路和断路等现象，换向片和炭刷是否损坏，电动机上及其周围是否有黑色粉末，用手转动电动机是否灵活。电动机工作不正常或不转，而直观检查未见异常，那么就要对电动机绕组进行检测。下面介绍一种最简单、最方便的检测方法：断开电动机与外部连线，将表笔夹分别夹在炭刷后面的引线上，用手转动电动机轴，逐次测出每对换向片之间的电阻值，正常阻值约为 540Ω左右，如果阻值降为 50Ω以下，说明连接在这一对换向片之间的绕组已被烧毁或已被击穿，出现匝间短路。用此法检测，不需要拆开电动机，就能够迅速判断电动机是否损坏。

6.6 电磁炉

近年来，电磁炉以其环保、快捷和多功能的良好形象，成为厨卫电器的新宠。

6.6.1 电磁炉整机系统组成

1. 整机结构

家用型电磁炉按其部件结构讲，由外壳、面板、风机组件、发热线盘、检测组件及电路主板等组成。整机结构分解图如图 6.36 所示。

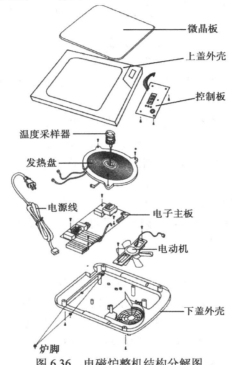

图 6.36 电磁炉整机结构分解图

2. 整机电路系统组成

电磁炉是采用磁场感应产生涡流加热的电磁感应原理制成的。电磁炉通电后，高频交变电流通过加热线盘（励磁线圈）产生磁场，磁场内的磁力线使铁质或不锈钢器皿底部的铁分子产生共振而高速运动，形成涡流，涡流产生的巨大循环能量转换成有效热能，使锅体本身自行高速发热，然后通过热传导加热于锅内的食物，从而达到烹饪的目的。

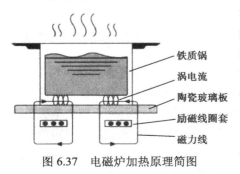

图 6.37 电磁炉加热原理简图

这种加热方式，能大幅度地减少热量传递过程的中间环节，可大大提升制热效率，可比传统炉具（电炉、气炉）节省一半以上能源。电磁炉加热原理简图如图 6.37 所示。

电磁炉按其电路工作原理可分 4 个系统：电源系统、控制及显示系统、振荡系统、检测与保护系统等。电磁炉的系统组成方框图如图 6.38 所示，各系统的主要作用如下。

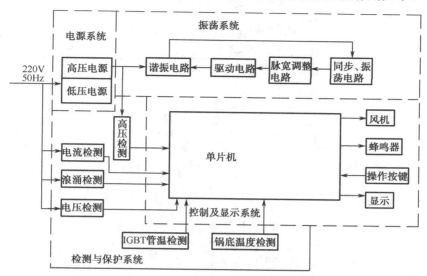

图 6.38　电磁炉的系统组成方框图

（1）电源系统

电源系统是整机的能源供给电路，它由高压电源和低压电压两部分组成。高压电源（+300V）主要供给谐振电路，主要由抗干扰、整流、滤波电路等组成；低压电源由整流、滤波及稳压电路等组成，一般输出几组直流低电压（+5V、+12V、+18V），供给大部分小信号处理电路。

（2）控制及显示系统

控制及显示系统主要由单片机、操作按键、显示屏、蜂鸣器等组成，用于实现使用者操作及人机对话。

（3）振荡系统

振荡系统主要由同步电路、振荡电路、脉宽调整电路、驱动电路及谐振电路等组成，是一个大回环闭合电路。其作用是产生一个振荡波形且受同步信号的控制，然后经整形、调整占空比、放大后驱动谐振电路，使谐振电路产生高频交变磁场（20～40kHz）。在该系统中，设计人员利用 IGBT（大功率开关管，是电磁炉功率输出的主要部件）的高速通断功能来切换电流在线圈盘导线中的电流，使之推动加热线圈盘产生高速的交变磁场，继而产生交变磁力线，使置于线圈盘上的锅具在交变的磁场中产生涡电流而形成焦耳热，达到锅具自身发热并加热锅内介质的效能。

（4）检测与保护系统

检测与保护系统主要由电流检测、电压检测、浪涌检测、高压检测、锅底温度检测及 IGBT 管温检测等电路组成。其作用是实现自动控制功能，以及保证整机安全、可靠、稳定地工作。

▶ 6.6.2　美的 MC-PF18B 型电磁炉的工作原理

美的 MC-PF18B 型电磁炉整机原理图如图 6.39 所示。

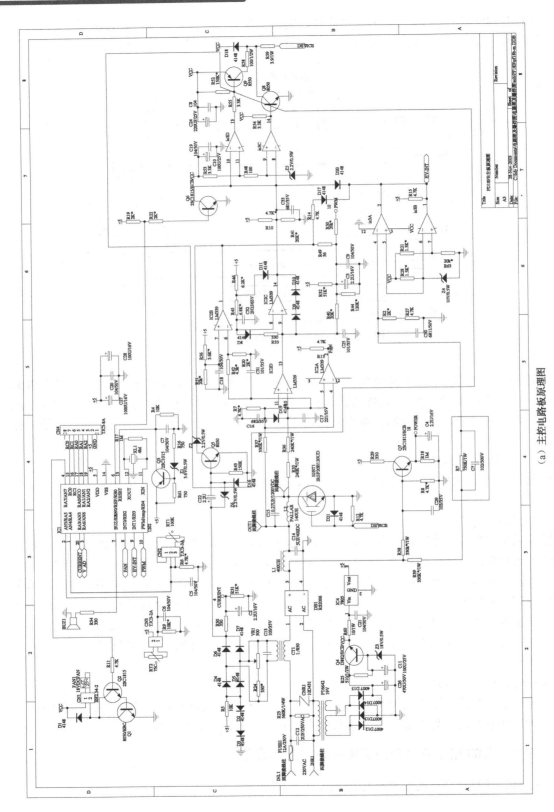

（a）主控电路板原理图

图6.39　美的MC-PF18B型电磁炉的整机原理图

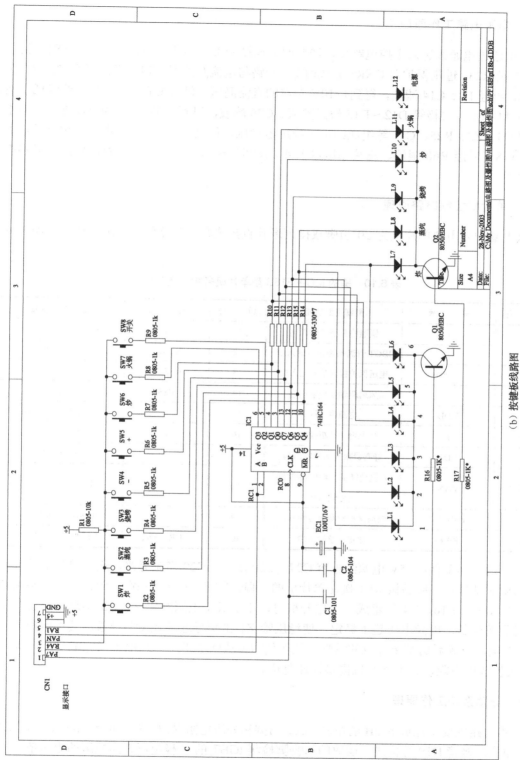

（b）按键板接线图

图6.39 美的MC-PF18B型电磁炉的整机原理图（续）

1. 电源电路工作原理

市电通过电源线进入主控电路板，送至四脚插排 INL1、INR1，经保险管 FUSE1、抗干扰电路 C1 及 R23、过压保护器 CNR1 分成两路。一路与电流互感器 CT1 串联，送至整流桥 DB1，整流后，再经 L1、C14 滤波，得到+310V 左右的直流高压，供 IGBT 使用。另一路经低压变压器 PT6642 降压，二极管 D12～D15 桥式整流、C26 滤波，得到+20V 左右的直流电压，该电压再经由 Q4、Z3、R25、C11 等组成的电子稳压器稳压，得到+18V 的 V_{CC} 电压，供驱动电路等使用；+18V 后经 R60 限流、三端稳压器 IC4（7805）稳压，得到+5V 的直流电压，供整机小信号使用。

2. 单片机控制电路原理

该电磁炉采用的单片机为 20 引脚双排列通孔直插式塑封装器件，各脚主要功能如表 6.10 所示。

表 6.10　美的 MC-PF18B 型单片机各脚主要功能

脚　号	符　号	引脚主要功能	脚　号	符　号	引脚主要功能
1	/	锅温检测信号输入端	11	X IN	晶振输入端
2	/	IBGT 管温检测信号输入端	12	X UOT	晶振输出端
3	V-AD	电压保护检测信号输入端	13	RFSET	复位端
4	/	风扇驱动信号输出端	14	VSS	电源地
5	VDD	电源供电端	15	/	时钟信号（CLK 端）
6	/	上电、待机控制	16	/	译码器 AB 端
7	BUZ	蜂鸣器报警信号输出端	17	/	按键扫描
8	PAN	开机使能信号输出端/检锅信号输入端	18	/	指示灯驱动输出端
9	HV-ENT	浪涌保护检测信号输入端	19	/	指示灯驱动输出端
10	PWM	脉宽调整输出端	20	CUR RENT	电流检测信号输入端

单片机工作条件：+5V 电源经电容 C27、C28 滤波，C20 高频旁路，送至单片机的⑤脚，④脚为电源地线；外接晶振 XL1 接在单片机的⑪脚、⑫脚，R19 为平衡电阻；复位电路由 Q3、Z1、C7、R61、R16、R4 等组成。上电开机时，由于低压电源刚建立，Q3 不足以导通，随着开机时间的延长，电源电压趋于稳定，使稳压管 Z1 击穿导通导致 Q3 导通，其集电极电压在 C7 上充电，充满后送至单片机的⑬脚，从而使⑬脚从低电平变为高电平而完成复位。其中，R4 为关机放电电阻，为下次开机提供快速复位。

3. 振荡系统工作原理

同步电路主要由运放 IC2B 的第⑩、⑪、⑬脚和分压电阻 R37、R7、R35、R36、电容 C15、C17、钳位二极管 D19 等构成。运放的第⑩脚检测 IGBT 的 C 极电压，当检测的电压值大于第⑪脚时，在其输出脚⑬就会输出一个低电平；当检测的电压值低于第⑪脚时，在其输出脚⑪就会输出一个高电平。该低电平或高电平信号送到后级的振荡电路，控制其振荡频率与 IGBT 的导通、截止始终保持严格同步。

振荡电路主要是产生标准的锯齿波且受同步信号的控制。振荡电路主要由运放 IC2C 的第⑧、⑨、⑭脚和电阻 R45、R46、R33、积分电容 C32、钳位二极管 D8~D11 等构成。它在比较器的⑧脚产生振荡波形，然后和⑨脚送过来的同步信号、功率控制信号进行波形比较，比较结果由其⑭脚输出接近于方波的同步振荡控制信号。

脉宽调整 PWM 电路主要由运放 IC3C 的第⑧、⑨、⑭脚，IC3D 的⑩、⑪、⑬脚以及电阻 R53、R48、R10、R41、稳压二极管 VD5 等组成。驱动电路主要由三极管 Q8、Q9、R54、R52、R55、R58、R59、电容 C8、钳位二极管 D18 等组成。

由运放 IC2C 第⑭脚送来的同步、振荡控制信号同时分别送至运放 IC3C 的⑧脚、IC3D 的⑩脚。由于 IC3C、IC3D 第⑨脚、第⑪脚的电压不变（基准电压），所以当送来波形处于高电平时，使得第⑬、⑭两脚都输出低电平，此时 Q9 导通而 Q8 截止，+18V 电压经过 Q9、R58、R59 流向 IGBT 的 G 极使 IGBT 导通。当送来波形处于低电平时，使得第⑬、⑭两脚都输出高电平，此时 Q8 导通而 Q9 截止，+18V 电压没有通过 R59 流向 IGBT 的 G 极，所以此时 IGBT 工作于截止状态。另外由于 Q8 的导通，使得 IGBT 通过 R59 向 Q8 放电（保护 IGBT）。

当调节功率时，单片机的⑩脚输出 PWM 信号，经电阻 R50、R49 也送至运放 IC3C 的⑧脚、IC3D 的⑩脚，与振荡级的信号共同作用使其工作于可控状态。

谐振电路主要由 IGBT1、D21、R12、C15 及线盘等组成。R58 送来的"开"信号或"关"信号，经 R59 送至 IGBT1 的控制极，控制 IGBT1 与 C15、线盘共同谐振，在线盘上产生高频信号，从而把电能转换为热能。

4. 保护与检测电路工作原理

电网电压检测电路主要是检测输入的交流电压大小。它主要由三极管 Q7、电阻 R38、R8、R29、R18、电容 C29、C4 等构成。220V 交流市电经整流桥 DB1 全波整流后，通过电阻 R38 降压之后送至 Q7 的基极，由于三极管 Q7 采用共射极输出，所以当输入的电压有高低变化时，对应的从发射极输出的电压就会相应的跟着高低变化。该变化的电压送到单片机的③脚，与内部的设定值进行比较，一旦超过设定值就将关闭输出，且同时显示相应的故障代码。

5. 高压检测保护电路

高压检测保护电路主要是保护 IGBT 的 C 极电压不超过它的耐压值。它主要由运放 IC2B、电阻 R35、R36、R42、R20、R51、R56 及电容 C31、C18 等组成。取样电阻 R35、R36 与 R42、R20 串联，以 IGBT 的 C 极实际工作电压为检测点，取样并分压后送至运放 IC2B 的第⑥脚；运放的第⑦脚外接由 R51、R56 提供的基准电压。当第⑥脚的电压（IGBT 的 C 极电压过高）超过第⑦脚时，其输出端①脚就会有一个低电平输出。该电平使得单片机输出的功率调节信号（PWM）的幅度（电平）减小，从而降低了 IGBT 的功率，让 C 极电压降低，达到保护 IGBT 的目的。

6. 浪涌保护及 18V 低压保护电路

浪涌保护电路主要是针对电网电源中的浪涌冲击而进行的保护，+18V 低压保护电路是针对+18V 直流低压电源的波动范围进行检测与保护的。两保护电路由电阻 R39、R23（厂家图纸为 R?）、R2、R27、R28、R21、R63、R15、电容 C23（厂家图纸为 C?）、C30、稳压二极管 Z4、运放 IC3A、IC3B 等组成。

工作原理：整流桥输出的+310V 左右直流高压，经分压电阻 R39、R23 降压与 R2、R27

分压后送至运放 IC3A 的第④脚；由于运放 IC3A、IC3B 的第⑤、⑥两脚都是由稳压管 Z4 提供稳定的 10V 参考电压，因些当第④脚的电压大于第⑤脚时，在其输出端的第①、②脚就会有一个低电平输出，该低电平的出现会使钳位二极管 D20、D17 导通，从而使 IGBT 停止工作，保护起动。由于 IGBT 的触发电压需在 15V 以上，否则发热会比较严重，因此为了检测该电压，使用了运放 IC3B 这个电压比较器。同理，当第⑦脚的电压小于第⑥脚电压时，在其①、②脚也会输出一个低电平，使 IGBT 停止工作。

7. 待机/上电延时保护电路

电磁炉开机上电时，由单片机的第⑥脚输出一控制信号（高电平），该信号送至三极管 Q6 的基极使其导通，从而保证了在待机状态下 IGBT 不工作。当开机后，从单片机的第⑥脚输出低电平，三极管 Q6 处于截止状态，驱动电路按照同步信号及 PWM 调节信号进行工作而不受其影响。

8. 电流检测、保护电路

电流检测电路主要由互感器 CT1、微调电阻 VR1、二极管 D2～D7、电阻 R24、R5、R30、R31、电容 C2 等组成。保护电路主要由三极管 Q5、二极管 Z6、Z2、D16、电阻 R43、电容 C22 等组成。

电流检测原理：从 CT1 次级线圈感应过来的电压通过 VR1、R24 分压，经 D2～D7 整流，R30、R31 分压，C2 滤波之后送到单片机的⑳脚。该电流信号作调整输出功率之用（某些机型作为检测锅具之用）。

电流保护原理：电磁炉在正常工作时，Q5 因没有偏置电压而截止；当出现电流过大时，就会引起 Z6 的负极电压升高，当超过其稳压值时而被击穿，Q5 导通将集电极的 Z2 击穿，此时可以将单片机的功率调节幅度（电平）稳定在 2.2V 左右，从而将电磁炉的输出功率降低、电流减少，达到过流保护的目的。

9. 检锅电路

检锅电路主要由运放 IC2A、取样电阻 R37、R35、R36、上拉电阻 R13 等组成。当开机时，先使 IGBT 导通，引起电感（线盘）与谐振电容振荡。放锅时振荡马上消失，未放锅时，会持续一点时间，振荡波通过取样电阻 R37 及 R35、R36 分压送到运放 IC2A 的第④、⑤脚，在输出端第②脚会产生脉冲，送至单片机的⑧脚。单片机对此脉冲计数，当脉冲数大于 9 个时认为未放锅；小于 5 个时认为放上锅具（铁质）。另外，电流检测电路也会对电流进行检测，当检测到电流大于 2A 时认为有锅。一般来讲，当脉冲个数大于 9 或电流小于 2A 时，认为拿走锅，否则就认为有锅。

10. 温度检测电路

锅温检测电路由热敏电阻 RT1（100K）、R6、电容 C5、插排 CN2 等组成。随着热敏电阻通过陶瓷板对锅具底部温度取样，送到单片机 IC1 的第①脚电压也会随着温度变化而变化。单片机通过主控程序的设定值与该电压进行比较，从而做出相应的动作来控制电磁炉。C5 为高频旁路电容。

IGBT 管温检测由热敏电阻 RT2（TJC3-2A）、R9、电容 C6、插排 CN3 等组成。电路的工作原理和锅具检测电路相同。

11. 风扇、蜂鸣器驱动电路

风扇是电磁炉散热的主要器件。风扇驱动电路主要是由三极管 Q1、Q2、电阻 R11、钳位二极管 D1 等组成。上电开机时单片机 IC1 第④脚输出一个控制高电平信号,此信号控制 Q1、Q2 两个三极管(复合管)的导通和截止。当两个三极管全导通时,散热风扇 FAN1 就会运转。

蜂鸣器驱动电路直接由单片机 IC1 的第⑦脚输出信号经电阻 R34 控制蜂鸣器 BUZ 发声报警。

▶ 6.6.3　美的电磁炉的检修

下面以美的 MC-PF18B 型电磁炉为例,来讲述电磁炉的检修。

1. 故障现象：开机蜂鸣器长鸣后自动复位

故障原因分析：该故障一般是由锅温检测电路、IGBT 管温检测电路及电流检测电路出现故障导致的。因此,只要检测以下各关键点的电压是否正常,就可以确定故障的范围。

单片机②脚(IGBT 管温检测信号输入端)电压值正常为 0.42V;单片机①脚(锅温检测信号输入端)电压值正常为 0.22V;单片机③脚(高低压保护信号输入端)电压值正常为 3.33V。上述三个脚,哪个脚电压异常,该脚电路就是故障源,当故障范围确定后,按如下步骤进行检修。

(1) IGBT 管温检测电路故障

IGBT 管温检测电路故障检修逻辑图如图 6.40 所示。

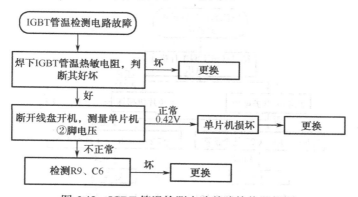

图 6.40　IGBT 管温检测电路故障检修逻辑图

① 把 IGBT 管温热敏电阻从板上焊下来,用万用表测量其电阻值,常温下其阻值为 100kΩ。若为 0Ω 或阻值无穷大,就表示热敏电阻已短路或断路。更换新的同型号热敏电阻,上电试机一切正常,故障排除。

② 如果该热敏电阻本身没有问题,说明故障在后级电路。断开线盘,上电开机,测量单片机②脚电压值(正常值为 0.42V),若电压值正常,而故障仍未排除,则说明单片机 IC1 已损坏,需更换之;若电压值不正常,再检测 R9、C6 是否正常,把损坏的元件拆下来,换上同型号的元件,上电试机一切正常,故障排除。

(2) 锅温检测电路故障

锅温检测电路故障检修逻辑图如图 6.41 所示。

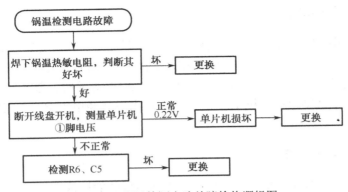

图 6.41　锅温检测电路故障检修逻辑图

① 把锅温热敏电阻插排从板上拔下来，用万用表测量其电阻值，常温下该阻值是 100kΩ。若为 0Ω或阻值无穷大，就表示热敏电阻已短路或断路。更换上新的同型号的热敏电阻，上电试机一切正常，故障排除。

② 如果该热敏电阻本身没有问题，说明故障在后级电路上。断开线盘上电开机，测量单片机①脚电压值（正常值为 0.22V），若电压值正常，而故障仍未排除，则说明单片机 IC1 已损坏，需更换之；若电压值不正常，再检测 R6、C5 是否正常，把损坏的元件拆下来，换上同型号的元件，上电试机一切正常，故障排除。

（3）电源高低压保护电路故障

电源高低压保护电路故障检修逻辑图如图 6.42 所示。

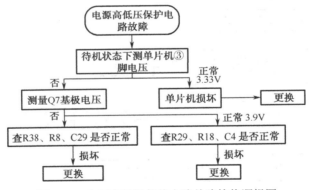

图 6.42　电源高低压保护电路故障检修逻辑图

① 在待机状态下，用万用表测量单片机③脚电压（正常值为 3.33V），若该电压正常，而故障没有排除，则说明单片机 IC1 已损坏，需更换之。

② 若该电压不正常，测量 Q7 的基极电压是否为 3.9V，如测得的电压正常，断电检查 R29、R18、C4 是否正常，更换有问题的元件，上电试机正常，故障排除；若测得 Q7 的基极电压不正常，检查 R38、R8、C29 是否正常，更换有问题的元件，故障可排除。

2. 故障现象：上电无反应

故障原因分析：出现该故障，一般是由电源电路及单片机的三工作条件等出现故障导致的。因此可从测量关键点电压入手，来判断故障范围，首先检查保险管是否烧毁，若没有烧毁，可通电测量三端稳压器 7805 的第③脚（输出端）是否有+5V 的电压输出。如果没有+5V 电压输出，就表示电源电路出故障。若输出电压正常，再测量单片机 IC1 的⑬脚电压否为 4.95V，若电压正常，就表示故障可能在晶振电路。当故障范围确定后，按如下步骤进行检修。

烧保险丝故障检修逻辑图如图 6.43 所示。

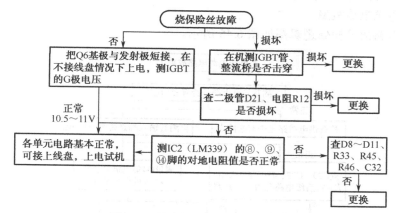

图 6.43　烧保险丝故障检修逻辑图

（1）烧保险丝故障

烧保险丝故障是电磁炉使用中比较常见的且比较严重的故障，常常是电源电路损坏的同时伴随有其他元器件的烧毁，如 IGBT 管、整流桥、电容等。所以当更换上新的保险管前，应首先查明故障引起的原因并排除，否则会再引起烧保险管。

① 用万用表电阻挡检查 IGBT 管、整流桥是否击穿，若已损坏，更换良品同型号的元器件。这时不要上电试机，因为引起该故障的原因可能还会有其他的。继续用万用表在脱开的情况下检查二极管 D21、电阻 R12 是否损坏，把已损坏的元器件更换掉。

② 把三极管 Q6 的基极与发射极短接，在不接线盘的情况下接上电源，用万用表测量 IGBT 的 G 极电压，若测得的电压为 10.5～11V，则表明各单元电路基本正常。可接上线盘，上电试机正常，故障排除。

③ 若测得 IGBT 的 G 极电压偏离 10.5～11V，则表明其他电路还存在问题。（注：在以下的步骤中不能接上线圈盘）。主要应检查 IGBT 驱动电路和同步、振荡电路，振荡电路主要采用对地电阻法，即用万用表测 IC2（LM339）的⑧、⑨、⑭脚的对地电阻值是否正常，若不正常，主要应检查 D8～D11、R33、R45、R46、C32，把损坏的元器件更换掉。若正常，表示故障已排除。

（2）高压电源电路故障

高压电源电路故障检修逻辑图如图 6.44 所示。

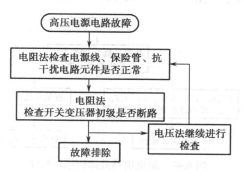

图 6.44　高压电源电路故障检修逻辑图

① 先用电阻法检查电源线、保险管、抗干扰电路元件是否正常，再检查开关变压器初级是否断路等。把有故障的元器件更换掉，上电试机正常，故障排除。

② 若上述步骤不能排除故障，可采取电压法继续进行检查。

（3）低压电源电路故障

低压电源电路故障检修逻辑图如图 6.45 所示。

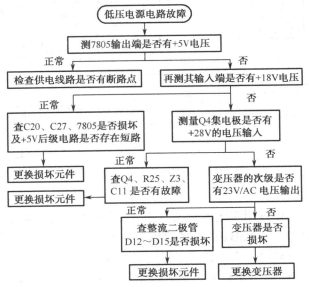

图 6.45　低压电源电路故障检修逻辑图

① 用万用表测量 IC4（7805）输出端是否有+5V 的电压，若没有，再测量其输入端是否有+18V 的电压输入。若有+18V 输入而无+5V 电压输出，继续检查 C20、C27 及+5V 后级电路是否存在短路（可采用脱开后级负载以区分），把有故障的元器件更换掉。若后级负载正常，则表明 7805 已损坏，可更换同规格的 7805，上电试机正常，故障排除。

② 若 7805 输入端无电压输入，再测量 Q4 集电极是否有+28V 的电压输入。若有，继续检查 Q4、R25、Z3、C11 是否有故障，把有故障的元器件更换，故障可排除。若 Q4 集电极无电压输入，再继续测量变压器的次级是否有 23V/AC 电压输出，若有电压输出，检查整流二极管 D12～D15 是否损坏。若变压器无电压输出，在保证高压电源电路正常的情况下，可以确定变压器已经损坏，更换新的变压器，故障可排除。

（4）复位电路故障

复位电路故障检修逻辑图如图 6.46 所示。

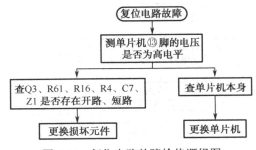

图 6.46　复位电路故障检修逻辑图

①　上电开机，用万用表测量单片机 IC1⑬脚的电压是否为高电平。若为低电平，用万用表检查 Q3、R61、R16、R4、C7、Z1 是否存在开路、短路的现象。把有故障的元器件拆下来，更换上同型号的元器件。上电试机正常，故障排除。

②　若测得单片机 IC1⑬脚为高电平，而故障没有排除，则可能为单片机本身损坏，更换上新的单片机，试机正常，故障排除。

（5）晶振电路故障

当故障范围确定在晶振电路时，一般采用代换法进行维修。先用一个同型号同规格的晶振换上，上电测试正常，故障可排除。若故障依然存在，则可能为单片机本身损坏，更换上新的单片机，试机正常，故障排除。

3. 故障现象：检不到锅、有报警声

故障原因分析：出现该故障，主要是由检锅电路、同步电路、IGBT 驱动电路及 PWM 电路出现故障导致的。因此我们可从测量关键点电压来判断故障范围。

首先检查锅具直径是否与要求一致，请用 MD 专用锅具；检查两个接线端子是否有松动。在正常待机状态下，用万用表测量 IC2（LM339）⑬脚的电压是否为高电平（1V 左右）。若测得的电压不正常，说明故障在同步电路；若测得的电压正常，短接 Q6 的基极与发射极，并把线盘拆下来，测量 IC3（LM339）第⑬脚电压（正常值为 11V）、⑭脚电压（正常值为 0.5V），若电压不正常，则表明故障在 IGBT 驱动电路；若电压正常，则表明故障在检锅电路。确定故障范围后，可按照以下步骤对故障电路进行检修。

（1）检锅电路故障

检锅电路故障检修逻辑图如图 6.47 所示。

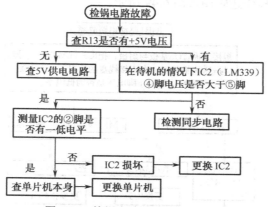

图 6.47　检锅电路故障检修逻辑图

①　检查 R13 是否有上拉+5V 电压，在待机的情况下测量 IC2（LM339）第④、⑤脚电压，④脚电压是否大于⑤脚电压。若不是，应检查同步电路；若是，测量 IC2 的⑦脚是否有一低电平，若为高电平，则表明 IC2 已经损坏，更换后故障可排除。

②　若测得 IC2 的②脚电压为低电平，而故障没有排除，这时故障点就有两种可能性了，一是 IC2（LM339）本身有故障，另一就是单片机有故障。把 J27 拆下来，测量单片机⑧脚的电压是否为高电平，若为高电平，则表明高电平 IC2（LM339）已损坏；若为低电平，则表明单片机已损坏，更换以上损坏元器件，上电试机正常，故障即可排除。

（2）同步电路故障

同步电路故障检修逻辑图如图 6.48 所示。

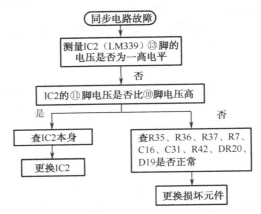

图 6.48 同步电路故障检修逻辑图

① 在接线盘待机的情况下，用万用表测量 IC2（LM339）⑬脚的电压是否为一高电平（1V 左右）。若测得的电压为低电平，再测 IC2 的⑩、⑪脚电压。⑪脚的电压（正常为 4.65V）是否比⑩脚的电压（正常为 4.25V）高，若不是，应检查 R35、R36、R37、R7、C16、C31、R42、DR20、D19 是否正常，把有故障的元器件更换。上电试机正常，故障则排除。

② 若 IC2 的⑩、⑪脚电压正常，而⑬脚输出的是低电平，则表明 IC2（LM339）已经损坏。更换运放 LM339，上电试机正常，故障排除。

（3）IGBT 驱动电路故障

IGBT 驱动电路故障检修逻辑图如图 6.49 所示。

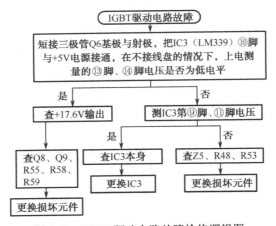

图 6.49 IGBT 驱动电路故障检修逻辑图

① 短接三极管 Q6 基极与射极，把 IC3（LM339）的⑩脚与+5V 电源接通，在不接线盘的情况下，上电测量的⑬脚、⑭脚电压是否为低电平。若为高电平再测量 IC3 第⑨脚（正常值为 2.12V）、⑪脚（正常值为 2.52V）的电压。若⑨脚、⑪脚的电压不正常，应检查 Z5、R48、R53 是否正常，把故障的元器件更换，故障即可排除。

② 若测得 IC3⑨脚、⑪脚的电压正常，而⑬脚、⑭脚输出的电压还为高电平，则表明 IC3（LM339）已经损坏，更换后故障可排除。

③ 如果 IC3⑬脚、⑭脚输出的电压正常，而 R59 没有+17.6V 的电压输出，应检查 Q8、Q9、

R55、R58、R59 是否正常，把故障的元器件更换，上电试机正常，故障排除。

（4）过流保护电路故障

过流保护电路故障检修逻辑图如图 6.50 所示。

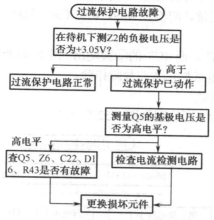

图 6.50　过流保护电路故障检修逻辑图

① 在待机的情况下，首先用万用表测量 Z2 的负极电压是否为+3.05V，若该电压低于这个值，则表明过流保护已动作。再测量 Q5 的基极电压是否为高电平，若为高电平，应检查电流检测电路。

② 若测得 Q5 的基极电压为低电平，而 Z2 的负极电压又不正常，应检查 Q5、Z6、C22、D16、R43 是否有故障，把有故障的元器件更换，故障即可排除。

4．故障现象：不加热，无报警声

故障原因分析：出现该故障现象，主要是由浪涌保护电路、+18V 低压保护电路出现故障导致的。出现此故障时，保护电路会输出一个低电平，由于这两个电路的输出脚是连在一起，而且与单片机相接通，所以要判断是单片机有故障还是保护电路有故障，应首先把 J11 拆下来，用万用表测量单片机的⑨脚电压是否有+5V 的高电平。若为低电平，则表明单片机损坏；若为高电平，则表明故障在以上的两个电路中。确定故障范围后，可按照以下步骤对故障电路进行检修。

（1）涌保护电路故障

涌保护电路故障检修逻辑图如图 6.51 所示。

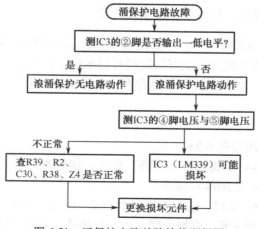

图 6.51　涌保护电路故障检修逻辑图

① 当浪涌保护电路动作时，IC3 的②脚会输出一个低电平（②脚与①脚相连接，在这里是排除+18V 低压保护电路故障所作的判断），它经过二极管 D20，把振荡后的信号拉低，以达到使 IGBT 截止的目的。用万用表测量 IC3 的④脚电压（正常值为 8.22V）与⑤脚电压（正常值为 10.04V）。若电压不正常，应检查 R39、R2、C30、R38、Z4 是否正常，把有故障的元器件更换，故障即可排除。

② 若上述测得的电压正常，而 IC3 的②脚输出的电压为低电平，则表明 IC3（LM339）已经损坏。更换 LM339，上电试机正常，故障排除。

（2）18V 低压保护电路故障

18V 低压保护电路故障检修逻辑图如图 6.52 所示。

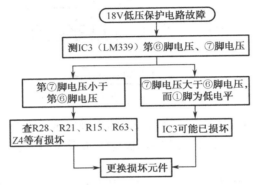

图 6.52　18V 低压保护电路的故障检修逻辑图

在待机状态下，测量 IC3（LM339）第⑥脚电压（正常值为 10.04V）、⑦脚电压值（正常值为 16.76V）。若第⑦脚电压大于第⑥脚电压值，而第①脚为低电平，则表明 IC3 已损坏，应更换之。若第⑦脚电压小于第⑥脚电压值，应检查 R28、R21、R15、R63、Z4 等有损坏的元件。更换损坏的元件，上电试机，故障即可排除（在这里是排除浪涌保护电路故障所作的分析）。

5. 故障现象：烧不开水

故障原因分析：出现该故障现象，是因为锅温检测电路出现了误动作或使用的不是专用锅具而造成的。第一种情况可按锅温检测电路检修流程进行检查，第二种情况只要换上专用锅后，故障即可排除。

6. 故障现象：有蜂鸣声、无显示、操作无反应

故障原因分析：出现该故障现象，一般是由显示板或主控板出现故障导致的。出现此故障时，在有条件的情况下，首先换上一块好的同型号显示板，如果接上好的显示板后，故障排除，证明故障出现在显示板上。如果故障还依然存在，故障就在主板上。可按照以下步骤对故障电路进行检修。

（1）显示板故障

显示板故障检修逻辑图如图 6.53 所示。

① 用万用表检测 CN4 排线是否有通路、断点、接触不良等。如有上述情况，可更换或维修排线。上电试机正常，故障即可排除。

② 用万用表检测 R16、R17、Q1、Q2、C1、C2、EC1，以及各个控制开关、发光二极管的限流电阻是否正常。若不正常，更换故障元件。更换故障元件后故障依然没有排除时，用万

用表检查译码器 74HC164 第⑭脚是否有+5V 电源。若电压正常，应更换 74HC164，故障即可排除。

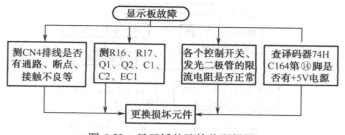

图 6.53　显示板故障检修逻辑图

（2）主板故障

由于显示板、连接线是与单片机直接接通的，若故障出在主板，一般是单片机已损坏，更换单片机，上电试机正常，故障即可排除。

7. 故障现象：功率调不上或功率不稳定（伴有报警音与"嘀答"声）

故障原因分析：出现该故障现象，一般是由电流检测电路故障而导致的。

故障检修的步骤：功率调不上故障检修逻辑图如图 6.54 所示。

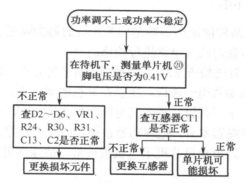

图 6.54　功率调不上故障检修逻辑图

① 首先在待机的情况下，用万用表测量单片机⑳脚的电压是否为 0.41V，若该电压正常，应检查互感器 CT1 是否正常，若正常，则表明单片机已损坏，更换单片机，上电试机正常，故障即可排除。

② 若单片机⑳脚的电压不正常，应检查 D2～D6、VR1、R24、R30、R31、C13、C2 是否正常。把损坏的元器件更换，上电试机正常，故障即可排除。

8. 故障现象：风机不转

故障原因分析：出现该故障原因多是由风扇驱动电路或风扇本身质量问题引起的，因此故障范围一般先在风扇驱动电路、风扇机械故障及单片机上。可按照以下步骤对故障电路进行检修。

风机不转故障检修逻辑图如图 6.55 所示。

① 检查机械性故障。打开电磁炉外壳，将风扇拆下来，换上一台同规格的标准散热风扇，上电试机，如果风扇能正常起动，则说明故障原因是由风扇本身质量问题引起，更换新的风扇故障即可排除。

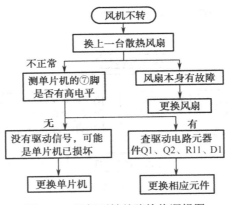

图 6.55　风机不转故障检修逻辑图

② 若更换新的风扇后故障还未排除，就要上电开机测量单片机的⑦脚是否有高电平输出（此脚是复用脚，与蜂鸣器共用一个接口）。若测得的电压是 0V，则表明风机没有驱动信号（正常的驱动信号为 5V），可能单片机已损坏，更换单片机，故障即可排除。

③ 若单片机的⑦脚电压正常，而故障没有排除，再用万用表对风扇驱动电路元器件 Q1、Q2、R11、D1 进行检测。找出有故障的元件，更换损坏的元件，上电试机，故障即可排除。

9. 故障现象：蜂鸣器不响

故障原因分析：出现该故障的原因多数是由单片机的第⑦脚无驱动信号输出或蜂鸣器本身损坏引起的。可按照以下步骤对故障电路进行检修。

故障检修案例及步骤：首先检查 R34 是否开路，然后用万用表测量单片机的⑦脚电压，由于此脚是复用脚，与风机驱动共用一接口。所以在开机的状态下，测量到的电压值是 5V，也就是风机的驱动信号。按一下开关键，观察其电压，如果有 0.5V 左右的变化范围，就表示蜂鸣器有驱动信号，故障在蜂鸣器本身，把蜂鸣器换掉，故障可排除。若单片机的⑦脚电压没有变化，表示故障在单片机上，更换单片机上电试机正常，故障即可排除。

6.7　小烤箱

小烤箱体积小，方便实用，可用于烘烤多种食品。

6.7.1　小烤箱的结构及工作原理

1. 小烤箱结构

小烤箱的外形结构如图 6.56 所示，主要由箱体、温度旋钮、指示灯、功能旋钮、时间旋钮、炉脚、拉手、炉门、发热管等组成。

小烤箱主要零部件功能如下。

定时器：定时器是一种自带发条的机械定时器，其作用是对时间的有效控制。

转换开关：转换开关是一种能调整烧烤功能的开关，其作用是控制上下烧烤管的工作和热风对流机的工作等。转换开关如图 6.57 所示。

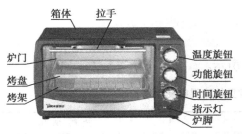

图 6.56　小烤箱的外形结构

图 6.57　转换开关

双金属片温控开关：温控开关是机械烤箱调整烤箱炉腔温度的开关，当炉腔的温度达到了设定温度，那么温控开关断开，烤箱停止工作，当炉腔温度冷却后，烤箱就继续工作。双金属片温控开关如图 6.58 所示。

小烤箱常用的发热器件是石英管或不锈钢发热管。小烤箱发热器件如图 6.59 所示。

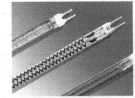

不锈钢发热管　　　　　　石英管

图 6.58　双金属片温控开关　　　　　　图 6.59　小烤箱发热器件

烤架、烤盘、烤叉也是小烤箱的必备零部件，如图 6.60 所示。

图 6.60　小烤箱必备零部件

2．小烤箱工作原理

普通小烤箱工作原理图如图 6.61 所示，其工作原理如下：烤箱接通电源后，电流通过定时器、温度控制器、转换器传到发热管，发热管产生热量后将食物烤熟。这样的加热方式不会破坏食物原有的美味，更可保留食物中所含有的水分和营养成分。

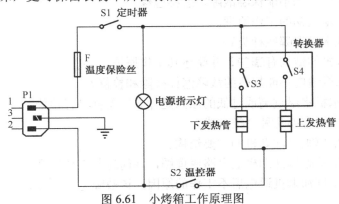

图 6.61　小烤箱工作原理图

▶ 6.7.2　小烤箱的检修

小烤箱常见故障现象及检修方法如表 6.11 所示。

表 6.11　小烤箱常见故障现象及检修

故 障 现 象	故 障 分 析	故 障 排 出
开机后不能烧烤，且指示灯不亮	电源插头、插座是否接触良好；电源是否有正常的电压	检查电源、插头、插座
	保险丝是否烧断	在排除后级无短路的情况下，更换保险丝
	定时器损坏或卡死	更换定时器
	内部连接线接触不良或断路等	检查或更换连接线
指示灯亮但不能烧烤	温控器损坏	检查或更换温控器
	转换开关损坏	更换同型号转换开关
	发热管损坏	更换发热管
	内部连接线接触不良或断路等	检查或更换连接线
加热不能停止	温控器损坏	更换温控器
	内部连接线有短路情况发生	检查并排除短路现象
一个发热器工作，另一个不工作	发热器本身损坏	更换发热器
	发热器的连接线有断路	检查、重新连接
	转换开关损坏	更换转换开关
烧烤工作正常，只是指示灯不亮	指示灯本身损坏	更换指示灯
	指示灯的连接线断路	重新连接断路处

🔲 思考与练习 6

1. 常见的电饭锅有哪些类型？
2. 简述自动保温式电饭锅的整机结构和工作原理。
3. 磁性温控器和双金属温控器的异同之处是什么？
4. 自动保温式电饭锅的电热板不热，怎样检修？
5. 自动保温式电饭锅不能保温故障，怎样检修？
6. 简述电子式电饭锅的工作原理。
7. 常见电热饮水机有哪些种类？
8. 温热型饮水机的结构有哪些？并简述其工作原理。
9. 温热型饮水机通电不能加热的故障怎样排除和检修？
10. 温热型饮水机水温过高或过低的原因是什么？怎样进行检修？
11. 排油烟机一般有哪几种分类方式？
12. 简述普通型单眼排油烟机的主要结构。
13. 画出普通型单眼排油烟机的电路原理图，并简述其工作原理。
14. 分析普通型排油烟机通电后不工作的原因，该故障怎样检修？

15．分析自动型排油烟机手动控制正常，自动控制不能工作的原因，该故障怎样检修？

16．分析排油烟机电动机能转动，噪声大，外壳很烫的主要原因。

17．分析排油烟机漏油的主要原因。

18．简述微波加热原理。

19．微波炉常有哪几种分类方式？

20．写出普及型微波炉的基本结构。

21．简述飞跃牌 WP600 型微电脑微波炉工作原理。

22．分析微波炉通电后保险立即烧毁的原因，并简述其检修方法。

23．分析微波炉通电后通电后不工作的原因，并简述其检修方法。

24．常见的食品加工机有哪些分类？写出其基本结构。

25．简述无级调速式食品加工机的工作原理。

26．简述九阳电脑型豆浆机的工作原理。

27．简述电磁炉的整机系统组成及各组成的主要作用。

28．简述美的 MC-PF18B 型电磁炉电源电路的工作原理。

29．简述美的 MC-PF18B 型电磁炉单片机的工作条件。

30．简述美的 MC-PF18B 型电磁炉振荡系统的工作原理。

31．简述美的 MC-PF18B 型电磁炉保护与检测电路工作原理。

32．简述美的 MC-PF18B 型电磁炉检锅电路的原理。

33．简述美的 MC-PF18B 型电磁炉温度检测电路的原理。

34．简述锅温检测电路故障的检修。

35．分析电磁炉"上电无反应"的故障范围。

36．怎样排查电磁炉"晶振电路"的故障。

37．怎样排查电磁炉"检锅电路"的故障。

38．怎样排查电磁炉"IGBT 驱动电路"的故障。

39．分析电磁炉"不加热，无报警声"的故障范围。

40．简述小烤箱的工作原理。

第 6 章

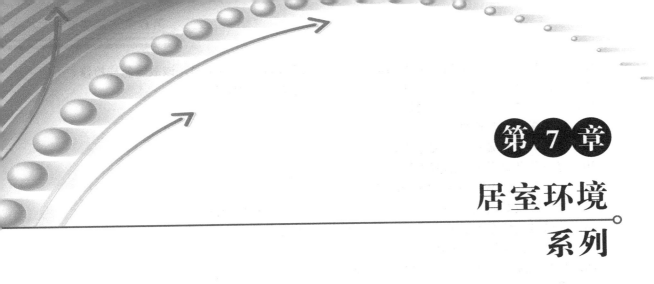

第7章

居室环境系列

居室环境系列主要包括电熨斗、电风扇、吸尘器、驱蚊器及除臭器等，是人们生活中最基本的小家电。

7.1 电熨斗

电熨斗是利用电流的热效应制成的，是用来熨烫、平整衣服和布料的工具。电熨斗有很多种，根据电熨斗的发展史或者电熨斗的类别可以分为普通电熨斗、调温电熨斗、PTC 恒温电熨斗、蒸汽电熨斗、调温喷气电熨斗、调温喷气喷雾电熨斗等，功率一般在 300～1200W 之间。普通电熨斗结构简单，价格便宜，制造和维修方便。调温型电熨斗能在 60～250℃范围内自动调节温度，能自动切断电源，可以根据不同的衣料采用适合的温度来熨烫，比普通型方便、省电。蒸汽喷雾型电熨斗既有调温功能，又能产生蒸汽，有的还装配了喷雾装置，免除了人工喷水的麻烦，可使衣料润湿更均匀，熨烫效果更好。近年来，电熨斗多用 PTC 元件作为发热体，既省电，又能自动调温，避免了老产品采用双金属片制成的调温器温控质量不可靠的问题。

▶ 7.1.1 调温电熨斗的结构、工作原理及检修

1. 调温电熨斗的结构

由于衣服的质地不同，有棉的、麻的、丝的、毛的、化纤的等，因此熨烫时所需的温度也各不相同。一般来说，棉织品比较能耐高温，毛的次之，化纤衣物则不耐高温。怎样才能适应各种不同的要求呢？市场上有一种可调温的电熨斗，不仅能调出各种不同温度，而且在某一温度下，可保持温度恒定不变。这样在熨烫某种衣物时，只要把调温旋钮调在与织物相对应的温度上，即可放心熨烫了，这就是调温电熨斗。

调温电熨斗的结构如图 7.1 所示，它主要由底板、发热元件、压铁、罩壳、手柄、电源线、双金属温控器和指示装置等部分组成。

（1）底板

底板是整个电熨斗的基础部件，其底面很平、很光滑，具有很大的热惯性，是熨烫物品的工作面。底板用铸铁或铝合金制成，具有良好的导热性。

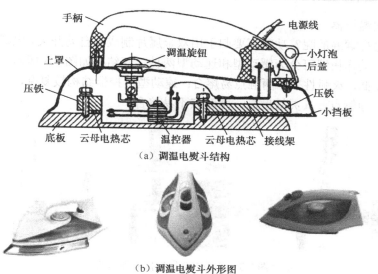

（a）调温电熨斗结构

（b）调温电熨斗外形图

图 7.1　调温电熨斗

（2）发热元件

发热元件是电熨斗的关键部件，常有两种形式：云母片式和封闭管式，其结构如图 7.2 所示。云母片式发热元件是用电热丝缠绕在云母片的骨架上，再用两片云母片将其上下包敷而成。封闭管式发热元件，是把电热元件放在铸铁底板上预先铸出的凹槽里或直接铸入铝合金底板里，这样传热性能好。

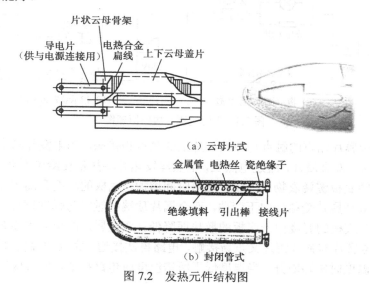

（a）云母片式

（b）封闭管式

图 7.2　发热元件结构图

（3）压铁

压铁是把云母片式发热元件牢固地压紧在底板上，以提高热效率。在压铁与发热元件之间，还垫有一块石棉垫板，它能起到绝缘和隔热作用，可减少传递到压铁上的热量。

（4）罩壳及手柄

上罩壳主要用来封装发热元件，提高热效率和安全性。手柄是操作者握持的部位，一般用电木或耐热的塑料制成，绝热绝缘性能较好，安全可靠。

（5）双金属温控器

电熨斗是怎样调温的呢？功劳还要归于用双金属片制成的自动开关。电熨斗中调温双金属片温控器，依据动作快慢可分为缓动型和速动型两种，其结构如图7.3所示。缓动型温控器结构简单，灵敏度低，灭弧性差，两触点易熔合；速动型温控器结构较复杂，主要通过储能弧状簧片来分离动、静触点，其灵敏度高，两触点不易熔合。

图7.3　几种双金属温控器外形图

2．调温电熨斗的工作原理

调温电熨斗常用的指示装置有小灯泡和氖泡两种，它们的电路也不相同，调温电熨斗的电路原理图如图7.4所示。

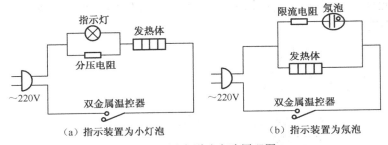

（a）指示装置为小灯泡　　　　　（b）指示装置为氖泡

图7.4　调温电熨斗电路原理图

常温时，双金属片端点的触点与弹性铜片上的触点相接触。当电熨斗与电源接通时，电流通过相接触的铜片、双金属片，流过电热丝，电热丝发热并将热量传给电熨斗底部的金属底板，人们就可用发热的底板熨烫衣物了。随着通电时间增加，底板的温度升高到设定温度时，与底板固定在一起的双金属片受热后向下弯曲，双金属片顶端的触点与弹性铜片上的触点分离，于是电路断开。这时底板的温度由于底板的散热而降低；双金属片的形变也逐渐恢复，当温度降至某一值时，双金属片与弹性铜片又重新接触，电路再次接通，底板的温度又开始升高。这样，当温度高于所需温度时电路断开，当温度低于所需温度时电路接通，便可保证温度在一定的范围内。

那么，怎样使电熨斗有不同温度呢？当把调温钮上调时，上下触点随之上移。双金属片只需稍微下弯即可将触点分离。显然这时底板温度较低，双金属片可控制底板在较低温度下的恒温。当把调温钮下调时，上下触点随之下移，双金属片必须下弯程度较大时，才能将触点分离。显然这时底板的温度较高，双金属片可控制底板在较高温度下的恒温。这样便可适应织物对不同温度的要求了。

调温电熨斗上的两种双金属温控器外形结构如图7.5所示，调温旋钮外形如图所示。

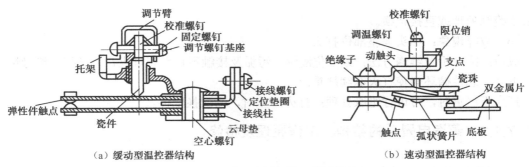

图 7.5 两种双金属温控器外形结构

3．调温电熨斗的检修

调温电熨斗的常见故障有通电后不发热、温度偏高或偏低、不能调温、指示灯不亮及漏电等。

（1）故障现象：通电后不发热

故障原因分析及维修方法：接通电源后电熨斗不发热，可能的原因有：电源线插头、插座等断路或接触不良；电熨斗上电源插销断路；内部发热元件或接头断路、温控器损坏（断路）等。

首先用万用表欧姆挡测量电源线插头、插座是否正常，若不正常，维修或代换；若正常，继续测量电熨斗上电源插销两端点的电阻值，若阻值为 ∞，则表明内部断路，需拆卸后维修或代换。云母片式发热元件在代换时，要用同规格（功率）替换，并要做好绝缘处理。除此之外，还要检查温控器是否损坏（断路）等。

（2）故障现象：温度偏高或偏低

故障原因分析及维修方法：造成温度偏高或偏低的可能原因有电熨斗芯老化、温控器性能变差或校准螺钉松动、更换的电熨斗芯规格不对或质量差。首先检查温控器校准螺钉是否松动，若松动，重新进行调整，调整后点漆封固；接着检查温控器是否老化、电熨斗芯是否老化，调温旋钮是否打滑、损坏、刻度起点是否正确，相应地检查、维修或更换。最后要注意，更换的电熨斗芯规格要相同。

（3）故障现象：不能调温

故障原因分析及维修方法：调温电熨斗经过长期使用后，会出现触点氧化或电弧烧熔黏合，以及温控器、调温旋钮等损坏，造成电路不通或不能调温。应仔细检查触头接触状况后，用油石或细砂纸将触点打磨修正。同时，直观法检查温控器、调温旋钮是否损坏等。

（4）故障现象：指示灯不亮

故障原因分析及维修方法：指示灯不亮，底板也不发热，按故障现象（1）排除。指示灯不亮，而底板发热，故障范围较小，可能的原因有指示灯与灯座接触不良、指示灯本身损坏、限流电阻或分压电阻损坏，可相应地检查、维修或更换。

（5）故障现象：漏电

故障原因分析及维修方法：产生漏电的可能原因有云母片式发热元件的导电片与外壳相碰；发热元件上下所夹的云母片、石棉垫板等老化或破碎。

先拆下外壳仔细检查电熨斗芯的导电片是否与外壳接触，同时用万用表测试铜插销柱与外壳之间绝缘电阻，其阻值应在 500MΩ 以上。若阻值很小，再拧下压板螺丝，检查电熨斗芯的两个铆钉处是否压破云母板，并采取相应的措施进行修理。云母片、石棉垫板等老化或破碎，可采用绝缘处理或直接代换。

（6）故障现象：插头插座部位打火

故障原因分析及维修方法：该部位潮湿、污垢及接触不良引起打火，一旦打火绝缘性能就变差下降，恶性循环会使打火继续严重。

打火不严重时，可进行绝缘处理；打火严重时，需配换配件。

7.1.2 蒸汽电熨斗的结构、工作原理及检修

1．蒸汽电熨斗的结构、工作原理

蒸汽电熨斗的结构如图 7.6 所示，它是在调温电熨斗的基础上增设喷气喷雾装置，主要由发热元件、底板、温控器、储水器、喷汽装置、上罩、手柄、后盖、指示灯、电源线等组成。

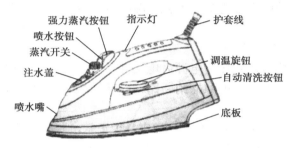

图 7.6　调温喷汽喷雾电熨斗结构图

蒸汽电熨斗，它具有调温喷汽喷雾多重功能。这种电熨斗的底板上有若干喷汽孔，如图 7.7 所示。电熨斗上配有蒸汽开关，按动蒸汽开关后，水泵抽水工作，水通过输送管进入电熨斗的底板流道后，产生蒸汽并从底板蒸汽孔喷射出来。

图 7.7　喷汽底板

2．调温喷汽喷雾电熨斗的维修

调温喷汽喷雾电熨斗的常见故障有通电后不发热、时热时不热、漏水或漏汽、不喷汽或不喷雾、喷汽或喷雾量不足、漏电等。通电后不发热、时热时不热的故障可参考普通电熨斗的维修方法，下面只对调温喷汽喷雾电熨斗的特有故障维修介绍如下。

（1）故障现象：不喷汽或不喷雾

故障原因分析及维修方法：电熨斗能正常发热，只是不喷汽或不喷雾，故障范围在喷汽或喷雾装置。可能的原因有注水量不足或无水、调温旋钮调定的温度太低、阀口或内部被水垢堵塞、针阀异常等。

首先检查水量是否正常，若不足，添加水量；接着检查调温旋钮调定的温度是否合适，不妨调到最高看其是否能工作。若阀口或内部被水垢堵塞，可用细钢丝通透喷孔，将堵塞物清理

掉，清洗储水器及内部管道，可用 30%醋酸溶液浸泡 50min，使水垢溶解后再清洗。若针阀异常、针阀弹簧失去弹性或损坏，使滴水嘴不能完全打开，因无滴水量而导致不喷汽或不喷雾，应检查维修或更换该配件。喷汽或喷雾量不足可参考此维修方法。

（2）故障现象：漏水或漏汽

故障原因分析及维修方法：产生漏水或漏汽的可能原因有塑料箱体破损或变形、密封圈老化、注水口塞不严密、控水阀磨损、设定温度过低等。

首先用直观法检查漏水部位是什么原因引起的，确定后进行相应地修补、代换及调整。找出漏水处，用四氯化碳或其他有机溶剂封固即可。

7.2　电风扇

电风扇是夏季人们防暑降温的主要电器之一，它把电能通过电动机转换为机械能，靠风叶强制驱动周围环境的空气加速流动，从而使局部环境达到散热降温的目的。

7.2.1　电风扇的类型及型号

1．电风扇的类型

电风扇较之其他电器形式和种类较多，常有以下几种分类方法。

① 按供电方式分，有直流式、单相交流式和交直流式。其中，直流式和交直流式多用在车辆和轮船上，而单相交流式在各个场合使用的最普遍。

② 按结构和用途分，可分为台扇、落地扇、台地扇、壁扇、吊扇、顶扇、排气扇、转页扇等。

③ 按使用的电动机，可分为单相电容运转式、单相交流罩极式、直流或交直流两用串励式。

④ 按控制功能分，可分为灯扇型、扇头摆角型、模拟自然型、定时型、微电脑程控型等。除上述几种分类方法之外，还有按扇叶形状及扇叶片数等分类方法。

2．型号

目前，电风扇没有统一的国家标准，各生产厂家一般遵循的规则如下。

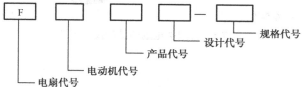

电风扇的型号是用英文字母和阿拉伯数字表示的，其含义如下：

第一个英文字母"F"为产品代号，表示电风扇类；第二个英文字母为系列代号，表示电动机的类型；第三个英文字母为型式代号，表示电风扇的种类。

第一个阿拉伯数字表示生产厂家的设计序号，第二个阿拉伯数字表示电风扇的规格即扇叶直径。

电风扇的系列、型式代号如表 7.1 所示。

表 7.1 电风扇的系列、型式代号

系 列 代 号	型 式 代 号	
H—单相罩极式	A—轴流排气扇	H—换气扇
R—单相电容式（一般省略）	B—壁式	Y—转叶扇
T—三相式	C—吊式	R—热风式
	D—顶式	S—落地式
	E—台地式	T—台式

例如：

① FT8-20 表示交流电容式电机台地扇，厂家第 8 次设计，规格为 200mm。

② FS6-40 表示交流电容式电机落地扇，厂家第 6 次设计，规格为 400mm。

▶ 7.2.2 台扇类电扇的结构

台扇的扇头采用防护式电动机，有往复摇头机构，利用底座支承，可置于台上。如果将台扇底座的形式加以改装，即可派生出落地扇、台地扇及壁扇。它们与台扇的不同之处在于：落地扇和台地扇均可通过底座上的升降杆来调节扇头的高度；而壁扇则适宜装在墙壁上。因此台扇类电扇，包括有台扇、落地扇、台地扇及壁扇，主要由电动机、摇头机构、扇叶和网罩、支承机构、调速机构和定时机构等几部分组成。其结构和外形如图 7.8 所示。

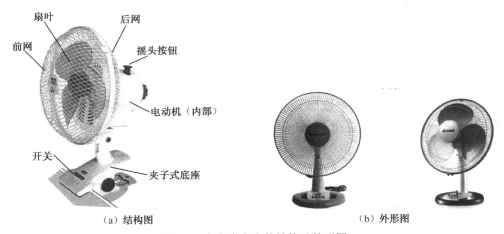

（a）结构图 　　　　　　　　　　　　　（b）外形图

图 7.8 台扇类电扇的结构及外形图

1. 电动机

电动机是驱动电风扇旋转的动力源。电动机主轴一般均两端出轴，轴前端装着扇叶，直接带动它旋转；轴后端作为蜗杆驱动齿轮系统减速带动摇头机构。

家用台扇电动机均用单相交流异步式，常采用罩极式或单相电容运转式。罩极式电动机结构简单、可靠性高、价格低廉、维修方便，但起动性能及运转性能稍差，常用于扇叶直径小于 250mm 的小型风扇；单相电容运转式电动机，起动性能及运转性能均优于罩极式，故广泛用于扇叶直径大于 300mm 的风扇。单相电容运转式电动机的结构外形如图 7.9 所示。

电扇上单相电容运转式电动机，常有两极、四极和六极等几种，极对数与转速的关系为：$n=60f/p$。式中，n 为转速，单位为 r/min；f 为电源频率，单位为 Hz，我国电源工频为 50Hz；p 为极对数（两极 $p=1$）。因此，两极、四极和六极电动机的转速分别为 3000r/min、1500r/min 和 1000r/min。电扇上电动机的极数不能任意取定，它与所允许的扇叶最大圆周速度有关。一般当扇叶直径为 200mm 时，可采用两极电动机；扇叶直径为 250～400mm 时，可采用四极电动机。电动机的功率一般为 40～50W。单相电容运转式电动机上配用的电容，一般选用金属膜电容器，容量在 1～1.5μF。

电动机

电容器

图 7.9　单相电容运转式电动机外形图

2．扇叶

扇叶由叶片、叶架等组成。叶片用铝板冲压成型或采用工程塑料注塑成型，它是电风扇运转时推动空气流动的重要部件，是电动机的负载，其设计的优劣，极大地影响着风扇的风量、风速、振动、噪声及功率消耗等。叶架用来支承扇叶，安装在电动机轴的前端。

台风扇的扇叶多采用三叶型，其外形结构如图 7.10 所示。由于半径越大线速度越大，为了使扇叶各部分单位面积上所承受的压力大致相等，扇叶根部的扭角最大，并由叶根到叶尖逐步递减。

3．网罩

网罩主要用于防止人体触及风叶而发生伤害，并兼外观装饰。因此网罩应具有足够的机械强度，并要求造型美观，如图 7.11 所示。网罩一般分前后两部分，后网罩固定在扇头前端盖上，前网罩通过扣夹连接在后网罩上。

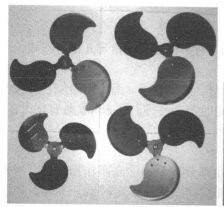

图 7.10　扇叶外形结构图

图 7.11　网罩外形结构图

4．摇头机构

摇头机构的主要作用是改变送风方向，使室内气流循环得更好，增强人体舒适感。摇头机构也由电扇电动机驱动，装置在电动机后端。常见的摇头机构有杠杆离合式和撳拔式两种。杠杆离合式摇头机构是早期产品，因此在这里不作介绍。

第 7 章

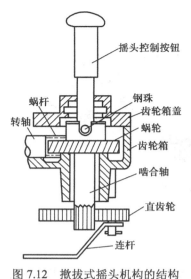

图 7.12　撤拔式摇头机构的结构

撤拔式摇头机构的结构如图 7.12 所示。当需要摇头时，按下摇头控制按钮，啮合轴往下移动，啮合轴上的两颗钢珠嵌入蜗轮的两个 U 形槽内，使啮合轴与蜗轮啮合，电扇摇头。不需要摇头时，再次按下摇头控制按钮，因啮合轴的上移而使钢珠由 U 形槽内脱出，啮合轴与蜗轮分离，此时蜗轮转而啮合轴及后面均不转动。

当摇头遇意外阻力时，蜗轮要转，而啮合轴因与直齿轮啮合而不能转动，两者间的相互作用使两颗钢珠被压入啮合轴内，此时蜗轮转而啮合轴及后面均不转动。因蜗轮每转半周，两颗钢珠便会弹回 U 形槽一次，同时能听到"哒"、"哒"的响声。

5．支承机构

支承机构是整机的连接机构，主要由连接头和底座组成。

（1）连接头

连接头是连接扇头和底座的部件，几种连接头的外形如图 7.13 所示。它的前端开有竖直插孔，电动机的摇摆轴即插在此孔内，通过侧壁上的顶丝，将摇摆轴锁定。扇头与连接头之间还装有滚珠，方便扇头在摆头时能灵活转动。连接头的下端通过销钉与底座相连，通常还有竖直方向的俯仰角调节功能，一般仰角为 20°，俯角为 15°。

图 7.13　几种连接头的外形图

（2）台扇底座

台扇支承机构的主要部件通常称为底座。底座一般由立柱、面板、底盘等几部分组成，如图 7.14 所示。

立柱的上部用以安装连接头，中部柱内通常安有装饰灯，外配灯罩。面板上装配各种控制操作旋钮和按键，如调速开关、摇头控制旋钮、指示灯、定时器开关等。底盘内安装有定时器、电抗调速器、电容器等电路控制组件和其他附件。

（3）落地扇控制盒和底座

落地扇是由台扇派生出来的，其控制盒、立杆和底盘部分和台扇的底座作用相似，结构如图 7.15 所示。在控制盒内装有指示灯、调速开关、摇头控制旋钮、定时器开关等。控制盒的上端通过连接头与扇头连接，下端与升降杆连接。需要调节扇头高度时，可松开夹紧螺钉，向上或向下调节升降杆即可，调节好后再拧紧夹紧螺钉定位。底盘一般装有万向轮，可以自由移动。

6．调速机构

为了能够调节风量，对风扇电动机设置了调速装置，使其具有多挡工作速度。调速一般是通过降低绕组工作电压，减弱磁场强度来改变电动机转速的。常见的调速方法有电抗法、抽头法、电容法、晶闸管无极调速法等几种。所不同的是：抽头法调速采取增加定子绕组匝数的方法来减弱电动机磁场强度；电抗法、电容法调速是采用直接降低电动机端电压的方法来调速；晶闸管无极调速法属于电子电路控制调速。

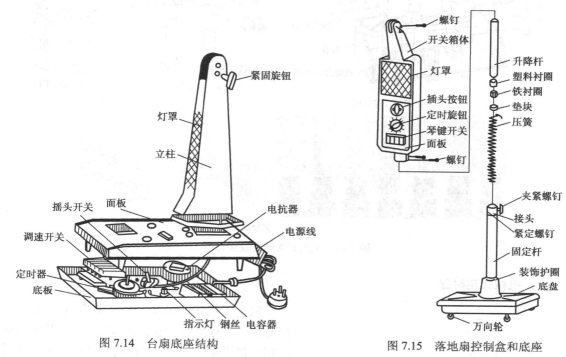

图 7.14　台扇底座结构

图 7.15　落地扇控制盒和底座

（1）电抗器

电抗器的外形如图 7.16 所示，它由线圈、骨架及铁心三部分组成。线圈绕在骨架上，中间按调速比的要求引出多个抽头，指示灯的绕组也绕制在上面。电抗器的铁心一般用 0.5mm 的硅钢片叠合而成。

（2）调速开关

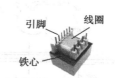

图 7.16　电抗器外形图

风扇上的调速开关普遍使用按键式（琴键式），它由按键组件、滑板机构和触点开关组成，结构及实物如图 7.17 所示。

按键的数目根据调速的挡位数而定，常有 3～5 挡位。每个按键组件都包括按键、键杆、按键复位弹簧等，如图 7.17（a）所示。键杆中端有一凸出的横梁，横梁的大部分压在一个梯形塑料块上，而其余部分压在滑板凸榫的斜面上。键杆的下部套在复位弹簧上。按下某按键时，键杆带动梯形塑料块下移，由塑料块推动旁边的触点开关动簧片，使之与静簧片闭合，如图 7.16（b）所示。

滑板机构包括滑板、滑板复位弹簧、挡位锁块等。在每个键杆处都有一个凸榫，上方为斜面，下方有一凹槽。键杆的横梁压在斜面上，当键杆下移时，横梁紧压斜面，使滑板左移。当横梁嵌入凸榫凹槽中时，在滑板复位弹簧的作用下，滑板复位，凸榫将该键杆锁定，实现了该键的自锁。此时，如果按下第二个按键，该键的横梁推动滑板左移，使第一个键的横梁脱出凹槽，在按键复位弹簧的作用下弹起，电触点断开。第二个按键下移，接通对应的触点，且滑板将键杆锁定。

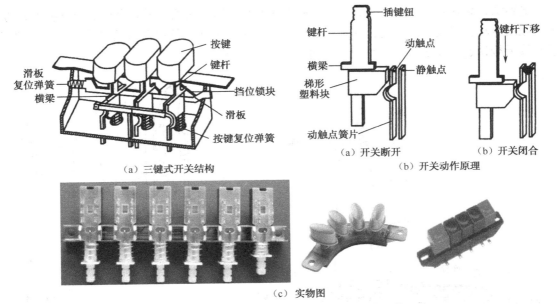

（a）三键式开关结构

（a）开关断开 　　（b）开关闭合

（b）开关动作原理

（c）实物图

图 7.17　调速开关结构及实物图

7. 机械式定时器

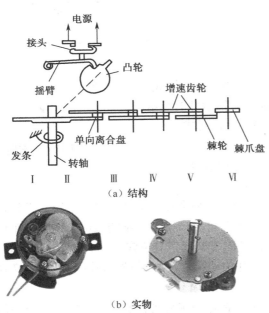

（a）结构

（b）实物

图 7.18　机械式定时器结构和实物图

风扇上的定时器主要用于控制电动机的工作时间，常有两种：电子式和机械式。其中机械式定时器用量最多，整个结构由触点开关和计时结构两部分组成，结构和实物如图 7.18 所示。

（1）计时结构

计时结构实际上是一个钟表机构，其结构和工作原理可参考第 3 章的内容。当顺时针旋转转轴（定时）时，发条被上弦卷紧，以增加弹性势能。在发条逐渐放松的过程中，便将这些能量慢慢通过轮系（Ⅰ、Ⅱ、Ⅲ、Ⅳ、Ⅴ轮）释放出来，驱动棘爪盘匀速摆动，从而达到计时的目的。

（2）触点开关

触点开关由凸轮、摇臂、接头（动、静触点）等组成。需定时的情况下，凸轮随着转轴一起转动，摇臂被凸轮边缘突起部分抬起，接点闭合，电源接通。当定时结束计时开始，转轴带动凸轮一起回转，一旦摇臂落入凸轮凹槽，则接点脱开，电源切断，电扇停转，完成自动定时关闭。

7.2.3　电扇的电路原理

各电扇的电路差异在于调速形式的不同，下面分别介绍几种调速形式及其电气控制原理。

1．串联电抗器调速法

（1）普通电抗器调速法

普通电抗器调速法是将电抗器串联于电动机电路中，原理图如图 7.19 所示。电抗器的感抗产生电压降，降低了风扇电动机的端电压，削弱了风扇电动机的磁场强度，实现了多挡调速。当调速开关与高速挡接通时，电抗器上的调速线圈未被接入，风扇电动机定子绕组两端的工作电压最高，电动机转速最高，电扇风量最大；当调速开关与中挡或低挡接通时，电动机绕组回路中串入了调速线圈，使电动机绕组两端的工作电压下降，从而获得较低的电动机转速，达到调节风量的目的。

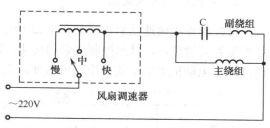

图 7.19　普通电抗器调速法

（2）带指示灯的串联电感器调速

带指示灯的串联电感器调速时，调速线圈与指示灯线圈异名端相连，如图 7.20（a）所示。指示灯线圈 bb′相当于自耦变压器，这类连接法的优点是线圈的感抗大，匝数可以用得少一些，缺点是慢速挡启动困难。

调速线圈与指示灯线圈同名端相连，如图 7.20（b）所示。这类连接法的优点是在慢速挡启动时，由于指示灯线圈 bb′与调速线圈 aa′的磁通方向相反，部分磁通被抵消，电感线圈的感抗增大不多，所以指示灯电压稳定，有利于慢速挡启动。

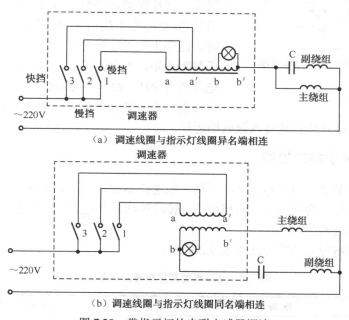

（a）调速线圈与指示灯线圈异名端相连

（b）调速线圈与指示灯线圈同名端相连

图 7.20　带指示灯的串联电感器调速

2．串联电容器调速法

串联电容器调速法是利用在电路中串联不同电容的容抗分压作用，来调整电动机的端电压，如图 7.21 所示。这种调速方法同于电抗器调速法，但电抗器是具有一定电阻的电感性元件，除本身消耗一定的电能外，几乎不消耗其他电能，还有助于提高线路的功率因数，所以在中低速时，损耗率小，效率高。

3．可控硅无级调速法

可控硅无级调速法原理图如图 7.22 所示，该方法是利用单结晶体管 V6 触发可控硅 V5 导通而得到可调电压，以此控制风扇的转速。调节电位器 W，可以改变可控硅的导通角 Q，因而通过改变电动机上的平均电压即可改变。无级调速法最大的特点是速度改变平滑。

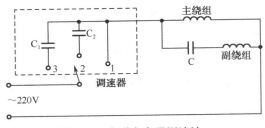
图 7.21　串联电容器调速法

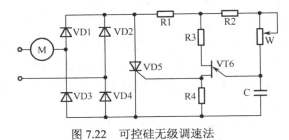
图 7.22　可控硅无级调速法

4．PTC 微风挡

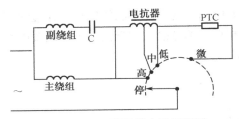
图 7.23　PTC 微风挡电路原理图

微风是指电动机转速在 500r/min 以下送出的风，但是采用普通调速方法的风扇在这样的低速下是不能起动的。利用 PTC 元件制作风扇微风挡的电路如图 7.23 所示。当接通微风挡的电路时，由于 PTC 元件处在室温状态，此时电阻值只有 50Ω左右。当电源电压为 220V 时，元件上的电压降只有 10V 左右，此时起动转矩大于静阻力矩，风扇能够起动。在风扇起动的同时，起动电流通过 PTC 元件，约经过 30s 后，由于 PTC 元件本身发热，此时其电阻值增大到 300Ω左右，其上压降为 50V 左右，因而风扇开始自动进入微风挡运行。

▶ 7.2.4　台风扇类的检修

台风扇类的常见故障有通电后风叶不转、低速挡不起动、风扇转速慢、不能摇头、时转时停、电动机温升过高、扇叶送风方向相反、运转时抖动或异常、外壳漏电、不能定时、指示灯不亮、电动机温升过高等。

台风扇类常见故障及排除方法如表 7.2 所示。

表 7.2　台风扇类常见故障及排除方法

常见故障现象	故 障 分 析	排 除 方 法
1.通电后风叶不转	通电后风叶不转,主要是机械或电路部分有故障。但同一种故障现象也可能是不同的原因、不同的元器件引起的,为了尽快、迅速地找到故障部位进行修理,可采用如右所示的故障检修程序,逐步缩小故障范围。	① 在未通电的情况下,有手拨动扇叶,观看转动是否灵活,目的是区分是机械部分故障还是电路部分故障。若无法转动或转动不灵活,一般是机械故障。机械性故障一般有:轴承缺油、机械磨损严重残缺、杂物堵塞卡死等。仔细检查后,进行维修、调整或更换,直至转动灵活为止。

常见故障现象	故 障 分 析	排 除 方 法
1.通电后风叶不转	通电后风叶不转,主要是机械或电路部分有故障。但同一种故障现象也可能是不同的原因、不同的元器件引起的,为了尽快、迅速地找到故障部位进行修理,可采用如右所示的故障检修程序,逐步缩小故障范围。	② 在未通电的情况下,有手拨动扇叶转动灵活,则是电路部分有故障。通电可听电动机是否有"嗡、嗡"声。若无"嗡、嗡"声,则表明电路有断路故障存在,应对电源线、插排、琴键开关、定时器、电抗器、定子绕组等逐一进行检查。可采用电压法或电阻法。电阻法具体操作方法是:在不通电的情况下,接通琴键开关、定时器;把万用表置于欧姆挡位,将一只表笔固定在插头的一个插片上,另一只表笔依次测量各个器件和各段线路,直至插头的另一插片上;在测量过程中,如发现示数为"∞",则该点的前一个电器或线路即是故障点,应予以排除。 ③ 通电后,若有"嗡、嗡"声而不转动,则故障原因一般在电动机定子绕组或副绕组外部电路上。可用万用表检测电动机定子绕组、电容器的好坏或用替换法确定。
2.低速挡不起动	低速挡不起动,高速挡勉强可以起动的主要原因有:电容器容量变小或漏电、电动机主副绕组匝间短路、电抗器绕组断路、轴承错位或损坏等。	① 首先用手拨动扇叶看其转动是否灵活,若不灵活,说明是机械受阻。主要应检查轴承是否定位不准,轴承是否缺油,端盖固定螺丝是否松动,各机械转动部分是否有异物等使转子阻力增大,逐项检查后排除。 ② 用万用表测量判断电抗器、电容器质量的好坏。也可用替换法替代。 ③最后用万用表测量判断电动机质量的好坏,或用替换法确定。
3.风扇转速慢	造成风扇转速慢的故障原因有:电源供电电压偏低、机械部分阻力过大、电容器容量变小或漏电、电动机主副绕组匝间短路、电动机绕组接线错误等。	首先应检查电源供电电压是否偏低。机械部分阻力过大,可参考例2进行维修排除。接着用万用表测量判断电容器、电动机质量的好坏。最后还要考虑人为性故障,如维修时电动机绕组接线错误,代换的电动机型号不对等。
4.不能摇头或摇头失灵	产生不能摇头或摇头失灵的主要原因有:蜗轮损坏或严重磨损,不能啮合传动;离合器损坏、离合器中的钢珠脱落、钢丝绳断或受阻,使上下离合块不能啮合;连杆机构、摇头开关或轴、杠杆或拉板等严重磨损或损坏,致使不能操作或操作失灵;揿拔式摇头机构结构多采用塑料配件,断齿、扫齿打滑、变形、严重磨损或损坏等,造成不能操作。	摇头机构的结构较复杂,查到故障原因后,可作相应的维修、装配或代换。目前,各厂家的配件差异性较大且供应量又少,互换性较差,因此,这部分维修恢复率较低。
5.电动机温升过高	绕组短路;扇叶变形,增加了电扇负荷;定子与转子间隙内有杂物卡阻;轴与轴之间或轴承润滑干涸;绕组极性接错。	重新绕制或更换电动机;校正维修或更换新的风叶;检查并清除杂物;加注适当的润滑油;检查并纠正接错的绕组。另外,长时间地通电不停机,也是形成温升过高的原因。
6.扇叶送风方向相反	这种现象往往是人为性故障,是在维修或装配过程中,主、副绕组接线接错	对调主、副绕组接线即可排除故障。
7. 运转时抖动、噪声大或异常	运转时抖动、噪声大或异常主要原因有风叶变形或不平衡、风叶套筒与轴公差过大、电动机轴头微有弯曲、轴承缺油或磨损严重等。	可校正、更换风叶;轴承加油或更换轴承;校正电动机轴、更换转子或更换电动机;检查维修机械性松动部件等。

续表

常见故障现象	故 障 分 析	排 除 方 法
8．外壳漏电	产生漏电的主要原因有电动机绕组、电源线或连接线绝缘破损；绕组绝缘老化；机内进水或潮湿严重；电容器漏电等。	维修可采用对应的措施，重新绕制绕组或更换电动机；更换连线或引出线；烘烤去潮；更换电容器；检查外露焊点是否与外壳相碰等。
9．指示灯不亮	指示灯不亮的主要原因有灯泡本身损坏、这部分连线断路、灯开关损坏、灯泡绕组损坏等。	维修可采用对应的措施，更换灯泡、灯开关或更换灯泡绕组，检查连接线等。
10．不能定时或定时不准	不能定时或定时不准的主要原因在于定时器本身，一般维修率很低。	可采用整体代换的方法。

▶ 7.2.5 吊扇的结构及检修

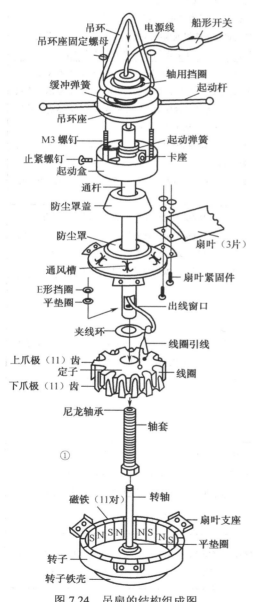

图 7.24 吊扇的结构组成图

吊扇是一种悬吊在室内空间的电扇，它的风量和送风范围都比较大，故吊扇多用于会场、礼堂、学校、办公室等场合，家庭中使用吊扇的也较多。

1．吊扇的组成

吊扇主要由悬吊装置、扇头、扇叶及调速器等四部分组成，结构组成如图 7.24 所示。

（1）悬吊装置

悬吊装置主要包括通杆（吊杆）、吊环（吊攀）和上/下罩。

通杆和吊环是悬挂扇头的部件，通杆上端连接吊环，下端连接电动机定子，它常用钢管制成，电动机的电源线从钢管中通过。上下罩起防护和装饰作用，上罩用来遮挡吊环的电容器，下罩用来防尘。

吊扇不需要网罩，也没有摇头机构。但要注意吊扇风叶离地面的距离一般不小于 2.5m，以保障人身安全。

（2）扇头

扇头又叫机头、电机，是吊扇的核心部件，它由上/下端盖、外转子、内定子及轴承组成。吊扇扇头广泛采用全封闭外转子单相电容运转异步电动机，这种类型的吊扇电机通过电容量和主、副绕组的匝比，可减小旋转磁场的椭圆度，以减小高次谐波损耗，因此效率高。一般主、副绕组的匝比为 1.4～1.7，电容量一般为 1.4μF。

吊扇电动机的极数多、转速慢。由于吊扇的扇叶直径大，电动机的转速不能太高，否则扇叶线速度太大，容易发生危险。因此，吊扇电动机的极数要比台扇多得多，常有 12 极（900mm）、14 极（1050mm）、16 极（1200mm）、18 极（1200～1400mm），甚至更多，转速在 440～300r/min。

（3）扇叶

吊扇的扇叶多为长条形的三叶片，它又可细分为宽型和窄型两种，前者末稍宽度约为200mm，后者宽度仅为 100mm。吊扇扇叶的平均扭角为 8°～10°。

吊扇扇叶多采用 1.5～2mm 厚的铝板（少数用木板）冲压成型，然后用螺钉固定在叶脚上。叶脚通常以厚度为 3～3.5mm 的冷轧钢板冲制，以保证其有足够的刚性，同时制成适当的扭角。

（4）调速器

吊扇的调速方法一般采用电抗器调速法，由电抗器和一个旋转式的转换开关组成。电抗器只有一个线圈，通常分成 5～7 挡，便于用户得到快、中、慢、微和停多种风速和不同风量。

2．吊扇的拆卸

吊扇的拆卸可参照图 7.23 进行，具体步骤如下。

① 拔下电源插头，拧出 3 片扇叶上的紧固螺钉与螺母，取出扇叶平放。

② 拧出左右启动杆，再拧出吊环座的两个固定螺母后，取下吊环座组件。

③ 拧出起动盒内的止紧螺丝后，取出起动盒组件。

④ 取出防尘罩盖和防尘罩。

⑤ 用螺丝刀撬开夹线环的夹线片，移开电源线，用电烙铁焊开线圈两根引线，小心地拉出电源线。拉时要防止损伤电线外皮，以免漏电。

⑥ 用扳手逆时针拧出定子底部轴套，定子的上爪极、线圈、下爪极即可解体。注意，线圈底部装有防震环，可用刀片撬出。至此，吊扇的各零件全部拆解。各零件、紧固件必须妥善保管，切勿丢失，否则装配时会遇到困难。

⑦ 为了使转子顺利启动并朝着规定方向平稳运转，修后装配时，必须将起动弹簧一端串入 M3 螺钉，另一端顺时针转一圈后套入卡座凸台上，使定子预先产生一个反作用力。这样接通电源，电动机就能正常起动运转。否则，电动机有时正装，有时反转。

3．吊扇电气原理图

吊扇电气原理图如图 7.25 所示。

4．吊扇的检修

吊扇的常见故障和排除方法可参考台风扇类，这里只介绍吊扇的一个特例。

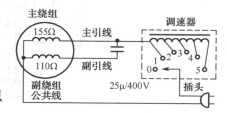

图 7.25　吊扇电气原理图

故障现象：电动机偶而反转。

故障原因分析及维修方法：出现反转现象的原因，多是起动弹簧卡口脱落，起动盒失去起动扭力。检查时可以不拆机，左手捏住起动盒，右手捏住起动杆顺时针转动，手感应有反向弹力，否则是起动弹簧脱落。维修时，可按照拆装的方法装好起动弹簧，故障即可排除。

▶ 7.2.6　格力遥控风扇的工作原理及检修

1．格力遥控风扇的工作原理

格力 KYTA-30B 是一种多功能红外线遥控风扇，其工作原理图如图 7.26 所示。该电路是以单片机 BA3106 为核心，配用一对红外编码器 BA5101/BA5102，具有以下特点：正常、自然、睡眠 3 种风类选择，睡眠风在 4 小时四段累进定时；强、中、弱 3 种风速控制；7.5 小时四段累进定时；1 组非独立电子摇头功能；自动风速起动等。该电路也适用于格力 KYTB-30B、KYSI-30B、KYSK-30B、KYZT-30B 等型电风扇。整机工作原理如下。

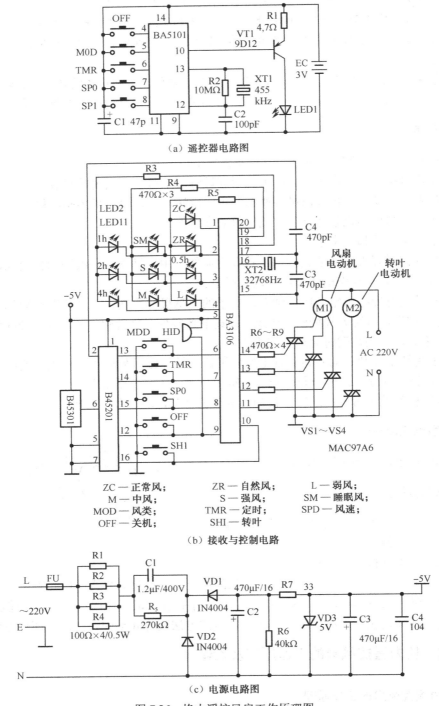

（a）遥控器电路图

（b）接收与控制电路

ZC — 正常风；   ZR — 自然风；   L — 弱风；
M — 中风；   S — 强风；   SM — 睡眠风；
MOD — 风类；   TMR — 定时；   SPD — 风速；
OFF — 关机；   SHI — 转叶

（c）电源电路图

图 7.26　格力遥控风扇工作原理图

遥控器电路图如图 7.26（a）所示。BA5101 是红外编码发射电路，有 5 个输入端，分别控制关机（OFF）、风类选择（MOD）、定时（TMR）、风速选择（SPD）及摇头（STI），输入信号为高电平有效。晶振 XT1 产生 455kHz 时钟信号，经片内分频、调制后从⑨脚输出，经 VT1 放大后驱动红外发射管 LED 向外发射红外遥控信号。BA5101 各引脚功能如表 7.3 所示。

表 7.3　BA5101 各引脚功能

脚　号	符　号	功　能	脚　号	符　号	功　能
1～8	I1～I8	键控输入	11	455	接 VSS 产生 38kHz 载频
9	VSS	电源负极	12、13	OSCI/OSCO	振荡输入/输出
10	OP	编码输出 38kHz	14	VDD	电源正极

接收与控制电路如图 7.25（b）所示。BA5301 是一体化红外接收头，接收信号后经解调，把信号送至译码器 BA5201。译码器的⑬～⑯脚输出电平与编码器的输入状态一一对应，此输出与 5 个手动功能开关并接，对单片机进行双重控制。BA5201 各引脚功能如表 7.4 所示。

表 7.4　BA5201 各引脚功能

脚　号	符　号	功　能	脚　号	符　号	功　能
1	VSS	电源负极	6	IP	接收信号输入
2、3	OSCI/OSCO	振荡输入/输出	8	VDD	正电源端
4、7		空脚	9～16	OP1～OP8	输出控制端
5	NO	接 VDD			

BA3106 是一种功能较全的电风扇程序控制器，无论是遥控键还是手动键，每次按键时压电型蜂鸣器 HTD 都会鸣响一次确定音，表示控制信号被成功接收。若风扇在静止状态时，只有风速键才能起动风扇。BA3106 各引脚功能如表 7.5 所示。

表 7.5　BA3106 各引脚功能

脚　号	符　号	功　能	脚　号	符　号	功　能
1～4	LED1～LED4	LED 信号扫描输入	11	SHO	停止摇头控制输出
5	VSS	负电源端	12	L	弱风控制输出
6	MODE	风类选择输入，高电平有效	13	M	中风控制输出
7	TMR	定时控制输入，高电平有效	14	S	强风控制输出
8	SPD	风速控制输入，高电平有效	15	VDD	电源正极
9	OFF	关机控制输入，高电平有效	16、17	OSCI/OSCO	振荡输入/输出，接 32768Hz 晶振
10	SHI	水平摇头控制，高电平有效	18~20	CMO1～CMO3	LED 扫描信号输出

图 7.25（c）是电源电路图，该电源电路为了降低成本，采用的是阻容元件降压（R_1～R_5、C_1），VD_1 整流、C_2 滤波、R_7 与 VD_3 稳压、C_3 滤波，得到-5V 的直流电压，供给接收与控制电路。

2. 格力遥控风扇检修

格力遥控风扇的机械性故障可参考普通电风扇的维修方法，下面只对电路控制方面的故障检修作一介绍。格力遥控风扇故障检修如表 7.6 所示。

表 7.6　格力遥控风扇故障的检修

故障现象	故障分析	故障排除方法
1. 故障现象：开机后，无任何反应	开机后，无任何反应，指示灯也无一个点亮，有可能为电源电路损坏、单片机的工作条件不具备、单片机本身损坏等。首先要区分故障发生的部位，然后针对该部位进行检测、查找，最后更换损坏的元器件或进行维修。	① 首先用万用表测量电源的-5V（电容 C3 两端）电压是否正常。若不正常，断开后级负载再测；断开后该电压正常，表明电源工作正常，否则为电源故障。若电源电压正常，继续进行下一步的检查。 ② 检查单片机（BA3106）的三个工作条件。⑮脚与⑤脚之间的电压应为+5V，该电压不正常，可检查电源的供电电路。再检查时钟振荡电路，试代换晶振（XT2）、平衡电容 C3。 ③ 如果单片机的工作条件具备（正常），就要考虑单片机本身，可采用代换的方法判断与维修。
2. 故障现象：手动按键操作时工作正常，而遥控不起作用	手动按键操作时工作正常，而遥控不起作用，主要故障部位在遥控器本身、或遥控接收头、或译码器等。	① 先判断遥控器是否正常。 ② 在遥控器正常的情况下，检查并判断遥控接收头、译码器的好坏。
3. 故障现象：遥控操作时工作正常，而手动按键操作时不起作用	遥控操作时工作正常，而手动按键操作时不起作用的故障范围较小，故障主要部位是各按键本身损坏或按键处的铜箔断裂、脱焊等。	故障检修：可更换全部按键或补焊印制板上的铜箔。
4. 故障现象：各指示灯正常点亮，而风扇电动机不转	各指示灯正常点亮，而风扇电动机不转，表明电源电路、单片机的工作条件都正常，故障范围在风扇电动机本身或风机驱动电路或单片机等这几部分电路。	① 用手指拨动风叶看其转动是否灵活，若不灵活，则为机械性故障，按机械故障处理；若转动灵活，则为电气控制电路的故障。 ② 手动按弱风、中风、强风按键，若各功能都不起作用（风机不转动），故障最大可能在驱动电路；若某一功能不起作用，故障最大可能在单片机的该功能输出电路等。 边按动某功能按键，边检测单片机的对应输出引脚电平，若输出电平没有变化，则为单片机故障；若输出电平有变化，则为输出后级有故障，主要应检查可控硅是否损坏、连线是否有断路等。
5. 故障现象：遥控器的某一功能不起作用，其他功能键正常	遥控器的某一功能不起作用，其他功能键正常，表明故障在遥控器本身，即该功能按键内部有断路或接触不良，按键损坏性故障处理。	

7.3　家用吸尘器

家用吸尘器是指供家庭或宾馆、旅社、商场、商店以及医院等单位清扫除尘用的一类家电器具，适用于清洁地面、墙壁、天花板、窗帘、地毯、沙发、家具等。它具有省时省力、清洁卫生、操作简单方便、无尘土飞扬等显著优点，在现代生活中得到了广泛的应用。

7.3.1　家用吸尘器的分类与命名方式

家用吸尘器的种类很多，常见家用吸尘器的外形如图 7.27 所示。常有以下几种分类方式。

图 7.27　常见家用吸尘器外形图

　　① 按结构可分为立式、卧式和便携式。便携式又可分为手提式、肩式、杆式及微型式等多种。

　　② 按使用功能可分为干式、干湿两用式、地毯式和打蜡式等几种。

　　干式吸尘器只能吸取干燥尘埃等。

　　干湿两用吸尘器除了具有干式吸尘器的性能和用途外，还可以吸取各种液体、泥水或多水性泡沫污物。

　　地毯式吸尘器的底部装有特殊刷子，适合各种场合下的操作。

　　打蜡式吸尘器可边吸尘边打蜡，吸口位于刷子附近，在打蜡时，可将旋转的刷子所扬起的尘埃吸掉。

　　③ 按电动机额定功率大小的不同，可分为大型、中型、小型、微型、袖珍型等，有 100～2000W 等多种规格。其中，100～600W 为小型吸尘器，600～1500W 为中型吸尘器，1500W 以上为大型吸尘器。有的微型吸尘器使用干电池，输入功率非常小，用两节干电池即可。

　　④ 按调速功能划分，可分为无调速功能电路和有调速功能电路两大类。

　　⑤ 按使用场所的不同，可分为普通型和专用型。前者适用于一般场所，后着适用于特定场所，如地毯专用吸尘器等。

　　手提式小型吸尘器、车用吸尘器采用永磁直流电动机。手提式小型吸尘器由干电池供电，额定电压为 3V 或 6V；车用吸尘器由车载蓄电池或发电机供电，额定电压为 12V 或 24V。

　　吸尘器命名方式的各组成部分意义如表 7.7 所示。

表 7.7　吸尘器命名方式的各组成部分意义

代　　号	解　　说
产品名称代号	用英文吸尘器（Vacuum）的首写字母 V 表示
产品类型代码	C：卧式；U：立式；S：简易推杆式；H：手提式；T：桶式
产品特征代码	卧式吸尘器是产品的长度除以 10 的整数倍表示，如产品长度 350mm，规格代号就为 35，其他型号的特征代码是根据厂家的规定而命名的
产品功能代码	J：机调；M：手控机调；Y：遥控无调；Q：蒸汽功能
设计序列号	表示为设计年代，如 09，表示为 09 年生产的
设计序列号	实际上是改型代号，用大写英文字母 A～Z 按顺序表示，例如，C 表示第三款产品

▶ 7.3.2　家用吸尘器的基本结构

　　家用立式吸尘器的基本结构如图 7.28 所示，主要由电动机、风机、积尘室、滤尘器、消声件、自动盘线机构、积灰指示器及吸尘附件等部分组成。

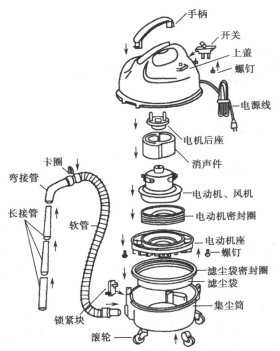

图7.28 家用立式吸尘器基本结构图

1. 电动机

吸尘器通常采用的电动机为单相交直流两用串励式电动机。这种电动机在工频电压下旋转速度高，转速可达 20000～28000r/min，体积小、起动转矩大、速度可调且机械特性软，转速能随负载转矩而变化，因而，很适合吸尘器的工作特点。吸尘器电动机外形如图7.29所示。

串励式电动机刷握的结构形式有两种：盒式和管式，如图7.30所示。刷握由电刷、电刷架、电刷座、弹簧等组成。刷握的结构应保证电刷在换向器上有准确的位置，能正常工作。弹簧的作用是保证电刷径向有一定的压力，以使电刷在准确的位置上与换向器保持紧密的接触，从而使接触电压保持恒定。

2. 风机

吸尘器上多采用离心式的风机，是产生负压的重要部件，通常它与电动机装配在一起。风机主要由叶轮、蜗壳、导轮和外罩等组成，如图7.31所示。

图7.29 吸尘器电动机外形图　　　　　图7.30 刷握的结构形式

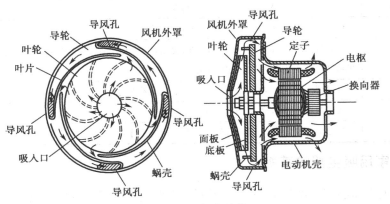

图7.31 风机的结构

电动机通电后，直接带动风机叶轮高速旋转，叶轮中心处的空气因离心力的作用，被甩向叶轮边缘，叶轮中心处接近真空状态，形成压差。外部空气在压差的作用下，不断地流入到叶轮中心处，并在导轮中将一部分动能变成静压能，然后流入电动机，经出口压出。空气流过电动机时，还可起到冷却作用。

3．积尘室

积尘室一般由壳体的一部分担任，也有的采用独立部件。它是将滤尘器阻挡的灰尘存放聚集在一起，待吸尘器使用完毕，再将灰尘倒出。

4．滤尘器

滤尘器是过滤气流中的尘埃的装置，其滤网、绒布或滤纸等材料大多嵌装在骨架上，滤尘器的结构一般为纸袋式、布袋式和尼龙式等。使用时，滤尘袋上的积灰应定期进行清理，以免造成堵塞而影响吸尘效率。滤尘器外形结构如图 7.32 所示。

图 7.32　滤尘器外形结构

5．消声部件

消声部件是降低工作时的噪声而设置的。一般在吸尘器机壳架及出风口、电机外圈设置吸声材料，多选用聚氨酯泡沫塑料、玻璃棉等。

6．自动盘线机构

自动盘线机构，主要作用是把工作时拉出的电源线收盘在机壳内，一般安装在立式吸尘器的上部、卧式吸尘器的尾部或底部。按钮式自动盘线机构示意图如图 7.33 所示，主要由盘线轮、摩擦轮、发条、制动轮和盘线按钮等组成。

自动盘线机构的动力源是发条。发条在自然状态下呈"S"型，置于摩擦轮的内部，其内钩钩在条轴上，外钩钩于摩擦轮的内壁。电源线拉出时，带动盘线轮转动，将发条上旋。使用时，因制动轮压紧摩擦轮，阻止盘线轮反转。收线时，只要按下盘线按钮，制动轮即松开摩擦轮，盘线轮便在发条的驱动下反向旋转，将电源线收盘到盘线轮上。

电源线尾部焊接在盘线轮上的两个弹簧片触点上，再由弹簧片触点与两固定铜环通电片接触，两铜环通电片与开关、电动机接通。这样使盘线轮在旋转时始终与铜环通电片接触而接通电源。通电触点结构示意图如图 7.34 所示。

图 7.33　按钮式自动盘线机构示意图

图 7.34　通电触点结构示意图

7．积灰指示器

积灰指示器主要用来指示集尘室的满尘情况。积灰指示器的结构如图 7.35 所示，由指示管、气塞、压簧等组成。吸尘器在工作正常时指示器不动作，气塞被压簧稳定在一边。当集尘埃过多以及附件被堵塞或滤尘器微孔被灰尘堵塞时，指示器的指示管内负压发生变化，气塞压缩弹簧位移到满尘区域（一般用红色标志）。此时应立即清除积尘室内的尘埃和滤尘器上的积尘，疏通附件管道内的阻塞物。

8. 吸尘附件

吸尘器附件如图 7.36 所示，包括吸尘软管、加长管、吸嘴等。吸尘软管连接于吸嘴和吸尘器之间，一般用塑料或橡胶辅以补强材料制成。加长管是连接于吸嘴和吸尘软管之间的硬质管子，用以增强吸嘴的工作高度或弯曲于某一方向且可兼起扶手作用。吸嘴是真空吸尘器的工作头，按使用的需要，做成地毯用、硬质地板用、夹缝用、衣物用等各种形式。

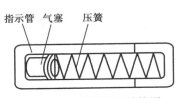

指示管 气塞 压簧

图 7.35　积灰指示器结构图

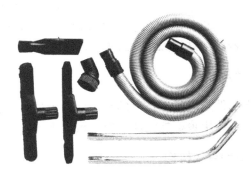

图 7.36　吸尘器附件

▶ 7.3.3　吸尘器的工作原理及检修

1. 无调速功能的吸尘器电路

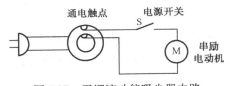

通电触点　电源开关　S

M 串励电动机

图 7.37　无调速功能吸尘器电路

无调速功能的吸尘器电路较简单，其电路图如图 7.37 所示，主要由串励电动机、电源开关、通电触点结构和电源线等组成。

插头插入插座，打开电源开关，市电经电源线、通电触点结构，使串励电动机得到 220V 电压，驱动风机进入吸尘工作状态。断电，吸尘器便停止工作。

2. 美的调速功能吸尘器电路

美的调速功能吸尘器电路如图 7.38 所示。打开开关 K，当电源处于正半周时，电源通过 W1、R1 向电容 C2 充电，电容上的电压极性为上正下负，当这个电压增高到双向二极管 D 的导通电压时，D 突然导通，使双向晶闸管 Q 的控制极和主电极间得到一个正向触发脉冲，晶闸管 Q 导通。而后，当交流电源过零的瞬间，晶闸管自行阻断。当交流电源处于负半周时，正好和上述情况相反，晶闸管也导通。

调节 W 的值，即可改变电容的充电时间常数，因而改变脉冲出现时刻，也就改变了晶闸管的导通角，从而达到调速的目的。图中的 C1 用来防止吸尘器电流的高次谐波对附近无线电设备等的干扰。

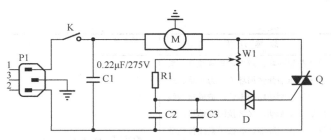

图 7.38　美的调速功能吸尘器电路

3．吸尘器的检修

吸尘器的常见故障检修与排除方法如表 7.8 所示。

表 7.8　吸尘器的常见故障检修与排除方法

常见故障现象	故 障 分 析	排 除 方 法
通电后不工作	保险烧毁	保险如熔断，应更换同规格的保险丝；若更换后继续烧保险，则应查明原因。
	检查电源插头及电源线。由于电源线经常拉出缩入，造成内部导线折断。	查出断路点后重新连接或更换电线、插头。
	吸尘器长期使用后，其内部接线脱落或接触不良。	用万用表仔细检查开关及线路，检修或更换开关，焊接好引线及接头。
	有电源线自动卷线机构的吸尘器，卷线盘上的弹簧片与铜环通电片没有接触或接触不良、不到位。	拆开自动卷线机构，将弹簧片触点整形或用尖嘴钳调整其接触角度，使其与铜环通电片保持良好的接触。
	电刷与换向器未接触，可能电刷与电刷座配合太紧，影响电刷正常滑动；另一种情况是电刷磨损到最低限度，吸尘器长期使用后，使电刷不能接触到换向器表面，造成断路。	应调整电刷的配合尺寸；更换新电刷。用万用表 R×10 挡来测电动机的两接线端，如电阻为无穷大，就有可能是电刷的问题。
	电枢绕组断路或定子绕组断路，这种一般最容易发生在绕组与换向器焊接部分。由于吸尘器使用不当，风道经常堵塞或换向器表面高低不平等原因，使电刷与换向器之间产生严重的火花，造成焊锡熔化，使电枢绕组接线头与换向器换向片脱焊而形成绕组断路。	在静止时，如果断路处又在电枢的位置上，那么回路就不通，电动机就不能启动。定子绕组发生断路，吸尘器也不能启动。断路点的检查可使用万用表测量，如果是属于接线头脱焊，只需重新焊接；如果是内部断路，可焊接或重新绕制绕组或更换电动机。
电源线无法全部卷入	检查电源线是否绞在一起。	将电源线抽出 2～3 米重新收线。
电源线自缩	卷线器惯性卷入电源线。	将电源线反复拉出卷入 4～5 次，如仍不能恢复需报修换件。
吸力下降，吸尘效果不理想	从吸头部位到电动机排气口的通风管路堵塞；吸头与连接管道连接处松动，风道漏风；储尘袋安装不良、破损或内装灰尘过多；电动机转速变慢等；检查前盖是否安装到位；检查过滤片是否堵塞、检查集尘桶是否堵塞。	首先应检查从吸头部位到电动机排气口所有的通风管路是否堵塞；检查吸头与连接管道连接处是否松动，造成风道漏风；检查储尘袋安装是否正确、是否破损或内装灰尘过多。对以上故障逐一排查、修复。 然后判断电动机是否转速变慢而吸力压差变小。导致电动机转速变慢的主要原因有碳刷与换向器接触不良，更换新的碳刷即可排除故障；其次为电动机老化、机械性严重磨损、绕组有短路现象等，在维修不太理想的情况下，可更换新电动机。

第 7 章

续表

常见故障现象	故 障 分 析	排 除 方 法
自动盘线失灵	发条断裂损坏，或内、外钩脱开；盘线按钮的压缩弹簧损坏或弹力不足、连杆不灵活、制动轮被卡住，造成电源线拉出后不能制动，又被拉回壳体里；盘线筒同壳体相摩擦，或按下盘线按钮后制动轮不能离开摩擦轮，造成电源线不能收回； 安装盘线筒时，预先顺时针旋转盘线筒的圈数过多，造成电源线不能完全拉出；安装盘线筒时，未预先顺时针旋转盘线筒3~4圈，造成电源线不能完全收回；盘线筒变形严重、受阻或卡死。	检修时，应拆开吸尘器后壳，仔细观察、分析故障形成的原因，对应采取相应的维修措施，必要时用同型号的配件进行替换。
积灰指示器失灵	透明管体变形，造成指示头不能在管内自由活动。	可更换透明管。
	透明管体内的弹簧受阻或被卡。	拆开积灰指示器，整修弹簧或更换弹簧。
	弹簧弹力过小，吸尘器正常工作时指示器头也到达红区。	整修弹簧或更换弹簧。
出风口排出气体升高而过热	电源电压过高，使电动机转速增高。	调整电源电源或使用稳压器。
	电刷架螺丝钉松动、电刷发生位移。	调整电刷位置，紧固电刷架螺丝钉。
	电动机绕组有短路接地故障。	测量直流电阻或绝缘电阻，查出故障点后做绝缘处理。
	电刷下发生强烈火花及整流子上出现环火。	更换同规格的电动机。
	吸尘器附件管道堵塞。	排出堵塞。
	积尘室尘满及滤尘器孔堵塞。	排出堵塞或更换滤尘器。
	电动机回火。	重装电动机或更换密封件重装。
漏电	带电部分与金属件碰触。	金属机壳的吸尘器长期停用后再使用时，应先用摇表测量一下吸尘器的绝缘电阻值。绝缘电阻应大于$2M\Omega$，否则应打开主机壳，检查带电部分是否与机壳相碰，是否有短路现象。如有，应立即重新调整装配位置。
	受潮或被雨水浸过。	对于这种情况，吸尘器一定要进行干燥处理，然后再用摇表测量其绝缘电阻。
干扰无线电广播	主要是由换向过程所产生的火花及电弧引起的。 电刷与换向器接触不良，产生电火花。	用砂纸仔细打磨电刷，改善与换向器的接触状态。
	换向器表面不平整。	中间云母突出，电刷在换向器上不能平稳滑动。需对换向器进行修复，不能修复时应更换。
	电刷压力不当。	一般串励电动机电刷压力为20~40kPa，过大易产生火花。应适当调整其压力。
	电刷盒松动或装配不规范。	需紧固或纠正位置。
	换向器表面有烧蚀或有油污。	应仔细清洁。
	抗干扰电容器损坏。	需更换新的电容器。
前盖盖不上	是否未安装滤尘袋或未安装到位。	将滤尘袋安装到位。
	前盖变形。	报修换件。

续表

常见故障现象	故 障 分 析	排 除 方 法
前盖盖不上	固定扣是否安装未到位（限于立式吸尘器）。	重新安装好固定扣。
在滤尘袋已清理干净的情况下，尘满指示灯会自动亮起	在进行地面清洁工作时，地板刷与地毯之间贴得太近太紧，形成真空吸力，这样因为气压原因，造成尘满感测器误感知到滤尘袋已装满，尘满指示灯自动亮起。	工作时注意地板刷尽量不要紧贴在地毯上进行，应使地板刷与地毯之间有一定缝隙空间，保持良好的空气压力，易于吸尘。
	如管路内有异物堵塞也会造成气压不够，让尘满感测器误感知滤尘袋已装满。	依次拆开地板刷、长接管及软管，检查接口处、管路内及手柄提是否有异物堵塞，如有，清理干净。

7.4 洗衣机

洗衣机是人们生活中最普遍的家用电器，随着人们生活水平的不断提高，各种造型美观、功能完善的洗衣机越来越受到现代家庭的青睐。

7.4.1 洗衣机的分类及工作原理

1．洗衣机的分类

洗衣机的分类示意图如图 7.39 所示。

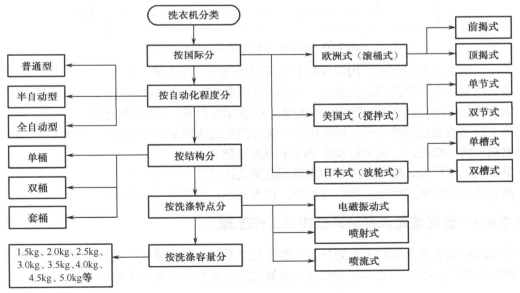

图 7.39 洗衣机分类示意图

2．洗衣机的工作原理

（1）洗涤三要素

机械力、洗涤液、水是洗涤过程中的三要素。洗衣桶中盛放的洗涤剂与水的混合物通常称为洗涤剂，洗衣机运动部件产生的机械力和洗涤液的作用使污垢与衣物纤维脱离。

（2）洗涤原理

以波轮式为例，它是依靠装在洗衣桶底部的波轮正、反旋转，带动衣物上、下、左、右不停地翻转，使衣物之间、衣物与桶壁之间，在水中进行柔和地摩擦，在洗涤剂的作用下实现去污清洗的目的。

（3）漂洗

漂洗方式有多种形式，如蓄水漂洗、溢流漂洗、喷淋漂洗、顶流漂洗等。以蓄水漂洗为例，衣物放在注有清水的洗涤桶内，由波轮传动进行漂洗，一般经过2～3次的漂洗，才能漂清。

（4）脱水

洗衣机一般多采用离心式脱水方式。衣物放入脱水桶后，脱水电动机带动脱水桶做高速旋转，在离心力的作用下，衣物上的水滴由脱水桶侧壁上的小孔中甩出，进入下水管。

3．洗衣机型号的命名方法

按国家标准规定，洗衣机一般由6位字母或数字组成。洗衣机型号的命名方法示意图如图7.40所示。

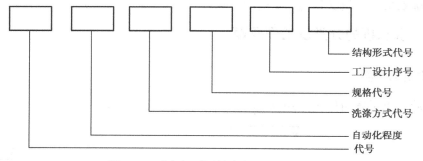

图7.40　洗衣机型号的命名方法示意图

第1位是洗衣机的代号，用汉语拼音字母X来表示。T为脱水机。

第2位表示洗衣机的自动化程度。P表示普通型，B表示半自动型，Q表示全自动型。

第3位是洗涤方式代号。B表示波轮式，G表示滚筒式，J表示搅拌式。

第4位是洗衣机规格代号。规格代号一般用额定洗涤容量的数值乘以10来表示，如20表示洗衣机正常工作时，一次可以洗涤2kg干燥的衣物。

第5位是工厂设计序号，用数字来表示是第几次设计的同类产品。

第6位是结构形式代号。如为双桶型，用S表示，其他的则省略不标。

▶ 7.4.2　普通波轮洗衣机的结构及工作原理

普通波轮洗衣机从结构上来划分，一般由洗涤系统、脱水系统、进排水系统、传动系统、电气控制系统及支撑机构等六部分组成。普通波轮洗衣机结构如图7.41所示。

1．洗涤系统

洗涤系统主要由洗涤桶、波轮及波轮轴组件等组成。洗涤系统的结构如图7.42所示。

洗涤桶用来盛放洗涤液和被洗衣物，并协助波轮进行洗涤。

过滤网是用于过滤洗涤中产生的线屑等污物。

循环水道是通过波轮的旋转，将水从底部压入循环水道和喷瀑板，并由上部排出，用于加强水流，增强洗涤效果。

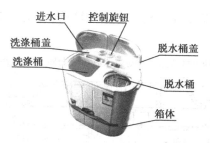

图 7.41　普通波轮洗衣机的结构

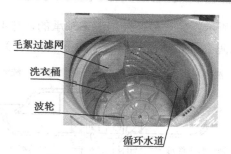

图 7.42　洗涤系统的结构

　　波轮是对洗涤物施加机械作用的主要部件，它的外形结构较多，对洗衣机的洗涤性能有着直接的影响。不同形状的波轮正、反方向的旋转可以产生不同的水流，从而达到洗净衣物的目的。常见的几种波轮如图 7.43 所示。

图 7.43　常见的几种波轮

　　洗涤电动机：洗衣机中采用的电动机一般为电容运转式电动机。洗衣机在洗涤时，波轮正、反向运转的工作状态要求完全一样。为了满足这个要求，将电动机的主、副绕组设计得一样，即线径、匝数、节距和绕组的分布形式一样。电动机功率一般为 120W 左右。

　　不同容量的洗衣机所配备的电动机功率是不一样的。洗涤电动机如图 7.44 所示。

　　电容：洗衣机电动机中的电容是无极性的，一般容量有 $8\mu F$、$10\mu F$ 等，耐压一般为 400V。通常采用金属化聚丙烯电容器。

　　洗涤定时器一般采用机械式，与脱水定时器相同。

　　洗涤定时器是控制洗涤时间，以及洗涤时电动机正、反方向旋转节拍的。同理，脱水定时器是控制脱水时间的。机械式洗涤定时器的外形结构如图 7.45 所示。

图 7.44　洗涤电动机

图 7.45　机械式洗涤定时器的外形结构

　　波轮轴组件是支撑波轮、传递动力的重要部件。波轮轴体结构常见的有两种：一种是采用滑动轴承的，有波轮轴、轴套、密封圈、上滑动轴承、下滑动轴承及轴承套等组成，如图 7.46

（a）所示；另一种是采用滚珠轴承的，它由波轮轴、轴套、密封圈、上滚珠轴承、下滚珠轴承、轴承隔套及轴承盖等组成，如图 7.46（b）所示。

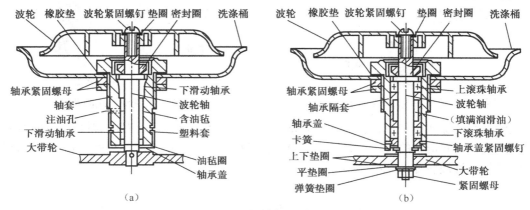

图 7.46　波轮轴组件的结构

2. 脱水系统

脱水系统如图 7.47 所示，主要由脱水外桶、内桶、脱水轴组件、刹车及四通阀等组成。

脱水内桶用来盛放需要脱水的湿衣物，外形为圆筒状，其外壁上有许多小孔，以方便把水甩到桶外。

脱水轴组件结构如图 7.48 所示，脱水轴组件的主要作用是将电动机的动力传递给脱水桶，它主要由脱水轴、密封圈、波形橡胶套、含油轴承及连接支架等组成。

脱水电动机一般与洗涤电动机相同。

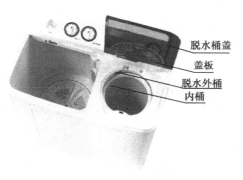

图 7.47　脱水系统

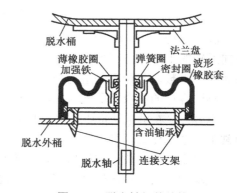

图 7.48　脱水轴组件结构

刹车装置的结构如图 7.49 所示，刹车装置是为了避免高速旋转的脱水内桶在脱水时伤及人体，因此设置的受脱水桶盖控制的装置。若在脱水情况下开盖，脱水桶盖在切断脱水电动机电源的同时，也将刹车钢丝放松，使刹车结构动作，使脱水桶在极短的时间内停止转动。合下桶盖后，刹车结构退出刹车状态。

3. 进、排水系统

洗衣机的进水系统一般较为简单，大部分采用的是顶部淋洒注入。

洗衣机的排水系统较进水系统复杂一些，常采用简单的排水阀或四通阀。

排水阀的外形及结构如图 7.50 所示，当旋转控制钮使其处于排水状态下时，连杆和杠杆机构便将橡胶锥形塞上提，洗涤液便由排水管流出，反之，阀门关闭。

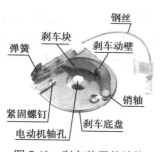

图 7.49　刹车装置的结构

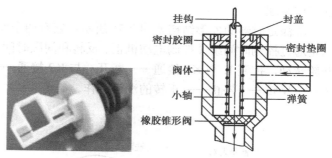

图 7.50　排水阀的外形及结构

4．传动系统

（1）脱水系统的传动

脱水系统的传动比较简单，如图 7.51 所示，脱水电动机安装在脱水桶的正下方，他们采用联轴器连接。用紧固螺丝钉和锁紧螺母把脱水电动机轴与脱水轴固定在联轴器上。联轴器的下方即电动机的上方是刹车装置。

（2）洗涤系统传动

洗涤系统传动如图 7.52 所示，一般洗涤速度往往小于电动机转速许多，因此他们之间的传动需要一级减速器。

图 7.51　脱水系统的传动

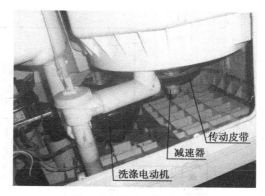

图 7.52　洗涤系统传动

由固定在洗涤电动机上端的小传动带轮通过传动皮带将动力传递给固定于波轮轴底端的大传动带轮，大传动带轮与减速器是一个整体，从而达到减速的目的。

5．电气控制系统

电气控制系统一般由洗涤定时器、脱水定时器、控制开关、盖开关等组成。控制的对象是洗涤电动机、脱水电动机及排水系统等。

（1）洗涤电动机正、反转控制基本原理

洗涤电动机正、反转控制基本原理图如图 7.53 所示，当 K 与 1 接通时，主、副绕组就有电流通过，电容的作用使得副绕组 L2 中通过的电流超前主绕组 L1 中通过的电流 90° 电角度，形成两相旋转磁场，电动机起动运行。当 K 与 2 接通时，同理，电动机反向运行。如果 K 与 1、

2 不断的交替接通，则电动机就会一会儿正转，一会儿反转，交替转向，这就是洗衣机电动机的工作原理。

洗涤定时器的外形结构如图 7.54 所示，它有两个作用：一是控制洗衣机的全部洗涤时间；二是通过控制时间组件控制电动机正、反转和间歇时间。时间组件就是图 7.53 中的转换器。洗凸轮转动，控制 K 与 K1 接通——断开、与 K2 接通——断开，使洗涤电动机实现正转——停止——反转——停止——正转的洗涤工作。

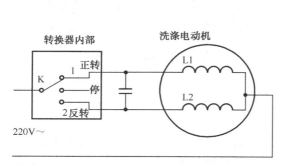

图 7.53　洗涤电动机正、反转控制基本原理

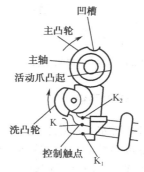

图 7.54　洗涤定时器的外形结构

（2）普通洗衣机工作原理

普通双桶洗衣机的电路由相互独立的两部分组成，一部分为控制洗涤电动机的电路；另一部分为控制脱水电动机的电路。整机原理图如图 7.55 所示。

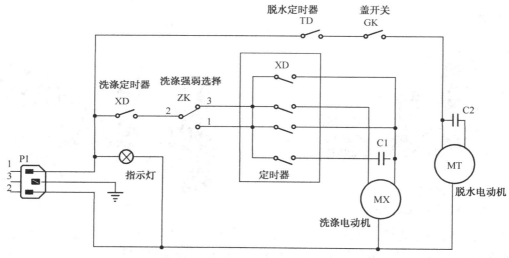

图 7.55　普通双桶洗衣机整机原理图

洗涤电路有洗涤电动机、电容器、洗涤定时器及洗涤方式选择开关等组成。脱水电路由脱水电动机、脱水定时器、盖开关等组成。

洗涤方式选择开关为旋钮式，供操作者根据洗涤衣物的具体情况来选择。强洗即单向洗，弱洗即正转、反转两个方向洗。洗涤方式是通过该旋钮产生一个机械力，这个力通过杠杆机构来驱动洗涤定时器的导通情况。

脱水电路中的脱水定时器触点和盖开关是串联的，两者中间任意一个断开都能使脱水电动机断电。所以，脱水时必须闭合桶盖。脱水定时后，定时器的触点就接通，直到定时时间到触点才断开，电动机才停止转动。

6. 支撑机构

支撑机构由箱体、底座及减震装置等组成。

▶ 7.4.3　普通洗衣机的检修

普通洗衣机的常见故障现象及检修如表 7.9 所示。

表 7.9　普通洗衣机的常见故障现象及检修

常见故障现象	故障分析	排除方法
通电后波轮不转动，有"嗡嗡"声响	波轮被异物卡住	手拨动波轮看是否转动灵活，若不灵活，拆卸下波轮看有什么异物卡住
	传动带松脱	重装、更换或调整传动带的松紧程度
	电动机本身有问题	维修或更换电动机
	波轮轴损坏而咬死	拆卸下波轮组件，更换波轮轴或其组件
波轮转速慢	衣物过多	减少衣物量
	传动带过松	重装、更换或调整传动带的松紧程度
	洗涤电动机的电容量变小	更换同规格的电容器
	波轮轴和轴承配合比较紧或损坏	填注润滑油和更换波轮轴组件
	传动带轮的紧固螺钉有松动	重新紧固螺丝钉
洗衣时波轮运转不正常	洗涤选择开关损坏	维修或更换洗涤选择开关
	洗涤定时器损坏	维修或更换洗涤定时器
脱水桶不能转动或转动不正常	盖开关有问题或损坏	维修或更换盖开关
	刹车出现异常或损坏	维修刹车或更换刹车
	脱水定时器损坏	维修或更换脱水定时器
	脱水电动机本身损坏	维修或更换脱水电动机
	脱水电动机的电容损坏	更换脱水电动机的电容器
	脱水桶被异物卡住	清理异物
脱水桶抖动严重	放入脱水桶的衣物未压紧压平，造成脱水桶旋转时严重失去动平衡	把衣物压紧压平
	防震弹簧损坏	更换防震弹簧
	脱水桶紧固螺丝钉或联轴器上的螺丝钉松动	重新紧固这些螺丝钉
洗衣桶漏水	波轮轴套的密封圈损坏	更换密封圈
	波轮轴组件有问题或磨损严重	更换波轮轴组件
脱水外桶漏水	脱水轴密封圈损坏或橡胶套损坏	更换密封圈或橡胶套
	脱水外桶破裂	用万能胶粘补或更换脱水外桶
排水系统漏水	排水管破裂	更换排水管
	排水管道有漏点	用万能胶粘补
	排水旋钮卡死或有问题、排水拉带有问题	维修或更换排水旋钮、调整排水拉带
	排水阀门损坏或有异物卡住	排出异物或更换阀门

第 7 章

续表

常见故障现象	故障分析	排除方法
漏电	保护接地线安装不良	重新安装保护接地线
	电动机内部受潮严重	电动机做绝缘处理或更换电动机
	电容器漏电	更换电容器
	导线接头密封不好	重新绝缘包扎
洗净率不高	波轮转速慢	参考"波轮转速慢"的处理方法
	波轮严重磨损	更换波轮
衣物磨损严重	洗涤时水量过少	水量要适当增加
	波轮、洗衣桶内壁有毛刺或粗糙	用细纱布打磨毛刺或粗糙部位

7.5 挂烫机

7.5.1 挂烫机的结构

挂烫机的外形及结构如图 7.56 所示，主要由蒸汽烫头、衣架、铝杆、导气管、水箱、指示灯、万向轮等组成。

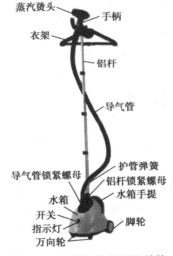

图 7.56 挂烫机的外形及结构

7.5.2 挂烫机的工作原理及检修

1. 挂烫机的工作原理

挂烫机的工作原理图如图 7.57 所示，接通电源发热管工作，升温后的发热管会使其接触的水转换为蒸汽，蒸汽通过导气管从喷头喷出，利用从喷头喷出的蒸汽来熨烫衣物。

2. 挂烫机的常见故障现象及检修

（1）故障现象：开机后挂烫机不工作
故障原因分析：最大可能是电路部分出现断路现象。

故障检修的步骤如下。

第一步：首先从外部检查电源插座、电源插头是否损坏或有接触不良现象，电源线是否折断等，若有排除之；若无，继续下一步检查。

第二步：上电开机，若指示灯（显示屏）亮则为上电正常。等待 1 分钟左右，确认有无蒸汽喷出，若有，表明挂烫机正常；若无，继续下一步的检查。

第三步：打开挂烫机底座，检查连接线有无断路处、是否有松动现象，若有，重新连接；若无，继续下一步检查。

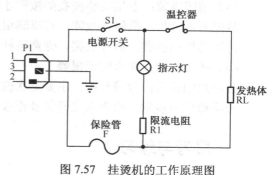

图 7.57　挂烫机的工作原理图

第四步：拆开蒸汽发生器，露出保险丝（184℃）、发热体、温控器（135℃），分别检查他们是否有断路现象，若有，更换同规格的损坏器件；若无，继续下一步的检查。

第五步：检查电路板上或内部导线是否有断路处。若有，重新正确连接。

（2）故障现象：指示灯亮，但挂烫机不能正常工作（不出蒸汽或蒸汽很小）

故障原因分析：故障的最大可能为水路异常或蒸汽发生器内部元件损坏。

故障检修的步骤如下。

第一步：确认导气管是否有弯折现象，将导气管拉直开机上电，看是否有蒸汽排出；无蒸汽排出时，继续下一步的检查。

第二步：拆开底座，检查进水管及进水口是否有堵塞现象，若有，排出之；若无，进行下一步的检查。

第三步：拆开蒸汽发生器，检查保险丝、发热体有无断路，温控器是否动作温度偏低；如上述元件异常，可更换同规格的元件。

（3）故障现象：漏水

故障原因分析：该故障明显是水路有问题。

故障检修的步骤如下。

第一步：确认漏水处。确认水从哪里漏出来？是从水箱槽处还是从底座流出的。

第二步：若是从水箱槽处漏出，一般都是水箱漏水导致的。单独给水箱注满水，拿起水箱观察确认；确认是水箱漏水，可修补或更换水箱。

第三步：若是从底座处漏出，需要拆开底座。先检查进水管是否有破损或接头脱开，如有，可修补或更换部件；若无，继续下一步的检查。

第四步：拆开蒸汽发生器，检查蒸汽发生器的密封情况，看硅胶圈是否有破损现象、装配是否良好等；如有损坏，可更换对应的部件。

（4）故障现象：水箱不下水

故障原因分析：故障主要在水箱。

故障检修的步骤如下。

第一步：检查水箱是否放到位，不要放到水箱槽的边棱上。

第二步：检查水箱里的水有多少，低于最小水位或高于最高水位都可能不下水。

第三步：松开水箱螺丝钉，检查水箱螺母的 V 形圈是否鼓起变形，如变形，更换同规格的 V 形圈。

（5）故障现象：衣架需要按衣架按钮才能打开

故障原因分析：机械性故障，可以确定是弹簧顶杆装反了。

故障检修的步骤：拆开衣架，弹簧顶杆旋转180°，柱钉的斜口朝上，重新装好即可。

（6）故障现象：缺水时无报警

故障原因分析：故障分析：主要是水位开关损坏或其连接线有问题。

故障检修的步骤：检查水位开关及连接线，若有损坏，可更换相应部件。

思考与练习 7

1. 常见的电熨斗有哪些分类方式？
2. 调温电熨斗是怎样调温的？
3. 调温电熨斗不能调温的主要原因是什么？
4. 简述调温喷汽喷雾电熨斗的结构及工作原理。
5. 分析调温喷汽喷雾电熨斗不喷汽或不喷雾的主要原因是什么？
6. 常见的电风扇有哪些类型？
7. 电风扇的技术指标主要有哪些？
8. 简述台扇类电扇的主要结构。
9. 常见的摇头机构有哪两种？并简述其主要结构。
10. 电风扇常见的调速方法有哪几种？它们的主要区别是什么？
11. 画出图 7.22 所示的 PTC 微风挡电路图，并分析它的工作原理。
12. 分析台风扇类通电后风叶不转的主要原因，并简述排除该故障的方法。
13. 分析风扇转速慢的主要原因是什么？
14. 分析台风扇不能摇头或摇头失灵的主要原因是什么？
15. 简述吊扇的主要组成及各组成的主要作用。
16. 家用吸尘器常有哪几种分类方式？各自的特点是什么？
17. 简述无调速功能吸尘器的工作原理。
18. 分析吸尘器通电后不工作的主要原因是什么？
19. 分析吸尘器吸力下降，吸尘效果不理想的主要原因是什么？
20. 分析吸尘器自动盘线失灵的主要原因是什么？
21. 简述洗衣机的洗涤原理。
22. 简述普通波轮洗衣机的基本结构。
23. 简述普通波轮洗衣机的工作原理。
24. 简述挂烫机的结构。

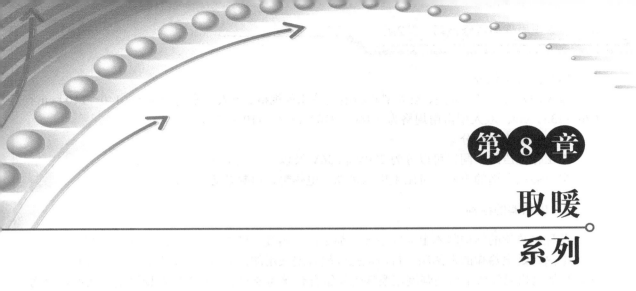

第8章

取暖系列

电热取暖系列是把电能通过一定的电路转换为热能，以供取暖御寒的家用电器。取暖系列种类繁多、琳琅满目，主要有电热褥、红外石英管取暖器、红外卤素管取暖器、红外反射式取暖器、红外线浴霸、电热油汀、暖风机、对流式取暖器、电热膜取暖器及复合式取暖器等品种。本章优选介绍几种常见取暖器的结构、工作原理及常见故障的检修。

8.1 电热褥

电热褥又称电热毯，属于直接取暖电热器具，是采用电阻式发热元件通电发热的。它除了可以温暖被褥外，在一些湿度较大的地方，还可以用来干燥被褥和衣物。另外，电热褥内部发出的部分红外线，具有一定的穿透能力，可使人体表面同时受热去湿，对风湿性关节炎、肾炎、腰腿酸痛症有一定的热敷理疗作用，并能加速血液循环，因此已越来越受到人们，特别是中老年同志的欢迎。由于它清洁卫生，没有污染，使用方便，价格便宜，因此得到了广泛的应用。

▶ 8.1.1 电热褥的分类及结构

1. 电热褥的类型及其派生产品

（1）按调温方式分

按调温方式分，有普通型电热褥和调温型电热褥。普通型电热褥只有一个开关作为通断电源控制，温度无法调节；调温型电热褥的温度可以通过电压来调节其输出功率，即达到调整它的温度。常见的调温形式有二极管半波整流调温、电容降压调温、晶闸管调温、PTC自动调温及电子线路调温等。

（2）按发热元件分

按发热元件分，有镍铬合金丝（Ni-Cr）、铁铬铝合金丝（Fe-Cr-Ai）、铜镍合金丝（Cu-Ni）等，一般需在电热合金丝外面敷以绝缘材料。目前已发展到使用在合金丝外面敷以硅橡胶、耐热聚氯乙稀塑料、聚乙烯或聚四氟乙烯制成的电热线。质量最好的是以交联聚乙烯为绝缘材料的电热线，其冷态耐压可达 8000V 以上，温度在 200℃ 时也不变形。

（3）按消耗的电功率分

按功率分，有 20W、30W、40W、50W、60W、70W、80W、100W、120W 及 140W 等多种型号。

（4）按表面积分

按表面积分，有单人型、双人型和小孩型等几种规格。单人型常用规格为（140～210）cm×（70～135）cm；双人型常用规格为（140～210）cm×（110～170）cm。

（5）按工作电压分

按工作电压的不同，可以分为220V和36V及以下低电压两类。

电热褥按用途的不同，可派生出电热毯、电热垫、电热敷等产品。

2．电热褥的结构

各种电热褥的结构基本上大同小异，都是由电热线、毯体及控制电路三部分组成的。

电热线是电热褥的发热源。目前电热线较普遍采用的是绳状电热元件，其结构如图8.1所示。绳状电热元件通常用高强度聚酯漆包镍铬合金丝为电热线，它采用螺旋绕制工艺均匀地绕在玻璃纤维芯上或石棉线芯上，然后在外部包敷耐热尼龙编织层与树脂涂层。这种电热线具有较高的抗拉强度、抗曲折性能和抗老化性能。

电热褥的毯体一般由底料和面料复合而成。底料采用全棉本色粗布（化纤布耐热低，不宜采用），作为承载电热线；面料常采用棉毯、毛毯或厚织物，有利于存储热能并将人体与电热线隔离。电热褥电热线的布线也很有讲究，通常是用专用缝纫机按U形来回呈波纹迂回形式布线在底料基体上，布线所以要呈波纹状而不直线迂回，是因为电热褥使用一段时间后，基体粗布纤维松弛，使外界拉力由电热丝来承担，若走直线时容易拉断电热丝，而波纹迂回形式布线则不易被拉断。电热线的布线结构图如图8.2所示。

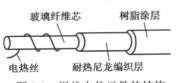

图8.1　绳状电热元件的结构

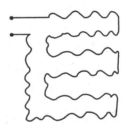

图8.2　电热线布线结构图

电热线与控制电源线的基本连接要求是安全、可靠，常将电热线与铜芯线绞接后再用金属片制成的卡箍卡紧，然后用套塑料管热封或塑料接线盒封装处理。

▶ 8.1.2　电热褥的电路原理及检修

1．电热褥的电路原理

常见电热褥的控制电路有普通型、温度继电器控制型、变压器低压型、二极管半波整流调温型、电热线串/并联调温型、晶闸管调温型等多种。

（1）普通型电热褥

这是结构最简单的一种电热褥，它的发热元件是镍铬丝电热线，在电热线两端接上开关，装上保险丝，接通220V电源即行，电路图如图8.3所示。如果发热元件短路，保险丝熔断后可切断电源，避免火灾事故发生。

保险丝的规格要和电热褥的功率相配合，一般是略大于额定工作电流，如50W、100W电热褥的额定工作电流为0.23A、0.45A，则最好配用额定值为0.25A、0.50A的保险丝。

这种电路没有调温装置，如温度过高，需自行断开电源开关。

（2）二极管半波整流调温型电热褥

二极管半波整流调温型电热褥的电路图如图 8.4 所示，这种电热褥是在简易型电热褥的基础上，再串接一只整流二极管即成调温型电热褥。调温开关一般采用三挡结构，有关、高温挡和低温挡。

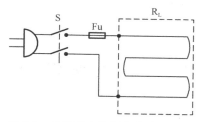

图 8.3　普通型电热褥的电路原理图

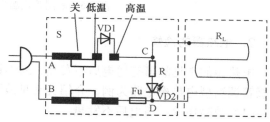

图 8.4　二极管调温型电热褥的电路图

（3）电热线串、并联调温型

这种电热褥是采用同一规格两组长度相等的电热线，在褥基体上采取相互平行且又间隔的布线方式，再用转换开关改变两组电热线的串、并联关系，以此实现调温功能，电路原理图如图 8.5 所示。

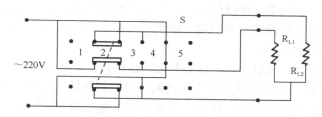

图 8.5　电热线串、并联调温型电热褥的电路图

这种电热褥有高温、中温、低温和关四个挡位。当调温开关 S 置于"1"和"5"位置时，两组电热线都断电，也即关；当调温开关 S 置于"2"位置时，两组电热线并联接入电路，发热功率为高温挡；当调温开关 S 置于"3"位置时，R_{L1} 的一端悬空而不工作，只有 R_{L2} 接入电路工作，此时发热功率为高温挡的一半，是中温挡；当调温开关 S 置于"4"位置时，R_{L1} 与 R_{L2} 串联后接入电源，此时发热功率为高温挡的四分之一，是低温挡。

这种电热褥，高温、中温、低温三挡功率比为 4：2：1，三挡功率分别为 60W、30W 和 15W。睡前电热褥预热升温用高温挡升温快，入睡后根据个人对温度高低的要求，转换成中温或低温，以适应使用者的舒适度，且又节省电能。

（4）晶闸管调温型

晶闸管调温型电热褥的电路原理图如图 8.6 所示。这是一个典型的双向晶闸管无级调压电路，无论在电源的正半周还是负半周，只要电容 C3 上的充电电压达到双向触发二极管 VD 的转折电压，VD 便会导通，进而触发双向晶闸管导通。调节电位器 R_P 可以改变 C3 充电回路的时间常数，也即改变晶闸管的导通角。当 R_P 减小时，C3 充电充得快，导通角增大，电热线 R_L 的平均电压值增大，发热功率也增大，温度便升高，反之则温度降低。

电路中，C1、L 为低通滤波电路，主要作用是抑制射频干扰。R2、C2 可防止双向晶闸管截止时被感性负载击穿。R1、HL 为工作状态指示电路。

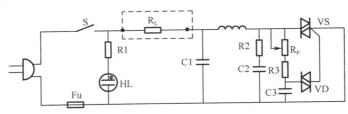

图 8.6　晶闸管调温型电热褥的电路原理图

2．电热褥的检修

电热褥的常见故障有通电后不发热、局部过热、不能调温、指示灯不亮、漏电等。下面以二极管调温型电热褥电路为例，介绍其常见故障的检修。

（1）故障现象：通电后不发热

故障原因分析及维修方法：为了缩小故障范围，通电后先观察指示灯是否点亮。指示灯正常点亮，则故障一般在指示灯后级的电路，即调温开关的两输出接点、输出线、输出线与电热丝的两接点、电热丝等发生断路；若指示灯不亮，则故障一般在指示灯前级的电路，即电源线、调温开关等发生故障。

先将调温开关置于高温挡，然后用万用表 R×1k 电阻挡测量开关输入端 A、B 两点，若阻值正常（双人电热褥电阻值为 500Ω 左右，单人电热褥电阻值为 800Ω 左右），说明故障出在电源线或插头上。应查看电源插座是否有电，插头与插座是否接触良好。若是插头或电源线的问题，将其拆开维修或更换即可。

如果测量 A、B 两点，表针不动，而测量 C、D 两点，表针指示正常，则说明故障出在调温开关上，多是开关簧片接触不良或保险丝烧断，可视具体情况维修或更换。

电源指示灯亮，则电已送到 C、D 点。再用万用表电阻挡测量该两点的电阻值。若表针不摆动，则说明输出线或电热丝断路。先挑开电热褥的一角，检查电源线与电热丝的结合处，该处故障率较高，常发生断路，可重新绞合，加绝缘处理即可恢复正常。

电热褥上的电热丝断路，用数字万用表可以很方便地查找断路点，方法如下。

将电热褥通电，把数字万用表置于 AC 2V 挡，一手捏住黑表笔的笔尖，另一只手持红表笔，使笔尖沿着电热线缓慢移动，此时万用表屏显数字（一般为 0.3～0.5V 之间），当红表笔移到某一点，屏显读数明显变小至 0.1V 以下时，则该点附近存在断点，然后剪开接好并严格绝缘处理即可。

（2）故障现象：不调温

故障原因分析及维修方法：首先查看调温开关内簧片是否滑动，接触是否良好，如果不是簧片问题，则说明可能为整流二极管 VD1 损坏。可用万用表检测整流二极管，若损坏，可更换。

（3）故障现象：电热褥工作正常，但指示灯不亮

故障原因分析及维修方法：主要应检查限流电阻 R、发光二极管 VD2 是否脱焊或损坏。

8.2　远红外石英管取暖器

远红外石英取暖器是利用石英电管通电后在远红外线照到的距离内发热，向外辐射远红外线，通过人体吸收后转化为热能来取暖的。其外观小巧，移动方便，热量的穿透性很强，很适

合定向发送热能，在小范围内取暖亦理想，电器功率一般在 800～3000w 范围内。该取暖器最大的方便在于，它附设了定时、旋转、加温、倾倒断电等功能，进一步提高了其实用性。

▶ 8.2.1 远红外石英管取暖器的分类及结构

1. 远红外石英管取暖器的分类

远红外石英管取暖器的种类较多，其外形结构如图 8.7 所示。

图 8.7　远红外石英管取暖器

按石英管的安装形式，可分为卧式和立式。按使用石英管的数量，可分为单管、双管和多管等。按其消耗的电功率划分，常有 500W、800W、1000W、2000W、3000W 等多种。按使用石英管的长度划分，常有 16cm、18cm、20cm、22cm、23cm、25cm、27cm、29cm、33cm 等多种。

2. 远红外石英管取暖器的结构

远红外石英管取暖器的结构如图 8.8 所示，主要由远红外石英电热管、反射罩、防护网罩、附属器件、外壳及底座等组成。

（1）远红外石英电热管

远红外石英电热管是取暖器的核心器件，它一般由石英管和电热丝组成，其两端有螺丝，可以安装在支架上，外形结构如图 8.9 所示。石英管采用乳白色半透明石英材料经特殊工艺制成，管内装有螺旋状电热丝，通电后，电热丝发出可见光和红外线，从而向外辐射红外线。

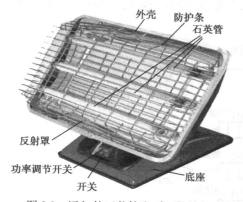

图 8.8　远红外石英管取暖器的结构图

图 8.9　远红外石英电热管的外形图

（2）反射罩

反射罩的主要作用是提高热效率，一般用不锈钢材料经特殊工艺制成抛物线状，以有利热辐射。

（3）防护网罩

防护网罩设置在石英管外壳的正面，主要起防护作用，防止人体触及热源烫伤和器物碰坏石英电热管。

（4）附属器件

附属器件主要有开关、功率调节开关、旋转装置、防倾倒开关等。

开关一般采用按键式，用来控制总电源，有的机型和功率调节开关合成一个总成。

功率调节开关一般采用旋转式，用来控制和调节输出功率（发热量）。

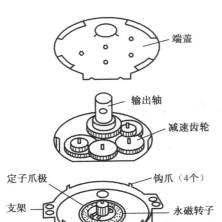

旋转装置是用一个小电动机驱动摇摆机构，使取暖器在 70°～90° 范围内自动左右来回旋转，可以扩大取暖范围。摇摆机构传动装置安装在取暖器下方的电气室内，由摇摆电动机、偏心轮和传动片组成。电动机以 5r/min 转速驱动偏心轮、传动片带动取暖器摆动。摇摆机构分解图如图 8.10 所示。

防倾倒开关安装在底座下面，如取暖器倾倒，则该开关立即断开，切断总电源，防止电热管与地板或地毯接触而引起火灾；取暖器安装位置正常时，该开关处于常闭状态，取暖器可正常加热。

（5）外壳及底座

外壳及底座起支承、防护及装饰作用。它一般采用塑料注塑成型或用薄铁皮冲压成型。

图 8.10 摇摆机构的分解图

8.2.2 远红外石英管取暖器的工作原理及检修

1. 远红外石英管取暖器的工作原理

远红外石英管取暖器的工作原理图如图 8.11 所示。图中，S1 是防倾倒开关，PT 是定时器，M 是摇头电动机，EH1、EH2、EH3、EH4 是红外石英管发热器，S2 是摇头开关，S3～S5 是加热开关。

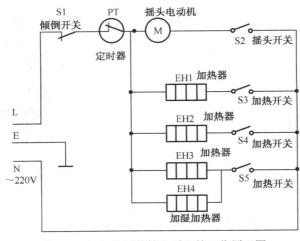

图 8.11 远红外石英管取暖器的工作原理图

将取暖器放置在平坦地面，S1 防倾倒开关触点常闭。插头插入市电插座，220V 交流电源经 S1 送至定时器 PT。将加热开关选择在 S3 挡，接通 EH1，取暖器以单管发热；将加热开关选择在 S4 挡，接通 EH2 电源，取暖器以单管发热；将加热开关选择在 S5 挡，接通 EH3、EH4 电源，双管送暖；将摇头开关选择在 S2 挡，摇头电动机工作。为了调节高功率，可选择性地按下 S3～S5 的任意 2 开关或 3 开关。

2. 远红外石英管取暖器的检修

远红外石英管取暖器的常见故障有通电后取暖器不工作，接通电源保险丝就烧断，取暖温度降低，摇摆失常，取暖器工作正常但不摇摆，取暖器不工作但摇摆正常，外壳带电等。

远红外石英管取暖器的常见故障及排除方法如表 8.1 所示。

表 8.1　远红外石英管取暖器的常见故障及排除方法

常见故障现象	故障分析		排除方法
通电后取暖器不工作	该故障多是 220V 交流电源未进入取暖器，即有断路现象发生。可能的原因有：电源插头与插座接触不良；防倾倒开关未闭合或损坏；电源接线器的接头松动或脱落；功率调节开关接触不良或损坏；发热管引线接触不良、发热管本身损坏、电路断路等。		首先用观察法、电阻法或电压法检查电源插头、电源插座、防倾倒开关、电源接线器、功率调节开关及有关电路是否有接触不良、松脱、断路等故障。然后再确定判断发热管是否损坏。 发热管正常电阻值为 110Ω 左右，通过测量它的阻值来判断其好坏。若是两支以上的发热管机型，两支发热管同时损坏（不发热）的几率较少，多是前级电路有故障。检查到具体故障部位后，作对应的维修，故障即可排除。 更换新的红外石英发热管时，除了功率相同之外，其管子的直径、长度及安装方式等要与原管相同，便于安装修复。
接通电源保险丝就烧断	保险丝不符合要求。		可更换符合规格的保险丝。
	电路负载过大。		可减少或降低电路负载。
	取暖器内部有短路现象发生。		打开外壳检查电路，排除短路点或短路性损坏的元器件。
取暖温度降低	单管机	供电电源电压偏低。	检查供电线路。
		发热管衰老，发热效率降低。	更换新的发热管。
		反射罩聚积灰尘和污垢过多，影响加热效果。	按照产品使用说明书的要求清除掉反射罩上的污垢。
	多管机	除了上述单管机型的原因外，往往是某一发热管损坏而不发热。	应检查该管的质量及功率调节开关是否接触不良或损坏。
摇头失常	可能原因有功率调节开关（或摇头开关）接触不良或损坏；摇摆电动机损坏；摇摆机械传动机构受阻、磨损严重或损坏。		先检查机械传动是否正常，排除由于传动受阻、卡死引起故障的可能性；再检查功率调节开关（或摇头开关）挡位置是否接触不良或损坏，若有问题，可维修或更换；最后检查摇摆电动机是否正常，电机绕组的正常电阻值在 6.5kΩ 左右，可用万用表测量判断其是否正常。摇摆电动机的齿轮机构及绕组损坏，修复率极低，一般采用整体更换。 对于不能选定送暖角度的故障，可检查定位棘轮及压簧是否异常或损坏。
取暖器工作正常但不摇摆	根据故障现象分析，取暖器工作正常但不摇摆，故障范围应在摇摆机构或摇摆电路。		维修方法可参考上述摇摆失常之例的检修。
外壳带电	取暖器潮湿严重。		应进行干燥处理，并改变放置地点。
	机内连接线绝缘强度降低。		加强绝缘或更换连接线。

8.3 暖风机

暖风机又称为风扇式电热取暖器，是一种强制对流的空间加热器。它采用送风机从机内吸入冷空气后，强制向前流经电热元件，并推动加热后的热空气从前端送出，从而达到取暖目的。

▶ 8.3.1 暖风机的分类及结构

1．暖风机的分类

暖风机按采用的发热元件，一般可分为 PTC 半导体暖风机、电热丝型暖风机、石英管暖风机、卤素管暖风机、碳素纤维发热体暖风机和电热膜型暖风机等几大类。

暖风机按外形结构，有台式、立式、壁挂式和移动式之分。台式暖风机小巧玲珑，立式暖风机线条流畅，壁挂式暖风机节省空间。暖风机普遍造型美观、考究，配上红、深灰、蓝等流行色外壳，使暖风机颇具时尚感。有些机型具有防止过热、过电流的保护装置，具备倾倒断电功能，尤其是浴室型暖风机，必须具有防水性、防水溅的特点。几种暖风机的外形如图 8.12 所示。

图 8.12 暖风机的外形图

2．暖风机的结构

暖风机主要由发热元件、风机、控制电路、安全保护装置及外壳等部分组成，结构图如图 8.13 所示。

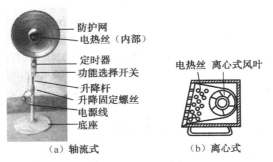

图 8.13 暖风机的结构图

（1）发热元件

暖风机常用的发热元件有 PTC 型、电热丝型、石英管型、卤素管型、碳素纤维发热体和电热膜型等。几种发热元件的外形如图 8.14 所示。

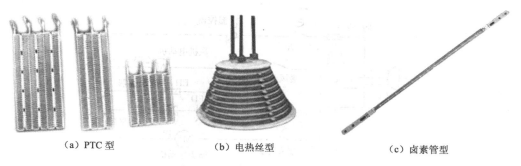

（a）PTC 型　　　　　　　（b）电热丝型　　　　　　　（c）卤素管型

图 8.14　几种发热元件外形图

（2）风机

风机由电动机和风叶组成。风机是暖风机的动力源，风叶是风机的负载。

暖风机的电动机一般为单相罩极异步电动机或单向交流感应式异步电动机。低档机型常采用单相罩极异步电动机，高档机型一般为单向交流感应式异步电动机。

风叶一般有轴流式和离心式两种。轴流式风叶与小型台扇的风叶相似，离心式风叶为圆柱状，风叶材料采用工程塑料注塑成型或采用铝合金冲压成型。

（3）控制电路

控制电路一般由电子元器件和控制开关（或控制调节器）等组成，用以实现通断、温度调节及改变送温方向的操纵。

（4）安全保护装置

安全保护装置主要由温控器、防倾倒开关及超温熔断器等组成。

温控器多采用双金属片式。当暖风机的温度出现异常现象时，如风机停转或进、出风口有异物堵塞，温控器动作而切断电源；待温度下降后，温控器自动复位，将电路重新接通。

防倾倒开关串联在主电路中，防止暖风机在使用的过程中不慎倾倒，从而切断主电源，避免火灾等事故发生。

超温熔断器的熔断温度因机型而异，一般在 110～250℃左右。

（5）外壳

外壳一般由前、后两个部分组成，通常采用工程塑料注塑成型，其上设置有进、出风口及保护栅。

▶ 8.3.2　电热丝型暖风机的工作原理及检修

1. 电热丝型暖风机的工作原理

暖风机的工作原理图如图 8.15 所示。接通电源，将定时器 PT 的旋钮设定在"ON"或所需要的定时挡位，定时开关闭合（或开始即时）接通电路。闭合暖风机开关 S1，220V 交流电源经超温熔断器 FU、定时器 PT、温控器 ST、风扇电动机 M 与发热器 EH 构成回路，暖风指示灯 LED 点亮，发热器 EH 发热，风扇电动机运转送出暖风。当定时器倒计时完毕，定时开关断开，自动关机。若定时器处于"ON"挡，只有断开暖风开关 S1 才能关机。

暖风机在工作状态下，当需要摇摆送风时，按下摇摆开关 S2，摇摆电动机 MS 得电驱动摇摆机构动作，开始摇摆方式送出暖风。

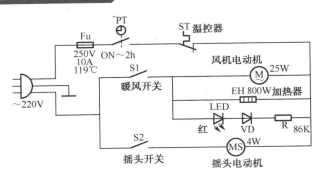

图 8.15　暖风机的工作原理图

2．电热丝型暖风机的检修

电热丝型暖风机的常见故障有通电后整机不工作，送凉风不送暖风，不能送风，不能摇摆送风，定时器失效，工作正常但指示灯不能点亮等。电热丝型暖风机的常见故障及排除方法如图 8.2 所示。

表 8.2　电热丝型暖风机的常见故障及排除方法

常见故障现象	故 障 分 析	排 除 方 法
通电后整机不工作	根据故障现象分析，通电后整机不工作，故障多数在电源引入电路（前级电路）。	主要应检查插座、插头、电源线、超温熔断器、定时器、温控器以及元器件之间的连接线等是否断路。用电阻法、电压法、替换法进行排查、检修。
送凉风不送暖风	该故障出在暖风电路部分。能送凉风，说明超温熔断器、定时器、温控、风扇电动机工作基本正常。不送暖风是发热器有故障，可能的原因有发热器断路损坏（正常阻值为 60Ω 左右），发热器外接连线脱落、接触不良、插接件损坏等。	检查、维修或更换这部分元器件，故障即可排除。
不能送风，指示灯亮灭不停	能正常发热而不能送风，指示灯亮灭不停，手摸外壳很烫，引起该故障多是风扇电动机损坏所致。因发热器通电发热，当加热温度达到温控器的上限温度时，装在出风口支架上的温控器断开，发热器停止发热，指示灯熄灭。当加热温度降温到温控器的下限温度时，温控器触点闭合，发热器又开始发热，指示灯又点亮。由于温控器动作保护，致使指示灯亮灭不停。	首先判断风扇电动机是机械性故障还是绕组电路故障。风扇电动机绕组的正常电阻值为 250Ω 左右，可用万用表欧姆挡测其阻值，判断绕组是否损坏。风扇电动机若严重磨损、绕组损坏严重，无法修复或修复后不理想时，应整体更换。风扇电动机的外形图如下图所示。
不能摇摆送风	发热正常能送出热风但不能摇摆送风，主要原因是摇摆电路出现故障。该电路的主要元器件为摇摆开关、摇摆电动机及它们之间的连接线，引起该故障的可能原因有它们之间的连接线接头松动或脱落；摇摆开关接触不良或损坏；摇摆电动机本身损坏等。	首先用观察法检查连接线是否有异常，若有异常，可先排除；然后用电阻法或电压法检查摇摆开关，若开关损坏，予以更换；最后检查摇摆电动机，摇摆电动机绕组的正常电阻值为 9kΩ 左右，若摇摆电动机损坏，更换后故障即可排除。

续表

常见故障现象	故　障　分　析	排　除　方　法
转动定时器旋钮置某一定时挡，一松手旋钮立即返回原位	根据故障现象分析，多是操作定时器用力过猛，造成止退机构损坏。	维修止退机构或更换定时器，故障即可排除。
定时器失效	定时器失效往往是本身损坏，可能原因有机械轮系损坏或磨损严重，触点烧焦粘连或损坏等。	触点好坏的判断方法是转动定时器后，可用电阻法、电压法或短路法（用一短路线短接两触点）进行测量判断。定时器的修复率较低，一般可整体更换。
工作正常但指示灯不能点亮	该故障范围在指示灯电路，可能的原因有整流二极管 VD、发光二极管 LED、限流电阻 R 损坏及这部分连接线异常等。	用万用表检查上述元器件及电路，故障即可排除。

8.3.3　微电脑 PTC 型暖风机的工作原理及检修

1. PTC 型暖风机的工作原理

PTC 暖风机以正温度系数的陶瓷热敏电阻为发热元件，具有使用方便、恒温、防过热等特点。其电路图如图 8.16 所示。

交流 220V 市电经超温熔断器 F_U（熔断器动作温度 75℃）至降压变压器 T，输出 11V 左右的交流电，经全波整流器 VZ 整流、电容 C1 滤波后输出 12V 直流电，为风机供电。12V 电压再经 R4 限流、VD2 稳压、C2 滤波，得到 5V 电压，给集成电路（IC）供电。同时 220V 市电经双向晶闸管 VS 加于发热器 EH 两端，提供发热器的工作电压。

正常时，当暖风机电源插头插入插座后，IC（TC-9100Z）处于上电待机状态，此时按下启动开关 S1，IC⑧脚输出约 0.5V 电平，经电阻 R1 加至三极管 VT1，三极管导通，风机 M 以低速旋转。风机启动后，再按一下启动开关 S1，IC⑦脚输出正脉冲电平经 VT2 放大，集电极输出触发信号至双向晶闸管 VS 触发极，VS 导通接通 220V 市电到发热器 EH，EH 得电发热，此时发热指示灯 LED9 点亮；并由电动机旋转送出热风。热风输出量的大小靠风机转速来实现。

按动风量调节开关 S2 可使⑧脚电压在 0.5V-0.6V-0.75V 间转换，进而控制了 VT1 的导通程度，实现了风机转速在低、中、高三挡转换。LED5、LED6、LED7 为热风输出量指示灯，开关 S3 为自动控制开关，按下 S3 暖风机进入自动工作状态。热敏电阻 RT 为测温组件，随环境温度高低而变化阻值，达到自动调节风机转速。

S4 为定时开关，按动 S4 可在 1～15 小时内任意设定定时时间，每按一下 S4 定时时间增加 1 小时。LED1、LED2、LED3、LED4 分别指示定时时间。IC⑨脚接蜂鸣器 HA，使用操作暖风机时，每按动一次相关开关均发出"嘀、嘀"响声，表示该操作有效。S5 为倾倒开关，万一不慎使其倾倒时会自动断开加热电路，并发出"嘀、嘀"告警响声，同时所有的 LED 指示灯连续闪烁。

2. 微电脑 PTC 型暖风机的检修

微电脑 PTC 型暖风机的常见故障及排除方法如表 8.3 所示。

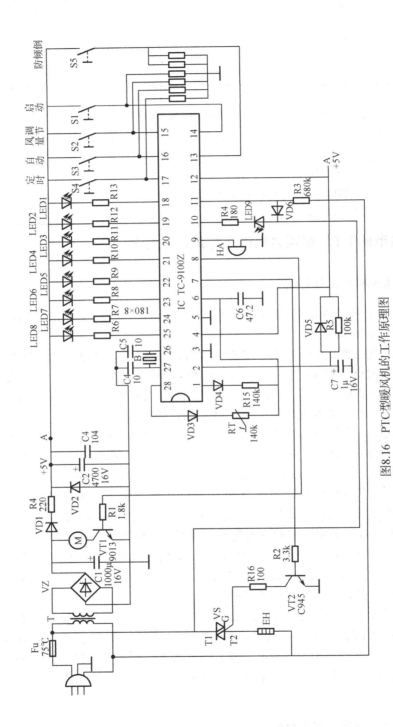

图8.16 PTC型暖风机的工作原理图

表 8.3　微电脑 PTC 型暖风机的常见故障及排除方法

常见故障现象	故 障 分 析	排 除 方 法
不发热但有凉风送出	双向晶闸管 VS 损坏	更换
	PTC 发热器损坏	更换
	PTC 发热器件相关连接件松脱或接触不良	检查后，重新连接或焊接
	触发脉冲发生电路有故障，使双向晶闸管 VS 因无触发脉冲而无法导通，主要应检查晶振 B、驱动三极管 VT2、IC（TC-9100Z）及相关电路是否损坏或异常	用万用表检查上述元器件或用替换法替代
风机风量输出调节正常，但发热效率低	PTC 发热器件相关连接件接触不良	检查紧固 PTC 发热器件相关连接件，并在连接部位涂抹适量导电膏
	双向晶闸管 VS 性能不良	更换
按启动键 S1 暖风机不工作	测温组件热敏电阻 RT 损坏	拔下热敏电阻测量，常温下（25℃）阻值应为 150kΩ左右，差别太大时应更换
	常见为电阻 R4 损坏，无+5V 电源输出	更换该电阻时，应增大其功率

8.4　油汀电暖器

油汀电暖器属于充液式电热取暖器，它的发热原理是在其机体的金属管腔内充注导热油剂，电热元件浸入导热油中，当电热管通电加热后，通过导热油传至容器的管壁，将热量向四周散发。其表面温度不超过 100℃，主要通过空气对流传热，散热均匀稳定。

8.4.1　油汀电暖器的结构

油汀电暖器的外形和结构如图 8.17 所示，它的结构有两种型式：一种为散热片式电暖器，它是以金属薄板散热片套压在电热管上，如图 8.17（b）所示；另一种为腔体式散热电暖器，它是将电热元件安装在带有散热筋的腔体中，腔内注有水或油以提高其热传导性，如图 8.17（c）所示。这两种型式的油汀电暖器，主要由密封式电热元件、金属散热管或散热片、控温元件、指示灯等组成。

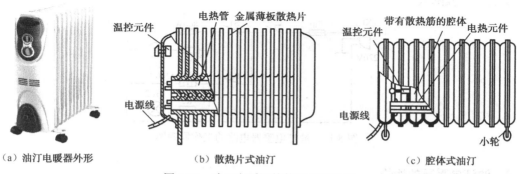

（a）油汀电暖器外形　　　　（b）散热片式油汀　　　　（c）腔体式油汀

图 8.17　油汀电暖器的外形和结构图

密封式电热元件采用管状结构，外形和结构如图 8.18 所示。它由多根 U 形电热管、橡胶密封环、法兰等紧固件组成。

第 8 章

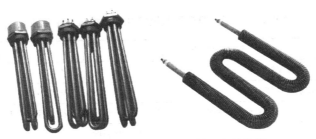

图 8.18　密封式电热元件的外形和结构图

电暖器的腔体内充有水或 YD 型系列新型导热油。YD 型系列导热油的主要特点是无毒、无渗透现象、热稳定性好、温度容易控制以及价格低廉。

它的结构是将电热管安装在带有许多散热片的腔体下面，在腔体内电热管周围注有导热油。当接通电源后，电热管周围的导热油被加热、升到腔体上部，沿散热管或散热片对流循环，通过腔体壁表面将热量辐射出去，从而加热空间环境，达到取暖的目的。然后，被空气冷却的导热油下降到电热管周围又被加热，开始新的循环。

这种电暖器一般都装有双金属温控元件，当油温达到调定温度时，温控元件自行断开电源。它的表面温度较低，一般不超过 85℃，即使人体触及也不会造成灼伤。

▶ 8.4.2　油汀电暖器电路的工作原理及检修

1．油汀电暖器电路的工作原理

油汀电暖器电路的工作原理图如图 8.19 所示。插头插入电源后，将温控器 ST 的旋钮顺时针旋至最高温度的位置，然后选择所需功率。若按下功率开关 S1，发热器 EH1 以 800W 发热，同时指示灯 HL1 点亮；若按下功率开关 S2，发热器 EH2 以 1200W 发热，同时指示灯 HL2 点亮；若同时按下功率开关 S1、S2，发热器 EH1、EH2 以 2000W 发热，指示灯 HL1、HL2 同时点亮。功率选定后，发热器开始发热，当室温升至合适温度时，将温控器由最高温度位置逆时针回旋到指示灯刚好熄灭的位置即可。此后，温控器处于间断性通电状态，电暖器保持在设定的温度范围内。

若要提高或降低室温，只需重新调节温控器的温度设定范围。顺时针调节温控器，室温升高；反之，室温降低。

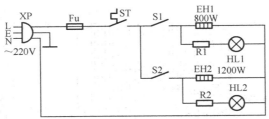

图 8.19　油汀电暖器电路的工作原理图

2．油汀电暖器的检修

油汀电暖器的常见故障有通电后整机无任何反应、指示灯点亮但不加热、加热正常但指示灯不亮、漏油、温控器失灵、发热功率降低、漏电等。油汀电暖器的常见故障及排除方法如表 8.4 所示。

表 8.4　油汀电暖器的常见故障及排除方法

常见故障现象	故 障 分 析	排 除 方 法
通电后整机无任何反应	电源插头、插座等接触不良；电源线断路等	更换良好、合格的电源线、插头或插座等
	超温熔断器熔断	先检查后级负载是否有短路现象，若有短路情况，先排除短路源，再更换超温熔断器
	温控器或开关损坏	用万用表测量判断后，维修、更换损坏的元器件
	两只电热管同时损坏	可整体更换
指示灯点亮但不加热	指示灯点亮但不加热，表明电源已进入电路内部，故障可能为电热管损坏或其接线端脱落、接触不良等	先观察连接线是否接触良好；换用连接线时，最好采用硅橡胶线或航空导线；再用万用表测电热管阻值（至少应断开一条引线），若为无穷大，说明电热管内部断路，可更换同规格的电热管
漏油	从结构上进行分析，漏油说明电暖器密封不良	发热器管接头、法兰等处松动，重新拧紧；橡胶密封环或石墨垫圈变形、龟裂等；散热器本身有微细的裂纹或小孔
温控器失灵	温控器失灵往往是本身损坏，常见故障原因有机械部件损坏或限位销脱落，动、静触点粘死或接触不良	一般采用整体更换
漏电	电源线绝缘损坏而碰触壳体	对电源线进行绝缘处理或更换
	机内连接线绝缘损坏或线头碰触壳体	查找故障点，对连接线或线头进行绝缘处理或更换
	机内进水或潮湿严重	进行干燥去潮处理，方可通电使用
加热正常但指示灯不亮	故障范围就在指示灯、限流电阻及其连接线出现异常	认真检查后故障即可排除

思考与练习 8

1. 简述电热取暖器的分类及其特点。
2. 电热褥有哪些分类方式？
3. 电热褥的结构组成有哪些？各组成部分的主要作用是什么？
4. 电热褥按控制电路的不同，可分为哪些类型？
5. 分析二极管调温型电热褥电路的工作原理。
6. 分析晶闸管调温型电热褥电路的工作原理。
7. 简述二极管调温型电热褥通电后不发热的原因及其检修方法。
8. 电热褥在使用时应注意什么？
9. 调温型电热褥不调温的故障，应怎样检修？
10. 辐射式电热取暖器有哪几类？
11. 红外石英管取暖器有哪些分类？
12. 简述红外石英管取暖器的结构及其各组成部分的主要作用。
13. 简述红外石英管取暖器电路的工作原理。
14. 分析红外石英管取暖器通电后不工作的主要原因。
15. 暖风机有哪些分类？

第 8 章

16．简述暖风机的主要结构及其各组成部分的主要作用。

17．简述电热丝型暖风机的工作原理。

18．分析暖风机送凉风不送暖风的主要原因。

19．简述油汀电暖器的主要结构和组成。

20．油汀电暖器通电后整机无任何反应的主要原因是什么？

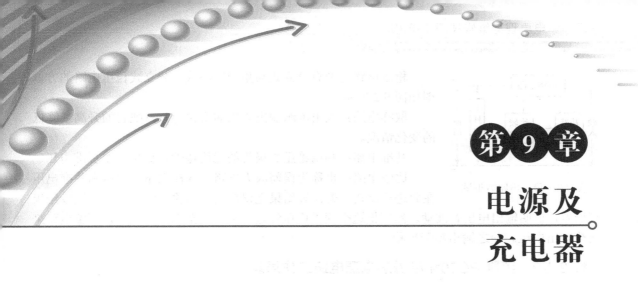

第 9 章
电源及
充电器

在各种电子设备和装置中，都要求把市电电压转换成低压直流电，如直流稳压电源及各种充电器，本章优选几种电源电路来分析它们的工作原理和维修方法。电源电路按照调整管工作特点分，有串联稳压型和开关型；按元器件类型分，有分立式、集成电路式（IC）和混合式；按输出电压分，有低压型、高压型和多组电压输出型。

9.1 串联型稳压电源

▶ 9.1.1 直流稳压电源的基本组成

串联型直流稳压电源的基本组成方框图及波形图如图 9.1 所示。串联型直流稳压电源主要由降压电路、整流电路、滤波电路和稳压电压组成，各组成电路的主要作用如下。

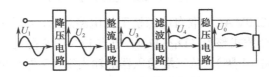

图 9.1 直流稳压电源的基本组成方框图及波形图

降压电路的主要作用是将交流电网电压 U_1 变为合适的交流低压 U_2，以利于后级电路元件耐压值的选择。这部分电路元件主要由降压变压器来担任。

整流电路的主要作用是将交流电压 U_2 变为脉动的直流电压 U_3。整流电路的形式主要有单波整流（1 个二极管）、全波整流（2 个二极管）和桥式整流（4 个二极管或桥堆）。

滤波电路的主要作用是将脉动直流电压 U_3 转变为平滑的直流电压 U_4。这部分电路元件主要由电容、电感及电阻的组合电路来担任。

和理想的直流电源相比，整流滤波电路的输出电压还有一定的差距，问题是，当负载电流变化时，导致输出直流电压的变化；以及当电压波动时，整流电路的输出电压也随之相应地变化。因此，就引出了稳压电路。所谓稳压电路，就是在负载不变而输入电压变化时，输出电压不变；并且当输入电压不变而负载改变时，输出电压也不变的电路。因此稳压电路的主要作用是消除电网波动及负载变化的影响，保持输出电压 U_0 的稳定。这部分电路元件主要由稳压二极管或三极管等组合电路来担任。

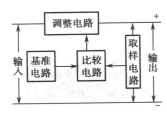

图9.2　稳压电路方框图

稳压电路主要有分立式与集成电路式，分立式稳压电路的方框图如图9.2所示。

取样电路：取出电源输出电压的变化量，反映它的升高或降低的变化情况。

基准电路：利用稳压二极管的稳压特性，提供一个标准电压。

比较电路：也称为误差放大电路，取样电路的电压和基准电压在此进行比较。若比较结果无误差，说明输出电压平稳；比较结果有误差，说明输出电压有波动。然后把这个误差电压经过放大，送至调整电路，让调整电路来调整输出电压。使之输出趋于平稳。

▶ 9.1.2　奔腾PC20N电磁炉电源电路工作原理

以奔腾PC20N机型为例，变压器分立式稳压电源单元电路图如图9.3所示。该机中压电路（+18V）采用分立式稳压，低压（+5V）采用三端稳压器稳压。

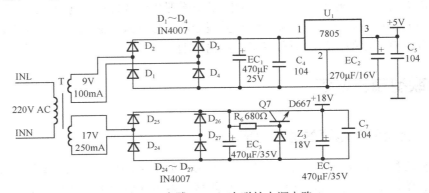

图9.3　奔腾PC20N电磁炉电源电路

变压器T初级电压（220V AC）取自电源抗干扰电路之后，经变压器降压后得到9V、17V两组交流低压。低压9V经桥式整流（$D_1 \sim D_4$）、电容EC_1滤波得到+10V左右的直流电，输入至三端稳压器U_1的输入端（1脚），从三端稳压器的输出端（3脚）输出且通过电容EC_2滤波，得到+5V的直流电。电容C_4、C_5为高频旁路电容。

另一组交流17V电压经桥式整流（$D_{24} \sim D_{27}$）、电容EC_3滤波得到+19V左右的直流电压，输入至电子稳压器（Q_7、Z_3、R_6），经稳压后得到+18V的直流电。其中EC_7为滤波电容、C_7为高频旁路电容。

▶ 9.1.3　串联型稳压电源的工作原理与检修

下面以XL-2003型14cm（5.5英寸）黑白电视机为例，来介绍串联型电源电路的工作原理及故障分析与检修。

1．工作原理

串联型稳压电源电路的原理图如图9.4所示。电源变压器把220V、50Hz的交流电降压为14～18V的低压电，然后经过整流、滤波电路把它转换成平滑的直流电，最后，经过串联型稳压电路，把输出电压稳定在负载所需的电压范围内。

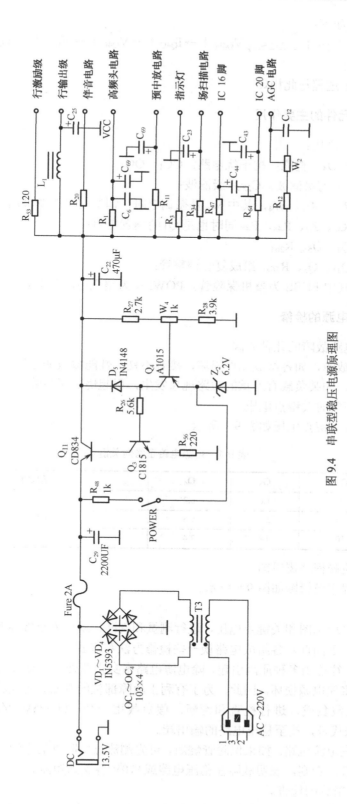

图 9.4　串联型稳压电源原理图

稳压原理与过程如下：

$$V_O \uparrow \to V_{W4} \uparrow \to V_{Q4b} \uparrow \xrightarrow{\; V_Z一定 \;} V_{Q4be} \uparrow \to I_{Q4C} \uparrow \to V_{Q4C} \downarrow \to V_{Q3b} \downarrow \to V_{Q3be} \downarrow \to I_{Q3b} \downarrow \to$$

$$I_{Q3c} \downarrow \to V_{11ce} \uparrow \to V_O \downarrow$$

当 $V_O \downarrow$ 时，稳压过程与此相反。

2. 电源电路各元件的主要作用

① 变压器：T_3，降压；

② 整流器：$D_1 \sim D_4$，整流；抗干扰电路：$OC_1 \sim OC_4$；

③ 滤波电路：C_{29} 前级滤波，C_{22} 后级滤波；

④ 取样电路：R_{27}、R_{28}、W_4，其中 W_4 是微调电阻，调节它可改变输出电压的范围；

⑤ 基准电路：R_{48}、Z_2、R_{48}，R_{48} 同时也是 Q_4 的偏置电阻；

⑥ 比较电路：Q_4、D_5、R_{26}；

⑦ 调整电路：Q_{11}、Q_3、R_{56}，组成复合调整管；

⑧ 其他元件：其中 FUSE 为整机保险管，POWER 为整机电源开关。

3. 串联型稳压电源的检修

（1）引起电源电路故障的几种原因

① 电源本身有故障，如各组成元件损坏，接触不良，性能参数变差等。

② 负载有短路，如某负载有严重的短路现象发生，引起烧断保险管。

（2）电源电路正常时关键点电压

电源电路正常时关键点电压如表 9.1 所示。

表 9.1　电源电路正常时关键点电压　　　　　　　　　　（单位：V）

元件	Q_{11}	Q_3	Q_4		变压器次级	稳压二极管 Z_2
V_E	14.8	1.6	6.2			6.2
V_B	14	2.3	5.5		18.5	
V_C	10	14	2.4			

（3）电源故障检修程序逻辑图

电源故障检修程序逻辑图如图 9.5 所示。

（4）检修方法

先根据检修程序逻辑图和关键点电压，进行测量和判断，逐步缩小故障范围，直到排查出故障点或故障元件。下面针对各组成电路谈一些检修方法和步骤。

电源电路损坏，往往由多种原因引起，除电源电路本身损坏外，行输出级电流过大或+10V 各支路负载短路都将使电源损坏。因此，为了有利于故障部位的判断，可先将稳压电源后面的 L_1 断开，然后接上假负载，进行检查和判断。假负载用一个 $10\Omega/25W$ 的电阻代替，或用 25W/220V 的灯泡来代替，接至稳压电路的输出端。

检查故障是否在电源电路。如果保险管烧断，可先测流过保险管的电流，如果电流在 1.2A 左右，可更换保险管。否则，表明故障在稳压电路或+10V 各支路短路。

① 电源变压器部分的检查。

电源变压器出现的故障，一是断路，用电压法或电阻法测量判断；二是内部短路，用电阻法或替代法判断。正常电源变压器的初级阻值应在几百欧姆左右，次级在几十欧姆左右。

同时应检查电源插头和电源线是否有故障。

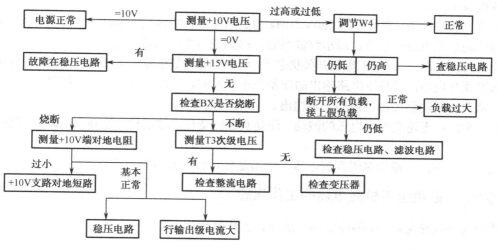

图 9.5 电源故障检修程序逻辑图

② 整流电路部分故障的检查。

用万用表 R×1k 挡分别测量整流桥每个桥臂上二极管的正、反电阻。若发现某一桥臂的正、反电阻值有差异，表明该桥臂有故障。正、反电阻都小，该臂的二极管或电容短路；若正、反电阻值都大，该臂的二极管可能断路。焊下元件再进一步测量判断。

③ 滤波电路的故障检查。

由于 C_{29} 的容量较大，先在机测量 C 的充电情况，若充放电较明显，则基本正常；若充放电不明显，焊下来进一步测量。C_{29} 短路，会引起烧保险管；C_{29} 断路或容量下降，会引起输出电压低。

④ 稳压电路故障的检查。

稳压电路故障检查的重点是：可调电阻 W4 是否接触良好；稳压二极管的型号是否正确，极性是否插错；开关是否正常及引线是否焊接良好；Q_{11}、Q_3、Q_4 是否损坏或引脚是否插错等。

9.2 开关型稳压电源

9.2.1 开关型稳压电源的分类及组成

开关型稳压电源按储能电感与负载的连接方式，可分为串联型和并联型；按开关调整管的激励方式，可分为它激式和自激式；按不同的控制方式，可分为调宽式和调频式。开关电源电路的组成方框图如图 9.6 所示。

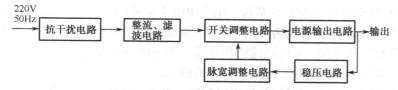

图 9.6 开关电源电路的组成方框图

开关电源电路各方框图的作用如下。

抗干扰电路：隔离和消除机内外电路的相互干扰信号源及杂波，即防止混入市网电压中的一些工业火花，对此构成干扰，同时，也用于防止它产生的尖峰脉冲窜入市网电压，对其他视频设备构成干扰。

整流、滤波电路：整流是把 220V/50Hz 的交流电转换成脉动（脉冲）直流电；滤波是把整流后的脉动直流电进行平滑，减小纹波系数，得到较为平滑的直流电。

开关调整电路：三极管工作在开关状态下，用以自动调节电源的输出电压，以达到负载所需。

脉宽调整电路：受稳压电路输出的误差电压的控制，输出调节电压，去控制开关管的导通时间，从而实现达到控制电路的正常输出。

稳压电路：无论是电网电压的波动，还是负载的变化，通过稳压电路来自动调节输出电压的稳定度。

电源输出电路：输出多组直流电压，来满足各负载单元电路的实际需要。

▶ 9.2.2 通用型手机充电器的工作原理

通用型手机充电器原理图如图 9.7 所示，工作原理如下。

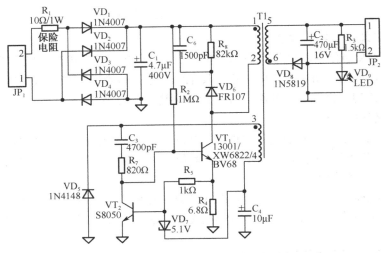

图 9.7 通用型手机充电器的原理图

整流滤波。市电经插排 JP_1 进入整流桥（$VD_1 \sim VD_4$）整流、C_1 滤波，得到 +300V 左右的直流电压。

开关调整电路。整流桥输出的 +300V 直流电压，通过开关变压器 T_1 的 1 脚、2 脚加至开关管 VT_1 集电极；开关管的发射极通过电阻 R_4 接地，从而完成开关管的加电。同时，C_1 上的 +300V 电压通过电阻 R_2 加至开关管的基极完成开关管的启动。开关管启动后，开关变压器 T_1 次级的 3 脚、4 脚、5 脚、6 脚就感应出高频交变电压。为了使开关管振荡继续维持下去，T_1 的 3 脚脉冲经 C_3、R_7 正反馈至开关管 VT_1 的基极。刚上电时先由 R_2 使开关管导通，开关变压器主绕组（①-②）产生自感电动势，极性为"①+②-"，反馈绕组（③-④）极性为"③-④+"、经 C_3 和 R_7 支路加到 VT_1 的基极，VT_1 迅速饱和导通，集电极电流线性增加——正反馈效应。此时次级绕组极性"⑤-⑥+"，整流二极管 VD_8 反偏截止，开关变压器主绕组储能。

开关管 VT_1 的集电极电流增加到接近峰值时，开关变压器主绕组极性反转"②+①-"，反馈绕组"④-③+"，VT_1 基极有反向偏置电流，VT_1 截止——正反馈效应。此时次级绕组"⑤+⑥-"，VD_8 正偏导通，开关变压器主绕组储存的能量瞬间耦合到次级，由次级再释放给负载。开关管如此循环往复地工作，使得开关变压器次级输出电压。

稳压与过压保护电路。当电压过高时，经二极管 VD_5 整流后的电压也随之升高，即电容 C_4 的充电电压升高，当该电压升高到5.7V以上时，分流管 VT_2 导通，它导通后其集电极电位降低，也即拉低了开关管的基极电位，从而达到调压与过压保护的目的。

开关变压器次级⑤、⑥脚输出的脉冲电压，经 VD_4 整流、C_2 滤波，得到+4.2V直流电压。R_3 为限流电阻，VD_9 为LED指示灯。

▶ 9.2.3　两款九阳电磁炉开关电源的电路原理

1．分立式开关电源电路

以九阳 ZH75507 机型为例，分立式开关电源低压单元电路图如图9.8所示。

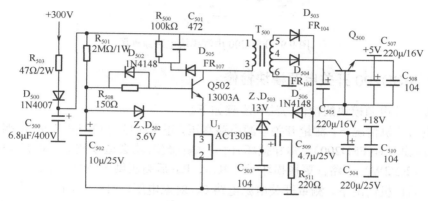

图9.8　九阳电磁炉分立式开关电源电路图

高压电源整流桥输出的+300V直流电压，经 R_{503} 限流、D_{500} 隔离及 C_{500} 滤波后，通过开关变压器 T_{500} 的1脚、3脚加至开关管 Q_{502} 集电极；开关管的发射极通过启动模块 U_1 接地，从而完成开关管的加电。同时，C_{500} 上的+300V电压通过分压电阻 R_{501}、R_{508} 加至开关管的基极，它与 U_1 配合完成开关管的启动。开关管启动后，开关变压器 T_{500} 次级的4脚、5脚、6脚就感应出高频交变电压。为了使开关管振荡继续下去，输出中的+18V电压通过 D_{506} 整流后分成两路，一路经稳压二极管 ZD_{500} 钳位、C_{509} 滤波后，提供模块 U_1 所需的工作电压（从1脚输入）；另一路通过稳压二极管 ZD_{502} 钳位后，得到+12V左右电压，经 C_{502} 滤波、R_{508} 降压限流后，提供开关管发射结正偏电压。

开关变压器次级5脚输出的脉冲电压，经 D_{503} 整流，C_{504}、C_{510} 滤波，得到+18V直流电压；次级4脚输出的脉冲电压，经 D_{504} 整流、C_{505} 滤波、Q_{500} 电子稳压，得到+5V的直流电压。注意：在实际电路板中，Q_{500} 采用78L05三端稳压器。

2．采用FSD200电源模块

FSD200电源模块电路原理图如图9.9所示。

交流220V市电经 VD_{90} 整流、R_{90} 限流、C_{90} 滤波后，得到+300V左右的直流电压。该电压经开关变压器 T_{90} 的初级绕组加到模块 IC_{91}（FSD200）的⑦脚，使模块内部电路开始工作。模块工作后，T_{90} 的次级两绕组产生感应交变电压，其中一组经 VD_{93} 整流、C_{91} 滤波，得到+18V直流电压；另一组经 VD_{92} 整流、C_{93} 滤波、5V三端稳压器 IC_{90} 稳压，得到+5V的直流电压。

+18V输出电压与电阻 R_{95}、R_{96} 的分压比有关。+18V电压经稳压二极管 VD_{94} 击穿导通，

第9章

再经 R_{95}、R_{96} 分压，作为 VT_{90} 的偏压，利用导通电流的大小通过 VT_{90} 的集电极加至模块的④脚，从而达到调整输出的作用。

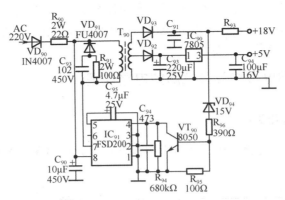

图 9.9 FSD200 电源模块电路原理图

▶ 9.2.4 FSD200 开关电源模块检修

FSD200 开关电源模块的检修方法和步骤如下。

① 上电后待机情况下，测量开关电源电路高压，正常时应为 +305V（C_{90} 两端）。若为 0V，则开关电源厚膜 IC_{91}（FSD200）已击穿损坏。由于 IC_{91} 受损，均会造成整流二极管 VD_{90}（1N4007）及电阻 R_{90}（22Ω/2W）开路。更换损坏元件 IC_{91}、R_{90} 后高压供电恢复正常。

② 上电后待机情况下，测量开关电源电路 C_{91} 对地电压，+18V 为正常。若为 0V，则可能为电源厚膜 IC_{91}（FSD200）失效，三极管 VT_{90}（8050）、稳压二极管 VD_{94}（15V）、电解电容器 C_{91}（220μF/25V）等损坏或开关电源变压器 T_{90} 初级线圈存在匝间短路。更换损坏元器件后整机 +18V 低压电源恢复正常。

若 +18V 上升至 +45V，则一般为三极管 VT_{90}（8050）集电极 C 与发射极 E 断结开路、或 VT_{90} 脱焊。均会导致开关电源 IC_{91} 对地电压上升，更换 VT_{90} 或重焊 VT_{90} 后整机 +18V 即可恢复正常。

若 +18V 上升至 +25V，则一般三极管 VT_{90}（8050）、稳压二极管 VD_{94}（15V）基本正常。故障可能为开关电源厚膜芯片 IC_{91}（FSD200）七脚脱焊。

③ 上电后待机情况下，测量开关电源电路 C_{94} 对地 +5V 电压为正常。若为 0V，则可能开关电源变压器 T_{90} 次级的该绕组之间、整流二极管 VD_{92} 等发生开路性故障，C_{93}、C_{94} 及三端稳压器（IC_{90}）等损坏。更换损坏元器件后整机 +5V 低压电源恢复正常。

④ 当开关电源变压器 T_{90} 损坏时，在无配件更换的情况下可自制。其数据如下：可用高强度漆包线 ϕ0.19 在初级绕组绕 180T；高强度漆包线 ϕ0.51 在次级的上绕组绕 15T，在次级的下绕组绕 12T。绕制时，在各级之间加一层绝缘青壳纸后，即可上电试机。

▢ 思考与练习 9

1. 简述电源电路的分类。
2. 画出串联型直流稳压电源的基本组成方框图和波形图，并简述各组成部分的主要作用。
3. 简述开关型稳压电源的基本组成及工作原理 4。
4. 分析通用型手机充电器的工作原理。
5. 分析 FSD200 电源模块电路的工作原理。

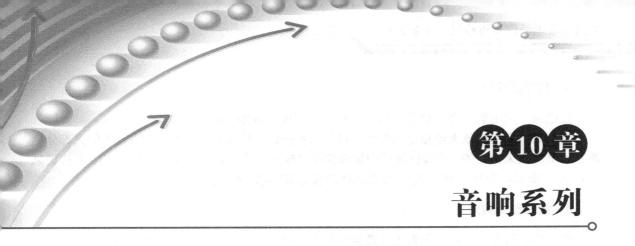

第 10 章

音响系列

音响是指通过放声系统重现出来的声音。音响系列中的设备频频换代，品种繁多、功能强大、性能越来越好，真可谓日新月异。音响系列主要产品有：收音机、随身听、MP3/4、有源音箱、复读机、收录机、电视机及功放等。本章节主要介绍收音机和功放机的组成、工作原理、信号流程及故障的检修。

10.1 收音机

超外差式收音机具有灵敏度高而工作稳定、选择性好而失真度小等优点，深受欢迎。本节将简明地叙述袖珍式超外差式收音机的组成、电路特点、工作原理及检修方法。

▶ 10.1.1 收音机的简介与分类

1. 按接收信号的调制方法分

按接收信号的调制方法，收音机可分为调幅机和调频机。

一般正常人耳所能听到的音调频率范围为 20～20kHz，这一频段被称为音频。音频的最大缺陷是不能远距离无线传送，而无线电波是属于高频段人耳听不到的电磁波，但它可以远距离无线传送。为了解决这一矛盾，让音频信号远距离传送，就需要调制。把要传送的电信号（音频信号）加到高频等幅振荡信号上的过程称为调制。要传送的信号称为调制信号，而该高频等幅振荡信号称为载波，经过调制后的高频信号称为已调波。

常用的调制方法有两种，即"调幅"和"调频"。调幅就是使高频载波的幅度随音频调制信号而变化，但频率保持不变。调频就是让高频载波的幅度保持不变，而其频率随音频调制信号而变化。

2. 按接收信号的波段分

按接收信号的波段划分，可分为调频、中波、短波和多波段机。

接收频率范围也称作波段，调频（FM）频率范围为 87～1008MHz；中波（AM）频率范围为 535～1605kHz；短波（SW）频率范围为 5.90～21.85MHz。

3. 按元器件分

按电路所采用的元器件划分，可分为分立式和集成电路（IC）式。

分立式收音机的放大电路是用晶体三极管来担任的。集成电路（IC）式收音机的大部分电路是用集成块来担任的，收音机使用的集成块型号较多，常见的有单片调幅收音 IC、单片调频收音 IC、调幅收音 IC、单片调幅/调频立体声收音 IC 及数字调谐收音 IC 等几类。

4. 按外形结构分

按外形结构划分，可分为微型（随身听型）、袖珍式、便携式、立式和台式。

体积在 5000cm^3 以上的为台式，700～5000cm^3 的为便携式，100～700cm^3 的为袖珍式，100cm^3 以下为微型。

5. 其他分类

按调谐显示方式分，有指针式和数显式；按调谐操作方式分，有手动式和自动式。

各种收音机的外形如图 10.1 所示。

图 10.1　各种收音机外形图

10.1.2　收音机的基本电路组成

收音机的基本电路组成方框图如图 10.2 所示。各部分的主要作用如下。

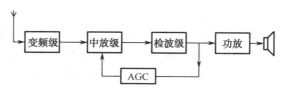

图 10.2　收音机的基本电路组成方框图

（1）变频级

变频级的作用是选择所要收听的电台信号（选频），进行放大后输出中频。变频级包括本级振荡（本振）和混频两部分，本振产生等幅正弦波，它总是跟踪着欲接收的信号，且比所接收电台信号频率高一个固定中频频率 465kHz。在混频器中，本振信号和接收信号进行混频，取其差频（中频）465kHz 而输出。这样做的目的，是方便后级电路放大，这也是超外差式机的特点。

（2）中放级

中放级对变频级输出的中频 465kHz 信号加以放大。中放级一般采用两级放大。

（3）检波级

检波级是把已经完成运载音频信号任务的载波去掉，检出所需要的音频信号。

（4）AGC 电路

自动增益控制电路简称 AGC，它能使收音机接收强信号时增益自动减小，接收弱信号时增益保持最大。

（5）功放级

对检波级送来的音频信号进行功率放大，以驱动喇叭发声。

10.1.3 随身听 IC 式收音机的工作原理及检修

1. 随身听 IC 式收音机的工作原理

常见的调频、调幅单片收音机电路原理图如图 10.3 所示。采用的集成电路为 CXA1019，该集成电路包含了调频高放、变频、中放、鉴频电路，调幅变频、中放、检波电路，电子音量控制、低频放大及稳压电路的单片收音 IC，具有适应电压范围宽（2～8.5V）、耗电省、灵敏度高、失真小等优点，它的内部结构方框图如图 10.4 所示，各脚功能及静态电压值如表 10.1 所示。

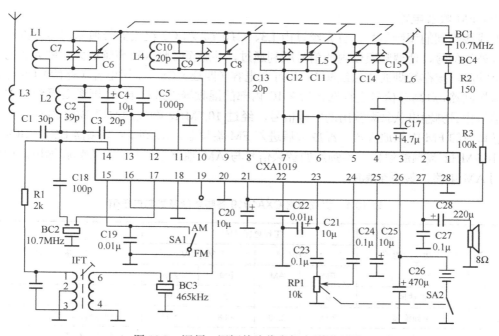

图 10.3　调频、调幅单片收音机电路原理图

（1）AM 收音电路

中波段信号由磁棒线圈 L1 和可变电容（四连）C6、微调电容（补偿）C7 组成的谐振回路选择后，送入 IC 的⑩脚。本振信号由振荡线圈 L6 与可变电容（四连）C14、微调电容（补偿）C15 及 IC⑤脚内部电路组成的本机振荡器产生，并与⑩脚送入的广播信号在 IC 内进行混频，混频后的中频 465kHz 信号由⑭脚输出，经中频变压器 IFT 和 465kHz 的陶瓷滤波器 BC3 选频后，耦合至⑯脚内进行中频放大。放大后的中频信号在 IC 内部的检波器中进行检波，检出的音频信号由㉓脚输出，并经音量电位器 RP1 控制后耦合至㉔脚进行音频功率放大，放大后的音频信号由㉗脚输出，经电容 C28 耦合至喇叭。

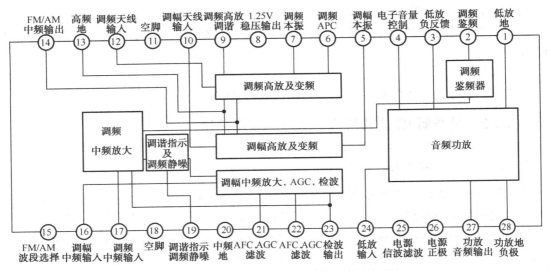

图 10.4　集成电路 CXA1019 内部结构方框图

（2）FM 收音电路

天线接收到的调频信号，首先经过由 L3、C1、L2 和 C2 组成的带通滤波器，抑制掉调频波段以外的信号，使调频段以内的信号顺利通过，并送至⑫脚进行高频放大。放大后的高频信号送至⑨脚，接在⑨脚的高频线圈 L4 和可变电容（四连）C8、微调电容（补偿）C9 组成一个并联谐振回路，对高频信号进行选择后在 IC 内部的混频器中进行混频，混频后得到的 10.7MHz中频信号由⑭脚输出从⑭脚输出的中频信号，经过 10.7MHz 陶瓷滤波器 BC2 进行选频，然后进入⑰脚内的 FM 中频放大器，经放大后进入 FM 鉴频器。IC②脚与鉴频器 BC1、BC4 相连，构成 10.7MHz 鉴频滤波器。鉴频后的音频信号与 AM 通路信号相同，在㉓脚输出。后级信号流程同 AM 电路，最后至喇叭。

表 10.1　集成电路 CXA1019 各脚功能及静态电压值

脚　号	功　能	工作电压（V）				备　注
		V_{CC}=6V		V_{CC}=3V		
		FM	AM	FM	AM	
1	低放地	0	0	0	0	
2	调频鉴频	2.18	2.70	4.88	5.43	移相电路接陶瓷鉴频器
3	低放负反馈	1.5	1.5	3.0	3.0	低频负反馈脚
4	电子音量控制	1.25	1.25	1.25	1.25	接可变电阻，电压高音量小，电压低音量大
5	调幅本振	1.25	1.25	1.25	1.25	接调幅本振 LC 回路
6	AFC	1.25		1.25		AFC 电容接脚
7	调频本振	1.25	1.25	1.25	1.25	接调频本振 LC 回路
8	稳压输出	1.25	1.25	1.25	1.25	高频电路电源 1.25V 稳压
9	调频高放	1.25	1.25	1.25	1.25	接调频高放调谐 LC 回路
10	调幅天线输入	1.25	1.25	1.25	1.25	调幅调谐 LC 回路
11	空	0	0	0	0	

续表

脚 号	功 能	工作电压（V）				备 注
		V_{CC}=6V		V_{CC}=3V		
		FM	AM	FM	AM	
12	调频天线输入	0.3	0	0.3	0	调频高频信号输入脚，接带通滤波器
13	高频地	0	0	0	0	
14	FM/FA 中频输出	0.5	0.2	0.5	0.2	FM 接中频 10.7MHz 陶瓷滤波器，AM 接 465kHz 中频变压器
15	调频、调幅波段转换选择	1.25	0	1.25	0	接地时为 AM 工作状态，开路时为 FM 工作状态
16	调幅中频输入	0	0	0	0	接 465kHz 陶瓷滤波器输出脚
17	调频中频输入	1.25	0	1.25	0	接调频 10.7MHz 陶瓷滤波器输出脚
18	空	0	0	0	0	
19	调谐指示调频静噪	1.6	1.6	4.5	4.5	调谐指示驱动电路接发光二极管，调频静噪控制电路
20	中频地	0	0	0	0	
21	AFC/AGC 滤波	1.25	1.49	1.25	1.49	AFC 输出适用于 W 波段即反 S 曲线高本振，调幅 AGC 控制时间常数
22	AFC/AGC 滤波	1.25	1.12	1.25	1.25	AFC 输出适用于 T 波段，即正 S 曲线低本振，调幅时为 AGC 时间常数
23	检波输出	1.25	1.0	1.25	1.01	检波输出脚
24	低放音频输入	0	0	0	0	功放输入脚
25	电源滤波	2.71	2.71	5.4	5.4	电源纹波滤波器
26	电源正极	3.0	3.0	6.0	6.0	电源正极脚
27	音频输出	1.5	1.5	3.0	3.0	功放输出
28	功放地	0	0	0	0	电源负极脚

注：1. V_{CC}=3V 时，FM 静态电流=5.3mA，AM 静态电流=3.4mA.

2. 工作电压有效范围：CXA1019M 2～7.5V，CXP1019P 2～8.5V.

3. CXA1019 损坏可用 CXA1191P 直接代用，该电路有调频静噪功能，可在①脚接入 0.01μF 电容后对地焊上。

2. 收音机的检修

收音机的常见的故障有：完全无声；FM 波段收音正常，AM 波段收不到电台信号；AM 波段收音正常，FM 波段收不到电台信号等。

（1）故障现象：通电后完全无声

故障原因分析及维修方法：首先检查开关 SA2、电池及电池的接触簧片等电源相关部分。然后用万用表直流 500 mA 挡并入开关两端（SA2 处在断开位置）测量整机静态电流，若正常（8～12mA），则应检查低放电路、音量电位器 RP1、C23、C24、C28、喇叭或耳机等。若电流值为 0 或很小，则应检查电池至 CXA1019㉖脚之间的印制铜箔线有无折断处。若测量值大于 12mA，则应检查 C26 电容、CXA1019 及相关印制铜箔线间有无漏电等现象。

（2）故障现象：FM 波段收音正常，AM 波段收不到电台信号

故障原因分析及维修方法：首先测量 CXA1019 的⑮脚电压是否为 0V，若不是，则应检查 SA1 开关接触是否良好。若 SA 正常，从 CXA1019 的⑯脚输入干扰信号，喇叭应发出"咯咯"声。若无声，则应检查 BD3；若有声，则继续从⑭脚输入干扰信号，如仍无"咯咯"声，则应检查电阻 R1 是否断路、中周 IFT 是否断路等。若有"咯咯"声，则继续检查⑤脚、⑩脚电压来判断故障范围，引起这两脚电压异常的原因一般是可变电容器碰片、漏电或 SA1 接触不良。

（3）故障现象：AM 波段收音正常，FM 波段收不到电台信号故障原因分析及维修方法：首先应测 CXA1019 的⑮脚电压是否为 1V 左右，若不是，则应检查 SA1 是否处于 AM 状态位置、相关引线有无折断。若⑮脚电压正常，可进一步检查②脚、⑦脚、⑫脚、⑰脚电压来确定故障范围，引起上述引脚电压异常的原因主要有以下几方面：

BC1 陶瓷滤波器漏电或 R2 电阻断路；

C9 或 C12 半可变电容器漏电；

C8、C11 可变电容器或 C9、C12 半可变电容器碰片；

⑦脚外接本振回路失谐；

天线信号输入回路的电容 C3、C1 及电感 L3 断路，或 C2、C4、C5 中的某一电容漏电或击穿。

10.2 功放机

10.2.1 功放的分类、基本组成及电路形式

1. 功放的分类及基本组成

音频功率放大器简称扩音机，俗称功放。功放的类型较多，按输出功率的大小可分为小功率功放、中功率功放和大功率功放；按采用的元器件不同可分为电子管式、电子管与晶体管混合式（胆机）、晶体管式和集成电路式（IC）；按处理信号的方式不同可分为模拟式和数字式；按输出的声道不同可分为单声道、双声道（立体声）或多声道等；按输出电路的不同可分为推挽式、OTL 式、OCL 式、BTL 式等。

一台功放大致可分为前置放大器、功率放大器和直流电源三大组成部分，如图 10.5 所示。从各个信号源送来的节目信号，经过前置放大器的选择、均衡、混合和放大，得到适当的特性和电平，然后再送到功率放大器加以放大以得到足够的功率，去驱动扬声器（喇叭）发声。电源部分则为前置和功率放大器提供平稳的直流电源。

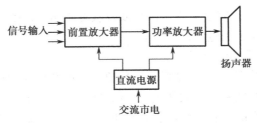

图 10.5　功放的基本组成方框图

在高保真音响电路中，功放电路通常由两个或两个以上的音频声道组成。每个声道分别为

两个主要的部分，即前置放大器和功率放大器。两部分电路可分设在两个机箱内，也可组装在同一个机箱内，后者称为综合放大器。

由于左右声道完成相同，所以在双声道电路中只介绍其中的一路，电路组成方框图如图 10.6 所示。

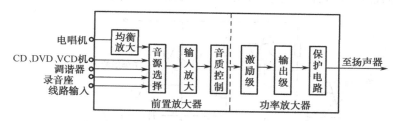

图 10.6　一声道功放电路组成方框图

前置放大器具有双重功能：它要选择所需要的音源信号，并放大到额定电平；还要进行各种控制，以美化声音。这些功能均由均衡放大器、音源选择、输入放大器及音质控制等电路来完成。

音源选择电路的功能是选择所需要的音源信号送至后级，同时关闭其他音源通道。各种音源的输出是各不相同的，通常分为高电平与低电平两类。调谐器、录音座、VCD 等音源的输出信号电平一般为 50～500mV，称为高电平音源，可直接送至音源选择电路；而动圈式话筒的输出电平为 5mV 以下，称为低电平，需经均衡放大后才能送至音源选择电路。

输入放大器的作用就是将音源信号放大到额定电平，通常为 1V 左右。它的电路形式比较灵活，可设计为独立的放大器，也可在音质控制电路中完成所需的放大。

音质控制的目的是使音响系统的频率特性可以控制，以达到高保真的音质。音质控制主要包括有音量控制、响度控制、音调控制、左右声道控制、低音噪声和高频噪声抑制等。

2. 功率放大器的组成

功率放大器的电路形式较多，但基本上都由激励级、输出级和保护电路所组成。

（1）激励级

激励级又可分为输入激励级和推动激励级，前者主要提供足够的电压增益，后者还提供足够的功率增益，以便激励功放输出级。

（2）输出级

输出级的主要作用是产生足够的不失真输出功率。

（3）保护电路

保护电路是用来保护输出级功率管及扬声器，以防过载损坏。

（4）直流稳压电源

直流电源是整机的能源供给。一般有单电源和双电源两类。

此外某些机型还有电平电路、回响电路等。

3. 功率放大器的电路形式及原理

功率放大器按输出级与扬声器的连接方式分，有变压器耦合电路、OTL 电路、OCL 电路、BTL 电路等；按功放管的工作状态分，有甲类、乙类、甲乙类、超甲类、新甲类等；按元器件类型分，有晶体管、场效应管、集成电路、电子管等。下面主要介绍常见的 OTL、OCL、BTL 功放电路的工作原理。

（1）OTL 功放电路原理

OTL（Output Transformer Less）电路称为无输出变压器功放电路。是一种输出级与扬声器之间采用电容器耦合而无输出变压器的功放电路。目前 OTL 功放流行的电路形式有分负载倒相式和互补对称式两种。它们的工作原理图分别为图 10.7 所示。

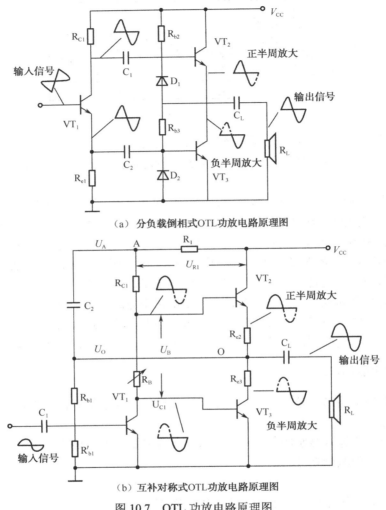

（a）分负载倒相式OTL功放电路原理图

（b）互补对称式OTL功放电路原理图

图 10.7　OTL 功放电路原理图

分负载倒相式工作原理：VT_1 为激励级，VT_2、VT_3 为功率放大级（可以采用同一极性的晶体管）；从 VT_1 基极输入的信号，经该管放大后分别从其集电极、发射极输出，分别经耦合电容 C_1、C_2 送至 VT_2、VT_3 的基极，VT_2 放大正半周、VT_3 放大负半周，最后经耦合电容 C_L 输出放大的全信号。

互补对称式工作原理：VT_1 为激励级，VT_2、VT_3 为功率放大级（采用互补配对管）；在没有输入信号时，调整基极电路的参数，使电容 C_L 两端的电压为 $V_{CC}/2$。从 VT_1 基极输入的信号，经该管放大后从其集电极输出，输入后直接送至 VT_2、VT_3 的基极，VT_2 放大正半周、VT_3 放大负半周，最后经耦合电容 C_L 输出放大的全信号。

R_B 是输出级晶体管的偏置电阻，VT_1 的集电极电流在 R_B 上产生的电压降 U_B，为乙类放大的 VT_2、VT_3 提供适当的静态偏置，让 VT_2、VT_3 在无信号输入时维持一定的静态电流，从而克服乙类放大的交越失真。调节 R_B 便可调整 VT_2、VT_3 的工作点，使之符合需要。U_B 的大小应等于 VT_2、VT_3 刚开始导通时发射极正向压降的绝对值之和。如 VT_2、VT_3 为硅管，U_B 约 1.2V。实际的互补输出电路常采用热敏电阻、晶体二极管、晶体三极管或这些补偿元件的组合来代替 R_B，使偏置电路具有温度补偿作用。

该电路图中的 R_C 是 VT_1 的集电极负载电阻；R_1、C_2 组成自举电路。C_2 是个大容量电解电容器，接在 A 点与 O 点之间，利用它两端能保持直流电压的特性，并且在放大器输出正信号时，基本上也具有此特点，使 A 点的电位能随输出电压的升高而升高（即自举）。从而保证了在输出最大信号时，有足够的电流流入 VT_2 的基极，使 VT_2 充分导通，提高了正向输出的幅度。

OTL 功放电路的主要特点有：采用单电源供电方式，输出端直流电位为电源电压的一半；输出端与负载之间采用大容量电容耦合，扬声器一端接地；具有恒压输出特性，允许扬声器阻抗在 4Ω、8Ω、16Ω 之中选择，最大输出电压的振幅为电源电压的一半，即 $1/2V_{CC}$，额定输出功率约为 $V_{CC}^2/(8R_L)$。

（2）OCL 功放电路原理

OCL（Output Condensert Less）电路是在 OTL 电路的基础上发展起来的。它的工作原理与 OTL 电路基本一样，只有两点区别：即采用双电源供电方式并省去了输出耦合电容。电路原理图如图 10.8 所示。

OCL 电路的主要特点有：采用双电源供电方式，输出端直流电位为零；由于没有输出电容，低频特性较好；扬声器一端接地，一端直接与放大器输出端连接，因此需设置保护电路；具有恒压输出特性；允许扬声器阻抗在 4Ω、8Ω、16Ω 之中选择；最大输出电压的振幅为正负电源值，额定输出功率约为 $V_{CC}^2/(2R_L)$。需要指出，若正负电源值取 OTL 电路单电源值的一半，则两种电路的额定输出功率相同，都是 $V_{CC}^2/(8R_L)$。

（3）BTL 功放电路原理

BTL（Balanced Transformer Less）电路由两组对称的 OTL 或 OCL 电路组成，扬声器接在 OTL 或 OCL 电路输出端之间，即扬声器两端都不接地。有两组对称的 OCL 电路组成的 BTL 电路如图 10.9 所示。

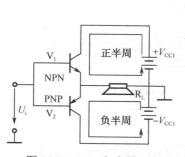

图 10.8　OTL 电路原理图

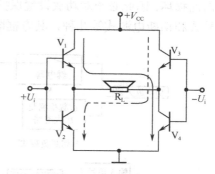

图 10.9　BTL 电路原理图

BTL 电路的主要特点有：可采用单电源供电，两个输出端直流电位相等，无直流电流通过扬声器，与 OTL、OCL 电路相比，在相同的电源电压、相同负载情况下，该电路输出电压可增大一倍，输出功率可增大四倍，这表明在较低的电源电压时也可获得较大的输出功率。

（4）复合管与准互补输出

大功率的互补输出功放电路，多采用复合晶体管来做功率输出管。复合管是由两个或两个以上的晶体管按一定方式组合而成的，它与一个高电流放大系数的晶体管相当。组成复合管的各晶体管，可以是同极性的，也可以是异极性的，常见的复合方式如图 10.10 所示。组成复合管时一定要保证复合管内各晶体管有正常的工作点，并且要让复合管中第一个晶体管的发射极电流（或集电极电流）就是第二个晶体管的基极电流，这是使复合管能够工作并获得电流放大系数的条件。只要这些要求能满足，复合管的基极就是第一个晶体管的基极，复合管的导电极性就与组成复合管的第一个晶体管的导电极性相同，而与后面晶体管的极性及参加复合的晶体管个数无关。复合管的电流放大倍数近似等于组成复合管的各晶体管电流放大倍数的乘积。

用不同复合方式来组成复合管配对使用的互补输出电路，常称为"准互补输出电路"。

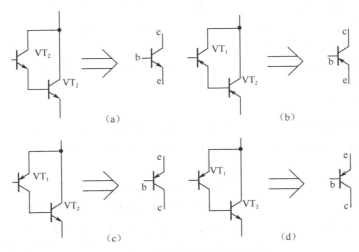

图 10.10　常见复合管的复合方式

▶ 10.2.2　功放保护电路

功放工作在高电压、大电流、重负荷的条件下，当强信号输入或输出负载短路时，输出管会因流过很大的电流而被烧坏。另外，在强信号输入或开机、关机时，扬声器也会经不起大的电流冲击而损坏，因此必须对功放设置保护电路。常用的电子保护电路有切断负载式、分流式、切断信号式和切断电源式等几种，其方框图如图 10.11 所示。

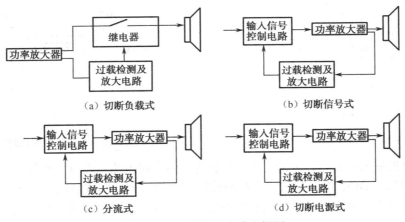

图 10.11　功放保护电路方框图

10.2.3 单声道 OTL 功放原理

单声道 10W OTL 功放原理图如图 10.12 所示。电路中各主要元件的作用：BG_3 为前置放大、BG_4 为激励级、BG_5 与 BG_7 复合为 NPN 管，组成推挽的上臂；BG_6 与 BG_8 复合为 PNP 管，组成推挽的下臂。R_{14} 与 C_{11} 组成自举电路；V_1、V_2 和 R_{16} 串联组成偏置电路，该电压最佳调整应在 1.8V；R_{13}、R_{11}、C_9 组成交流负反馈，使频率特性和稳定性得以改善；C_{17}、R_{18} 为电源退耦滤波电路；正常时 BG_7 集电极的电流调至 10mA 左右，功放管 DD01 可用 C2073 代换。

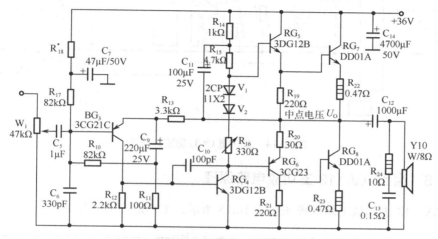

图 10.12 单声道 10W OTL 功放原理图

信号流程简图如图 10.13 所示。

图 10.13 OTL 功放信号流程简图

10.2.4 双声道 OCL 功放原理

双声道 OCL 功放原理图如图 10.14 所示，工作原理如下。

1. 电源电路

220V 市电经变压器变压，得到 12～28V×2 组的电压，功率在 20～100W（根据自己需要的功率决定），再经 VD_3～VD_6 整流、电容 C_7～C_{10} 滤波得到 ±18V 的两组直流电压（以变压器次级交流 12V 为例），作为整机能源供给。

2. 放大电路

以 L 声道为例，VT_1、VT_2 是差动放大输入级，VT_3 是激励级。VT_4、VT_6、VT_5、VT_7 组成复合互补输出级。信号从 C_1、R_1 输入到 VT_1 的基极，经放大后由 VT_1 的集电极输出，送至 VT_3 再放大，VT_3 集电极输出端接有 NPN 型的 VT_4 和 PNP 型的 VT_5，利用不同类型晶体管的互补作用进行自动倒相。最后由 VT_6、VT_7 作功率放大，直接驱动扬声器。R_7、VD_1 组成输出级偏置电路，减小放大器交越失真。

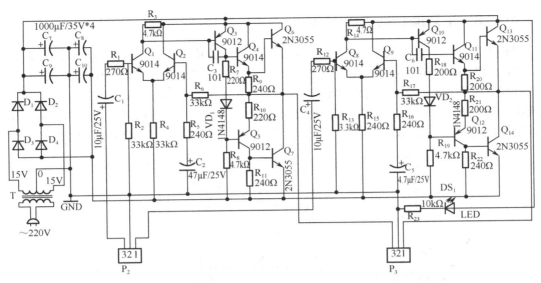

图 10.14　双声道 OCL 功放原理图

▶ 10.2.5　高士 AV-113 主功放电路原理

高士 AV-113 主功放电路原理图如图 10.15 所示，工作原理简介如下。

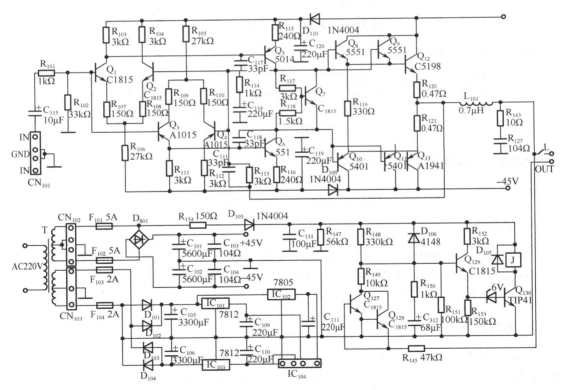

图 10.15　高士 AV-113 主功放电路原理图

从前置放大电路来的音频信号由 CN_{101} 分别送至左右声道的输入端。因两个声道电路完全一样，这里以 L 声道为例进行电路分析。Q_{101}、Q_{102} 组成 NPN 型差分放大电路，Q_{103}、Q_{104} 组成 PNP 型差分放大电路。两个极性不同的差分放大器共同组成输入放大级。经放大后的信号由 Q_{101} 和 Q_{103} 集电极输出，由 Q_{105}、Q_{106} 再次进行电压放大。其中 Q_{105}、Q_{106} 两只三极管基极与集电极之间的电容 C_{117}、C_{118} 是中和电容，对高频移相进行补偿，以消除高频自激。Q_{107}、R_{117}、R_{118} 组成恒压偏置电路，为后级电路提供稳定的静态偏置。当某种原因引起正负电源电压提高时，相应的 Q_{107} 集电极与发射极之间的压也升高。这就等于后边的推动管和功率管偏置电压的提供，但 Q_{107} 的基极电压增加，使其集电极与发射极导通增加，管压降随之减小，从而稳定了后边推动管的偏置电压。目前一般家用功放都属于甲乙类，功率管偏置一般选择在 0.5V 左右。推动级偏置在 0.6V 左右，这样 Q_{107} 的集电极与发射极之间的静态电压固定在 2.2V 左右。Q_{108}、Q_{109} 和 Q_{110}、Q_{111} 采用并联的方法使用，使工作电流增加一倍。Q_{112}、Q_{113} 为东芝配对管，功率可达 100W。D_{109}、D_{110}、C_{119}、C_{120} 组成正负电压退耦滤波电路。电感 L_{101} 滤除超音频信号，R_{143}、C_{127} 组成补偿网络，对扬声器纯电感负载进行相位补偿，克服高频自激。

保护电路由 Q_{127}、Q_{128}、Q_{129}、Q_{130} 等组成。开机后因 Q_{130} 不导通，继电器不吸合，扬声器没有接入输出中点。经 R_{154} 限流、D_{105} 整流、C_{131} 滤波后的直流电压通过 R_{148}、R_{150} 向 C_{132} 充电。随着充电时间的延长，C_{132} 上端电压也不断升高，当电压升到使 Q_{129} 导通时，Q_{130} 也随之导通，继电器吸合，扬声器接入电路，完成了 OTL 电路平衡前的十余秒的延迟保护功能。中点偏移有直流电压时，这个直流电压通过 R_{145} 加至 Q_{127} 的基极和 Q_{128} 的发射极。偏移是正电压时 Q_{127} 导通，负电压时使 Q_{128} 导通。无论哪只管子导通都将把 Q_{129} 基极电压拉低使其截止。Q_{130} 失去偏置也截止，继电器释放，断开扬声器，实现中点偏移保护功能。

该机主电源为±45V，副电源有±12V 和 5V。

10.2.6　功放电路的检修

本节部分的检修主要是以 OTL、OCL 型电路为例的，其他类型的电路只作为维修参考。

1. 完全无声

完全无声表明放大器和扬声器不工作。常见的故障原因有：电源损坏、功放级晶体管损坏、电路中断或短路、因自激而产生的无声等。

（1）无声

直流电源无输出、电源保险管烧毁均会造成无电，这可用万用表检查出来。如果交流有输入，但无直流输出，应检查整流部分的元件和接线有无断路情况。如果是保险管烧毁，还要先查出烧断的原因。当有短路情况（如大功率晶体管击穿）时，则应把短路故障排除后，才能再次通电。

常见的故障原因有：功放级晶体管或滤波电容击穿、连接线相碰等。

（2）电路中断或短路

扬声器及其连接线碰线、插头座接触不良、输入信号线断路或短路、晶体管及其他电路元件损坏都会使扬声器无声。如果是扬声器及放大器输出部分的故障，扬声器将一点声音也没有。但若是前级的问题，则扬声器仍会发出轻微的噪声，此时转动音量、音调电位器，该噪声的大小会随之改变。若是输入信号线的故障，则用其他信号输入时，功放仍可正常工作。

利用逐级检查法可迅速判断故障发生在功放的哪一部分。具体方法是：用手捏着小螺丝刀的金属部分，分别去碰触功放的功率放大级、中间放大级、前置放大级的输入端，此时如功放正常工作，扬声器应有轻微的噼啪声发出，碰触的部位越靠近前级，声音便越大。如前级的输入阻抗较高，触及其输入端时，还会使扬声器发出强烈的交流感应声。但如果从后级往前，碰触到某级输入端，该感应声消失或很微弱，便说明故障发生在这一级电路，或发生在与这级有直接耦合关系的部分。

如果晶体管的直流工作状态正常，但是无声，则故障多由耦合电容或旁路电容开路所引起的。

2. 功放电路的检修技巧

高保真 OCL、OTL 功放电路，一般情况下前级多采用差分放大输入，末级则采用互补大功率对管输出，前后级之间直接耦合。由于采用多管直接耦合，一旦某只元件变质或损坏，会造成整个电路工作点的改变，轻则导致声音小而失真，重则造成元器件大面积损坏，甚至烧毁扬声器系统。一点电压的改变，会引起多点电压随之改变，这也给故障的判断和检修造成了极大的困难。在检修此类功放时，如果故障排除的不彻底，通电试机时往往引起新器件的再次损坏。一般采用如下步骤进行通电检修和试机。

① 初步用电阻法在机测量判断大功率管是否击穿，若有击穿现象，则拆焊下所有晶体管，对其进行裸式检测。条件允许的话，若一组大功率管损坏，把另一组大功率管也一并换掉，目的是保证管子的配对性。

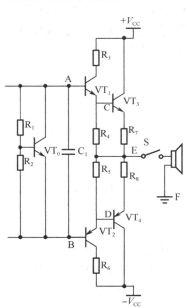

② 经初步检查，更换损坏元件后，进入关键的通电试机阶段，下面的检修可参考电路简图，简图如图 10.16 所示。为了防止损坏扬声器和大功率管，试机前先不接扬声器系统，在推挽输出端与地之间（即图 10.16 中的 E 点与 F 点之间）接一只假负载（20～50Ω/20～50W 线绕电阻，或 25W 的电烙铁）。其次，断开末级大功率管（VT_3、VT_4）的任意两个电极或先不安装大功率管；保留推动（激励）管（VT_1、VT_2）做互补推挽输出（如果推动管发射极与中点之间无发射极电阻，应临时加装两只 100～270Ω/0.5W 以上的电阻（试机后拆除）。接着在功放电源市电输入端串接一台调压器，从 50V 开始向功放供电，并监测输出端中点电压（E 点与 F 点之间的电压）。对 OCL 电路来说，这一电压应为 0±0.5V，对 OTL 电路来说应为电源电压的一半（$V_{CC}/2$）。如果中点电压不符合正常值，应立即停机检查。此时由于供电较低，一般不会造成元器件损坏。如果中点电压正常，可逐渐提高电源电压，一边监测中点电压，一边观察有无变色、冒烟元件，同时用手摸推动管温度。如果市电升到正常值，通电半小时输出端电压保持不变，推动管无温度

图 10.16 功放级参考电路简图

上升或元器件无变质变色，则表明以上元件的工作状态正常，可继续进行下一步的检查维修。

③ 接入大功率管，保持假负载，降压供电，监测中点。以从交流 50V 起逐渐升压的方法继续通电试机。必要时，应对整机静态电流、中点电压进行相应的调整。如果中点电压失常，应重点检查末级功放管及外围电路。直到中点电压稳定，功放管不发热为止。

④ 拆去假负载，接入低档扬声器和信号源，正常供电试听。此时，即使电路发生故障，也仅仅是损坏价位较低的低档扬声器。通电试听半小时，中点电压应保持稳定，功放管温度应正常（不烫手）。有条件可进行指标的测试和调整。

3. 大功率功放电路检修的重点及细节

在检修大功率功放时，可以根据机子的故障现象确定故障的大致范围，重点应检查以下几组部件。

① 若功放无声，首先应检查输出级，特别是输出管。功放后级的输出管是最容易烧坏的元件，而且一旦功放对管之一被击穿，加在另一只功放对管上的电压就会增加一倍，造成另一只功放管也会迅速被击穿。在基本故障没有排除之前，不应通电检修，应选电阻法等进行检查、检修。

② 若功放管没有烧坏，那么最容易出现故障的部位就是保护电路了。这部分电路主要应检查的元器件是继电器和可控硅。

③ 电源部分。电源部分最常见的故障现象是电源变压器短路或严重烧毁、整流桥击穿、滤波电容击穿或漏液等。

④ 在检修大功率功放时，应特别注意功放管的供电方式，在拆卸元器件时要注意元件安装的细节特征，由于功放三极管的发射极与散热片通常又是直接导通的，若在检修时不分清功放管的供电方式，则可能造成电源短路。而且拆装功放管时，要注意区分拆下的每个元件，否则也可能会引起严重的后果。

⑤ 功放管的选择。专业功放的功放对管要求电流大、线性好，如三肯系列 2SA1494、2SC3558，东芝系列的 2SA1301、2SC3280 等。目前市场上销售的音响对管中有相当一部分的假货，这些假货用万用表检测 PN 结是好的，用万用表测量放大倍数也是好的，装到机子上初步试机也不错，但一旦投入使用，几分钟就又烧毁了。因此，一定要选择良品管子进行更换。

综上所述，大功率功放出现的故障固然有许多种，但在维修过程中只要抓住了重点，注意了细节，检修专业大功放也很简单。

▶ 10.2.7　集成式功放电路的原理及检修

1. 集成式功放电路原理

集成式双声道功放电路原理图如图 10.17 所示，集成电路 D2025 各脚功能及电压如表 10.2 所示。

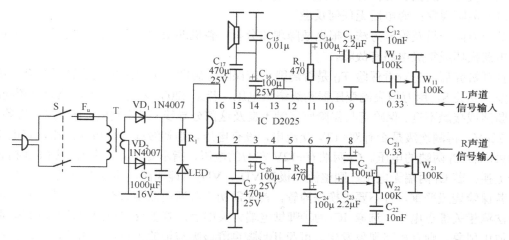

图 10.17　集成式双声道功放电路原理图

201

表 10.2　集成电路 D2025 各脚功能及电压值

脚　号	电压（V）	各 脚 功 能	脚　号	电压（V）	各 脚 功 能
1	0	BTL 输出	9	0	地
2	6.3	输出 1（R）	10	0.1	同相输入 2
3	12.4	自举 1	11	0.6	反馈 2
4	0	地	12	0	地
5	0	地	13	0	地
6	0.6	反馈 1	14	12.4	自举 2
7	0.1	同相输入 1	15	6.3	输出 1（L）
8	11.3	纹波抑制	16	12.5	供电端（V_{CC}）

该电路主要由电源、集成电路和输入电路等组成。

电源电路主要由变压器、整流器和指示灯等组成。接通电源，按下电源双刀开关 S，市电经保险 F_U 加至降压变压器 T 的初级，次级的交流双 12V 电压经全波整流二极管 VD_1、VD_2 整流，电容 C_1 滤波，得到+12V 左右的直流电压，送至 IC 的⑯脚，作为整机的能源供给，同时指示灯 LED 点亮（R_1 为限流电阻）。

输入电路主要由电位器 W_{11}、W_{12}、W_{21} 及 W_{22} 等组成。其中 W_{11}、W_{21} 为左右声道的音量控制，W_{12}、电容 C_{12} 及 W_{22}、电容 C_{22} 组成音调网络，W_{12}、W_{22} 为音调控制。

集成电路 D2025 及外围元件等组成功率放大电路。由于这部分电路完全对称，因此，下面以左声道（L）为例，分析其工作原理。从电脑声卡或 DVD、VCD 等播放机输入的音频信号，经音量电位器 W_{11} 调节、电容 C_{11} 耦合，再通过音调 W_{12} 调节、电容 C_{13} 耦合至 IC 的⑩脚。信号经过集成电路内部放大后，经中点（耦合）电容 C_4 驱动扬声器发声。电路中，电容 C_{16} 的作用为自举升压；电阻 R_{11}、电容 C_{14} 组成负反馈网络，起改善音质、稳定电路的作用；电容 C_2 起退耦滤波的作用。

2．集成式功放检修

集成式功放电路的常见故障有通电后无任何反应；指示灯点亮，左右声道都不能放音；交流声大，仅能听到微弱的伴音声；某一声道无声等。

（1）故障现象：通电后无任何反应

故障原因分析及维修方法：根据故障现象分析，整机的指示灯都不亮，故障的最大可能是电源电路损坏或集成电路有故障。

打开机壳后，先查看保险 F_U 是否烧毁。若保险无烧毁，可采用电压法进行排查。接通电源，按下开关 S，用万用表测变压器初级绕组电压，若无 220V 交流电，则可能为电源线断路、开关断路或接触不良、保险管与保险座接触不良及这部分导线（或印制板）有断路性现象发生；若有 220V，再测次级是否有双+12V 交流电，没有电压，则初级或次级可能断路，有电压，继续测量电容 C_1 两端的电压。C_1 两端有+12V 左右的电压，指示灯不亮，则 R_1 或 LED 损坏，可检查更换；若 C_1 两端无电压，则整流二极管 VD_1、VD_2 可能断路，可检查更换。

若保险烧毁严重，暂不要更换保险管，首先需初步判断电路是否有严重短路现象。可采用电阻法测量关键点电压，选取 IC 的⑯脚供电端为关键点，若正反向电阻值几乎没有差别，且无充放电现象，则有短路现象发生。可脱开⑯脚再测该脚与地的正反向电阻值，此时正反向电阻值还是很小，一般为 IC 损坏；若正反向阻值相差很大，说明 IC 基本正常，继续测脱开后的另一端（即 C_1 两端）的正反向电阻值，若正反向电阻很小，且无充放电现象，则可能为 C_1、VD_1、VD_2 有击穿短路损坏，可更换损坏元件；若正反向电阻值相差很大，即可更换保险管，改为电压法检修。

通过上述检修，指示灯能正常点亮，而左右声道还不能放音时，可按照故障现象（2）继续检查排除。

（2）故障现象：指示灯点亮，左右声道都不能放音

故障原因分析及维修方法：根据故障现象分析，指示灯能正常点亮，表明电源供电电路正常，而左右声道不能放音，故障范围应在 IC 及外围元件电路。

先用电阻法测扬声器是否正常，若不正常，可维修或更换；若正常，继续测量 IC 的⑯脚与④脚之间的电压（黑表笔要接在④脚上，不要接在公共地线上），正常电压应为 +12V，若无电压，则是供电线路（铜箔）有断路故障，可用电阻法或电压法检查排除。同时，要注意测一下④、⑤、⑫、⑬脚是否相通（应当相通），某脚不通，则有断路现象，可检查排除。

然后，测量集成电路各脚的静态电压（不输入信号），与正常值进行比较，若某脚或某几脚电压不正常，应首先检查其外围元件，而后再判断 IC 是否损坏。若 IC 各脚的静态电压基本正常，可脱开 IC 的⑦、⑩脚，用干扰法碰触这两脚，若扬声器有响声，则故障在输入电路；若无响声，故障依然在这部分电路。

输入电路的故障可用干扰法逐步缩小故障范围，维修或更换损坏的元件。若没有明显损坏的元件，可考虑有短路现象发生，如电位器中心抽头碰外壳（外壳接地）或输入插口内部短路（或内芯碰外壳）。输入插口一般在后面板，如图 10.18 所示。一部分机型采用的是输入插头，那么就要检查插头及其连接线是否存在短路现象。

图 10.18　后面板上的
输入插口

（3）故障现象：交流声大，仅能听到微弱的伴音声

故障原因分析及维修方法：首先关掉音频输入信号，用干扰法碰触 IC 的⑦、⑨脚，若无交流声，则为音源（电脑声卡等）故障引起；若碰触后交流声再度出现，则为功放有问题。先测量集成电路各脚静态电压值，同正常值及左右声道对称值进行比较，主要应检查电压异常管脚外的阻容元件，同时，要注意检查电源滤波电容 C_1、C_2。经过上述检查后，故障还没有排除，就要对 IC 外围的所有电容用替换法进行逐个替换（同规格），多是由某个电容漏电所引起的，也可用电容表或数字表（有电容测试功能）进行测量。故障最后还排除不了，可能是 IC 外围电阻或集成电路本身损坏。

（4）故障现象：某一声道无声

故障原因分析及维修方法：根据故障现象分析，某一声道无声，表明电源电路和集成电路的工作条件都基本正常，故障范围只在该声道。检修方法可参考故障现象（1）进行检修和排除。

▶ 10.2.8　放大电路故障的检测步骤

下面以图 10.19 所示的两级阻容耦合放大电路为例，简述其检测步骤及方法。

1. 初步检查

首先用观察法检查，检查电路板上的元件有无缺失、引脚是否折断、元件是否碰压，有无明显的焦痕、损坏等情况，铜箔是否断裂、焊点是否有明显的虚焊等，电路中连线有无脱焊、断线及供电电源是否正常等。说不定初步检查就能发现故障所在，从而快速地排除故障。

第 10 章

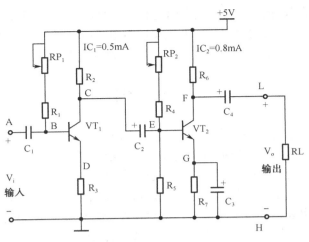

图 10.19　两级阻容耦合放大电路

2. 分析被检查的电路

从图 10.19 可知，该电路是一个两级阻容耦合放大电路，当输入正弦波虚焊后，各级均应有放大的正弦波电压输出。在电路板上应找到各级输入、输出测试点（A、B、C、D、E、F 等）所在的位置和电路中各元件的位置，熟悉这些会给检测带来方便。一般电路图中都标有电压、电流及各元件的参数，或我们通过理论计算，可知其关键点的电压、电流，然后进行实际测量，与正常值进行比较。该电路的供电电压为 5V，$IC_1=0.5mA$，$IC_2=0.8mA$，那么总电流应为 1.3mA。

3. 确定故障级

（1）电流法

先检测整机电流。万用表串联于电源处，如图 10.20 所示，测量结果不外乎如下几种结果：1.3mA 左右；0mA；0.5mA 或 0.8mA；远远大于 1.3mA 等。

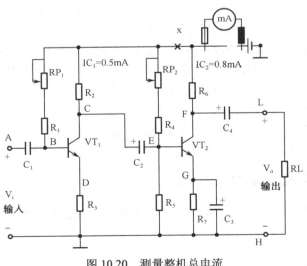

图 10.20　测量整机总电流

整机电流若为 1.3mA 左右，表明电路静态工作点基本正常，故障可能在交流回路，可以加电检测维修。

整机电流若为 0mA，则表明是断路故障，最大故障原因可能是电源不正常或没有真正接入电路，如图 10.20 中的 X 处铜箔断路等。可以加电检测维修。

整机电流若为 0.5mA 或 0.8mA，则表明有一级放大电路工作正常，另一级没有工作，处于断路状态。如整机为 0.5mA，则第一级放大电路基本正常，第二级放大电路可能有问题；断开 IC_2 处，测量其集电极电流，以确定是否是第二级电路有故障，如图 10.21 所示。

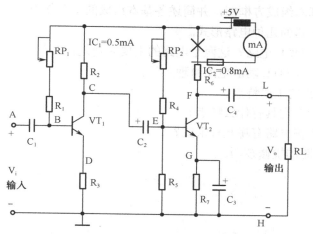

图 10.21　测量第二级放大电路的集电极电流

（2）干扰法

若后级负载是扬声器，那么就采用干扰法。用指针式万用表的黑表笔碰触 D 点（红表笔接在地上），听其是否有"咔咔"的响声。若有响声，则表明 VT_1 基本正常；然后再逐级向前碰触关键点。如碰触 B 点有响声，而碰触 A 点没有响声，则为电容 C_1 断路。

（3）电压法

在确定没有短路的情况下，可以采用电压法。用电压法直接测量晶体管的各极电压，来判断是哪一级的故障。

（4）波形法

把信号发生器连接于输入端，顺序测量各级的输入、输出电压和波形，若 B 点输入正弦波信号是正常的，但 C 点不正常，则第一级是可疑故障。在 C 点将耦合电容 C_1 脱开后，再测量 C 点电压，若仍不正常，则故障就在第一级；若脱开后正常了，则故障在第二级。在检测过程中，还会遇到上级输出是正常的，而相邻下级却不正常的现象，则故障多发生在级间耦合电路上，原因多为耦合电容开路、级间连线有虚焊或断开等。

4.　查找故障所在

多级放大电路都需要有合适的静态工作点才能正常工作，因此检测要先静态，后动态。

（1）静态测试

静态测试的方法是将输入端短路（防止有杂波信号输入），开机后用万用表检测静态工作点及有关元器件上的电压值、电流值，观察这些值是否正常，从而判断出故障所在。

（2）动态检测

在电路静态工作点基本正常的情况下，再进行动态检测。其方法是在故障级输入端加入交流信号，用电压表和示波器测量电路各点的电压和波形，观察是否正常。

排除故障后，对整机恢复工作情况进行复查、观察是否全部正常。

思考与练习 10

1．音响系列的主要产品有哪些？

2．简述功放的分类及基本组成。

3．画出功放的基本组成方框图，并简述各基本组成的主要作用。

4．简述功率放大器的几种电路形式。

5．什么是 OTL、OCL 电路？这两个电路的主要区别是什么？

6．简述互补对称式 OTL 功放电路原理。

7．简述 BTL 电路的主要特点。

8．什么是复合管？它具有什么特点？

9．常见的功放保护电路有哪几种形式？

10．简述功放电路的检修技巧。

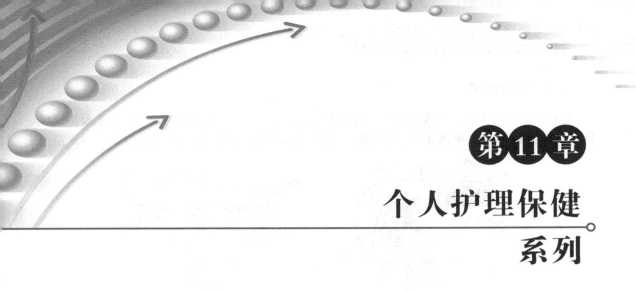

个人护理保健系列

个人护理系列电器，是人们日常生活中的常用电器，使用它们可以改善人们的生活质量。常用的个人护理保健系列电器有吹风机、电动剃须刀、干手机、浴灯、卷发梳、电动牙刷、电子血压计、电子体温表、按摩器等。

11.1 电吹风

电吹风为理发工具。主要用于头发的干燥和整形，也可供实验室、理疗室及工业生产、美工等作局部干燥、加热和理疗之用。

▶ 11.1.1 电吹风的分类及结构

1. 电吹风的分类

① 按它所使用的电动机类型，可分为交流串激式、交流罩极式和直流永磁式。

串激式电吹风的优点是启动转矩大，转速高，适合制造大功率的电吹风；缺点是噪声大，换向器对电信设备有一定的干扰。罩极式电吹风的优点是噪音小，寿命长，对电信设备不会造成干扰；缺点是转速低，启动性能差，重量大。永磁式电吹风的优点是重量轻，转速高，制造工艺简单，造价低，物美价廉。

（2）按电功率的规格大小划分，常用的规格有 250W、350W、450W、550 W、850W、1000W，1200W 等。

（3）按使用方式来分，有手持式和支座电吹风。支座式电吹风可放在桌上或挂在墙上使用，可以自己给自己吹风。

（4）按送风方式来分，有离心式电吹风和轴流式电吹风。离心式靠电动机带动风叶旋转，使进入电吹风的空气获得惯性离心力，不断向外排风。它的缺点是排出的风没有全部流经电动机，电动机升温较高；优点是噪声较低。 轴流式电动机带动风叶旋转，推动进入电吹风的空气作轴向流动，不断地向外排风。它的优点是排出的风全部流经电动机，电动机冷却条件好，绝缘不容易老化；它的缺点是噪声较大。

（5）按外壳所用材料来分，有金属型电吹风和塑料型电吹风。金属型电吹风坚固耐用，可以承受较高的温度。塑料型电吹风重量轻，绝缘性能好，但是容易老化，而且耐高温性能差。

2. 电吹风的结构

电吹风虽然在型式、款式和大小上有很大差别，但它们的内在结构大体相同，主要由壳体、手柄、电动机、风叶、电热元件、挡风板、开关、电源线等组成。电吹风的结构如图 11.1 所示。

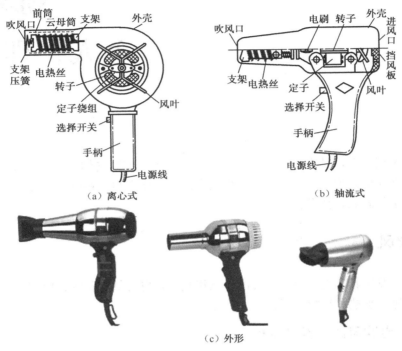

（a）离心式　　　　　　　　　　（b）轴流式

（c）外形

图 11.1　电吹风结构图

电吹风各部分的主要作用如下。

（1）壳体

壳体对内部机件起保护作用，同时也是外部装饰件。

（2）电动机和风叶

电动机装在壳体内，风叶装在电动机的轴端上。电动机旋转的时候，由进风口吸入空气，由出风口吹出风。电动机、风叶的外形如图 11.2 所示。

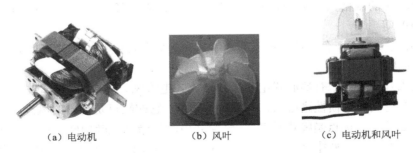

（a）电动机　　　　　　（b）风叶　　　　　　（c）电动机和风叶

图 11.2　电动机和风叶

（3）电热元件

电吹风的电热元件是用电热丝绕制而成的，装在电吹风的出风口处，电动机排出的风在出风口被电热丝加热，变成热风送出。有的电吹风在电热元件附近装上恒温器，温度超过预定温度的时候切断电路，起保护作用。电热元件的外形如图 11.3 所示。有的电吹风的电热元件由二段或者三段电热丝组成，用来调节温度，由选择开关控制。

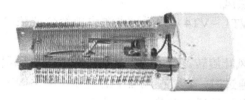

图 11.3　电吹风的电热元件

（4）挡风板

有的电吹风在进风口处有圆形挡风板，用来调节进风量。没有圆形挡风板的电吹风，可以用一张纸盖着进风口的一部分，同样可以调节进风量。进风量少，吹出来的风就比较热，进风量多，吹出来的风就不太热。要注意，风口不能挡得过多，否则会因为温度过高而损坏电动机或者烧坏电热元件。

（5）开关

电吹风开关一般有"热风"、"冷风"、"停"三挡位置，常用白色表示"停"，红色表示"热风"，蓝色表示"冷风"。开关的外形如图 11.4 所示。

图 11.4　电吹风开关

（6）手柄

手柄供操作者握持使用，手柄上的选择开关一般分为三挡，即关闭挡、冷风挡、热风挡，并附有颜色为白、蓝、红的指示牌。有些电吹风的手柄上还装有电动机调速开关，供选择风量的大小及热风温度高低时使用。

▶ 11.1.2　电吹风的工作原理及检修

1. 电吹风的工作原理

常用的家用电吹风电路原理图如图 11.5 所示。各元器件的主要作用如下：G 为按键开关，VT1～VT5 为整流二极管，R 为电热元件，M 为直流电动机。

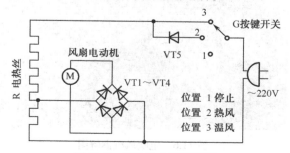

图 11.5　电吹风电路原理图

第 11 章

当按键开关置于 1 挡位时，电路处于断路状态，整机不工作。当按键开关置于 2 挡位置时，整机供电经整流二极管 VT5 半波整流，电热丝在降压条件下工作，输出温风。按键开关置于 3 挡位时，电热丝在市电全压下工作输出热风。

电热丝的一小部分与桥式整流器（VT1～VT4）并联，电源供电经全波整流后提供风扇电动机的直流电源。

电吹风直接靠电动机驱动转子带动风叶旋转。当风叶旋转时，空气从进风口吸入，由此形成的离心气流再由风筒前嘴吹出。空气通过时，若装在风嘴中的发热支架上的发热丝已通电发热，则吹出的是热风；若选择开关不使发热丝通电发热，则吹出的是冷风。电吹风就是以此来实现烘干和整形的目的。

电吹风机拆解图如图 11.6 所示。

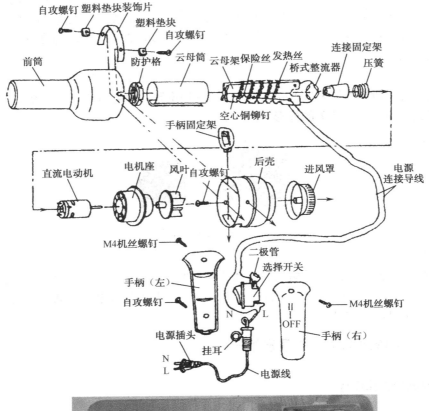

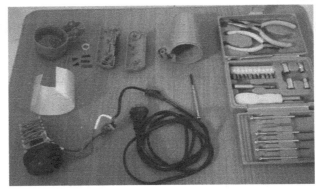

图 11.6 电吹风机拆解图

2. 电吹风的检修

电吹风的常见故障有：无风无热、只加热不送风、只有热风而无温风及漏电等。电吹风常见故障及排除方法如表 11.1 所示。

表 11.1　电吹风常见故障及排除方法

常见故障现象	故 障 分 析	排 除 方 法
无风无热	故障原因可能有电源线断线、插头接触不良、按键开关损坏、电热丝断路等。	可用万用欧姆挡逐一排查，更换新元件或修复即可。 　若电热丝断，可按下面方法进行修复。由于电热丝采用镍钢制成，且工作温度高达 1000℃以上，而必须采用压接法。如图所示，将断头 a、b 略微拉伸一小段，并用尖嘴钳夹直，用小刀刮去氧化层，在 C 处叠合并相互缠绕数圈，再用尖嘴钳夹紧，如有硼砂可在连接处撒上少许则最佳，然后小心将连接处送回原位置并力求恢复原状。注意：千万不可将原螺旋状拉的太长，不可使相邻两圈碰触而产生短路，否则通电后碰触处由于接触面小、接触电阻大而产生高温，在该处会再次烧断。 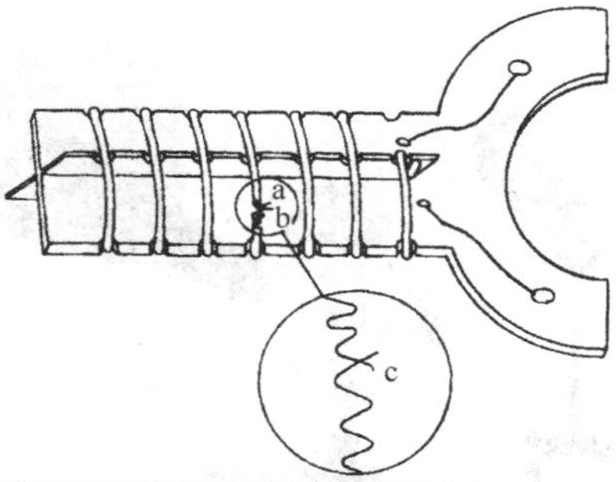
只能加热而不能送风	由于只加热而不送风，冷热空气无法对流，机壳内温度迅速上升，会在很短时间内损坏机内大部分器件，一旦发现，应立即切断电源，拆机检查。造成该故障的原因有：	
	（1）风扇电动机轴，由于使用日久卡住，轴承缺油。	将风扇组件小心地取出后，检查后在前后轴承处加油。
	（2）桥式整流器的四个二极管或个别二极损坏。	检查并判断其好坏，若损坏，可用 1N4007 代换。
	（3）电热丝低压供电端抽头断或接触不良。 　交流低压是由电热丝抽头提供的，抽头端子用空心铆钉固定在云母板上，查看其是否断路或氧化。	若氧化，用小刀将氧化层刮去，再压紧即可；若断路，小心地重压接上。
	（4）电动机本身损坏。	用万用表直流电压挡测其引线两端电压，若有 6～10V 的电压，则可确认电动机损坏。可用同规格的电动机代换。

续表

常见故障现象	故障分析	排除方法
只有热风而无温风	整流二极管 VT5 断路、按键开关内部位置 2 断路及外接连线有断路或接触不良。	检查后，重新焊接或更换相应配件。
漏电	产生漏电的原因可能是：电吹风内的导线绝缘损件、电热丝碰壳、过分潮湿或使用中有水滴入电吹风机中。	将外壳拆下，检查是否有裸露导线与壳相碰，若有则用绝缘胶布包扎或用绝缘物使其隔离。若潮湿严重，可进行干燥处理，确认无漏电后，才可继续使用。

11.2 电热蒸汽焗油机

11.2.1 电热蒸汽焗油机的电路原理

美发用电热蒸汽焗油机是用蒸汽在焗油机罩环形喷汽管内喷发蒸汽，保持头发焗油部位一定湿度以达到最佳焗油效果。电热蒸汽焗油机的外形如图 11.7 所示，主要由移动支架、活动升降杆、定时器、蒸汽发生器、电热管、蒸汽量调节开关及控制、保护电路等组成。电热蒸汽焗油机的电路原理图如图 11.8 所示。

图 11.7　电热蒸汽焗油机

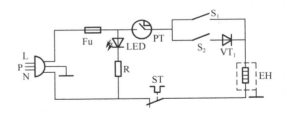

图 11.8　电热蒸汽焗油机的电路原理图

图中各主要元器件的作用如下：熔断器 F_U、定时器 PT、发热器 EH、温控器 ST、整流二极管 VT1、发光二极管 LED、限流电阻 R、高温开关 S1、低温开关 S2 等组成。

插头插入插座，指示灯 LED 自动点亮。旋转定时器 PT 至选定的时间刻度，定时器常开触点闭合；当选择高温时，闭合开关 S1，220V 市电全电压加于发热器 EH，发热量最大，蒸汽量也最大；当选择低温时，闭合开关 S2，220V 市电经整流二极管 VT1 半波整流供电，发热器 EH 减压工作，发热量减小，蒸汽量也减小。温控器 ST 的设定动作温度为 100℃，当蒸汽发生器内无水或内部结垢过多，致使蒸汽发生器内超温时，温控器 ST 动作，常闭触点断开切断电源，保护发热器不被烧坏。

11.2.2 电热蒸汽焗油机的检修

电热蒸汽焗油机的常见故障有：机械部件损坏，不能发热，蒸汽时断时续，能工作而指示灯不亮，不能定时等。电热蒸汽焗油机的常见故障及排除方法如表 11.2 所示。

表 11.2　电热蒸汽焗油机的常见故障及排除方法

常见故障现象	故　障　分　析	排　除　方　法
故障现象：机械部件损坏	故障原因分析及维修方法：机械部件主要有高温开关 S1、低温开关 S2 和定时器 PT，它们的损坏直接导致电路不能正常工作，可用感觉法和电阻法、电压法进行判断和测量。	必要时配换各损坏器件。
故障现象：不能发热	出现该故障先看指示灯是否点亮。若亮，表明后级电路有断路现象发生，主要应检查判断定时器、温控器、发热器是否断路及高温、低温开关同时断路等；若不亮，就要查看熔断器是否烧毁，如果烧毁可能是发热器等短路；如果不烧毁可能是电源插头、插座、保险丝座等接触不良或断路，仔细检查后即可排除。	维修或更换故障元器件。
故障现象：蒸汽时断时续	出现蒸汽时断时续，最主要原因是蒸汽管路结垢太多。	可用细铁丝疏通或用加了适量醋的水浸泡，待垢质软化后脱落排出，故障即可排除。
故障现象：能工作而指示灯不亮	能工作而指示灯不亮，最大的可能是发光二极管、限流电阻及它们之间的连接线断路或接触不良。	仔细检查后，补焊或代换损坏元件即可排除。
故障现象：不能定时	出现不能定时故障，往往是定时器本身损坏所致。	可整体代换。

11.3　滚动式按摩器

▶ 11.3.1　滚动式按摩器的结构与原理

滚动式按摩器的外形结构如图 11.9 所示。该按摩器由左右对称支架、2 个大轮盘、24 个小滚轮、串励式电动机、电源开关、调速旋钮、正反换向开关、电源线等组成。大轮盘和小滚轮分别安装在支架转轴上，由电动机带动。在旋转过程中，大轮盘的轨迹发生变化，而小滚轮始终绕轴心旋转，从而形成类似揉捏、挤压和推拿的按摩动作，最终达到治病、健身的目的。

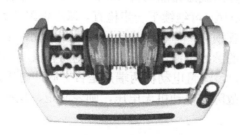

图 11.9　滚动式按摩器的外形结构图

滚动式按摩器的电路原理图如图 11.10 所示。该电路主要由高频滤波电路、交流调压电路、桥式整流电路等组成。

高频滤波电路由电感 L、电容 C1 组成，以减少对其他音像电器的干扰。

交流调压电路由双向晶闸管 VS、双向触发二极管 VD1、电容 C3、电位器 RP 以及电阻 R2、R3、R4 等元件组成。接通电源，闭合电源开关 S，市电经 R2、R4、R3 串联分压，再经电位器 RP，调节 RP 的电阻值，可改变双向触发二极管 VD1 的导通方向，进而改变双向晶闸管 VS 的导通角，达到改变交流电压的目的。

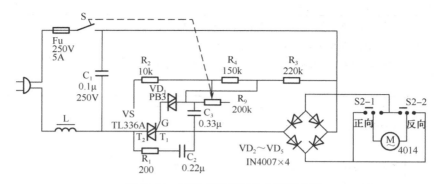

图 11.10　滚动式按摩器的电路原理图

桥式整流电路由 VD2～VD5 组成。随调节电位器 RP 改变的交流电压经整流器整流后，通过正、反换向开关选择，加至直流电动机 M 两端。电动机得电后，驱动按摩器的大轮盘转动，按摩器按着调节的速度开始工作。

▶ 11.3.2　滚动式按摩器的检修

滚动式按摩器的常见故障有：通电后整机不工作；电动机转动，而大轮盘打滑不转；电动机时转时不转；不能换向等。

1. 故障现象：通电后整机不工作

故障原因分析及维修方法：该故障范围较广泛，用观察法排除不了故障时，可用电压法缩小故障范围。

接通电源，闭合电源开关，用万用表交流 250V 电压挡测量 C1 两端的电压（正常值为 220V 左右），若不正常，则为前级电路有故障，应检查插头、电源线、熔断器、电源开关及连接线（或铜箔）等是否有断路；若正常，可继续下一步检查。

接着测量整流器输入端的电压，正常时应为调定的交流电压，若无电压，则表明交流调压电路有故障，为了确诊可用短路线短路晶闸管 VS 的 T1、T2 两极，加电后若故障排除，则一般为调压电路有故障；若有电压，可继续下一步检查。调压电路若有故障，最常见的是电位器、双向晶闸管、双向触发二极管损坏，但也不排除这部分其他元件损坏的可能。

然后测量整流器输出端的脉冲电压，若无电压，则为整流器 VD2～VD5 之一损坏，可检查更换损坏元件；若有电压，可测量电动机两端点是否有脉冲电压，电动机有电压，表明电动机有问题，有机械性或断路故障；电动机无电压，则表明正、反换向开关及连接线（或铜箔）有断路现象，可检查排除。

2. 故障现象：电动机转动，而大轮盘打滑不转

故障原因分析及维修方法：该故障大多是大轮盘本身有问题，可打开外壳，拆卸下大轮盘，仔细检查大轮盘的内孔是否磨损、变形或破裂，紧固螺丝是否松动等。若是内孔磨损、变形，可在与其对应位置的转轴上缠绕棉布或双面贴不干胶带，适当增大转轴直径；若是内孔破裂，可采用黏合剂粘接破裂处。经过上述处理后，故障一般即可排除。

3．故障现象：电动机时转时不转

故障原因分析及维修方法：该故障多是因电动机碳刷磨损严重，与换向器接触不良所致。可更换同规格的碳刷。除此之外，还应检查碳刷的压力弹簧、电源开关及正反换向开关等是否有接触不良现象。

4．故障现象：不能换向

故障原因分析及维修方法：该故障范围较明显，主要是正反换向开关本身机械性卡死、内部触点烧焦粘连、内部短路等造成的。维修或更换正反换向开关，故障即可排除。

思考与练习 11

1．常见的电吹风有哪些分类？
2．电吹风主要由哪些部分组成？各部分的主要作用是什么？
3．分析图 6.3 所示的电吹风电路的工作原理。
4．分析电吹风无风无热的故障原因。
5．分析电吹风漏电的故障原因。
6．电热蒸汽焗油机的主要结构有哪些？
7．简述电热蒸汽焗油机的工作原理。
8．分析电热蒸汽焗油机不能发热的故障原因，并简述其维修方法。
9．电热蒸汽焗油机蒸汽时断时续的主要原因是什么？怎样排除？
10．简述滚动式按摩器的工作原理。

第 11 章

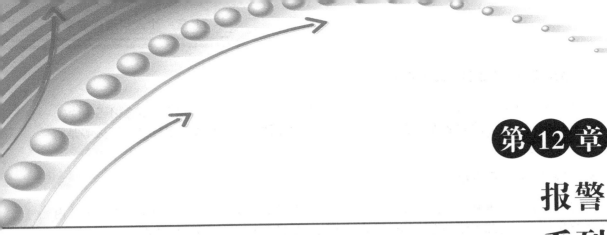

第12章

报警系列

本章节中主要介绍报警器的简介及分类，编解码电路，无线防盗报警器电路工作原理、调试与维修，楼宇单元防盗门的分类、电路工作原理及维修等。

12.1 报警器

12.1.1 报警器的简介及分类

防盗报警器就是在需要防护的区域内安装探测器，当盗贼进入探测器防护的范围后，探测器发出报警信号，由主机发出高音量告警音、自动拨打电话通知主人。

目前，家庭防盗报警器的种类较多，常有如下分类方式。

（1）按探测器与主机之间的传输方式分

无线型：包含无线探测器和无线主机。探测器探测到人体信号后，通过无线电波将报警信号发给主机。

有线型：包含有线探测器和有线主机。探测器探测到人体信号后，通过电缆将报警信号发给主机。

（2）按使用场所分

单机型（家庭）：报警后，主机现场报警、通知主人。

联网型（企事业、区域等）：报警后，主机现场报警、通知主人和接警中心（社区值班室、110 指挥中心等）。

（3）按主机分

现场报警阻吓型：现场报警阻吓型报警器一般安装在公共场所，当监控现场有盗情发生时，现场可以高音报警鸣叫或有灯光闪烁，起到报警和阻吓盗窃者的目的。

无线报警型：报警后，主机发射无线报警信号给值班室，异地会接收到包括警报声、语音、指示灯或图像等在内的报警信息。

电话型：报警后，主机除自动打开现场的高音量警报声外，还能通过电话线拨打电话通知主人和接警中心。

GSM（短信）报警型：报警后，主机除自动打开现场的高音量警报声外，还能通过 GSM（手机网络）拨打电话通知主人和接警中心。

（4）按探测器探测原理分

被动红外型：探测到人体（或辐射红外物体）运动后报警。

主动红外型：由发射器和接收器组成，发射器向接收器发射不可见红外光束，当相邻的两束红外光束被同时遮断后报警。

烟雾感应型：检测到一定的烟雾浓度后报警。

气体感应型：检测空气中一定的可燃气体浓度后报警。

磁控开关型：包含无线门磁和有线门磁，由永久磁铁、干簧管和信号传输部分等组成，当磁性单元和检测单元分离后报警。

▶ 12.1.2　报警器中的编解码电路

CMOS 专用编解码电路具有很高的稳定性和可靠性，广泛应用于各行各业各类家电产品中，如家用电器的遥控、密码锁、医院病员呼叫系统、防盗报警系统等。目前，专用编解码电路的类型和型号也较多，本节以 VD5026、VD5027 普通编解码电路为例，说明其工作特点和工作原理。

集成电路 VD5026 称为编码电路，集成电路 VD5027 称为解码电路，编解码电路的工作原理图如图 12.1 所示，各脚主要功能如表 12.1 所示。

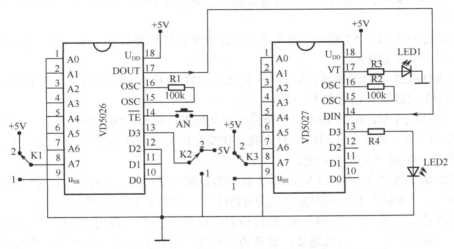

图 12.1　集成电路 VD5026、VD5027 编解码电路工作原理图

表 12.1　集成电路 VD5026、VD5027 各脚主要功能

集成电路 VD5026		集成电路 VD5027	
脚　号	功　　能	脚　号	功　　能
1	地址的第四态设置	1	地址的第四态设置
2～8（A0～A7）	地址线（编码线）	2～8（A0～A7）	地址线（编码线）
9（U$_{SS}$）	电源正极，2～6V	9（U$_{SS}$）	电源正极，2～6V
10～13（D0～D3）	数据线	10～13（D0～D3）	数据线
14（TE）	使能端，低电平有效	14（DIN）	编码信号输入端

集成电路 VD5026		集成电路 VD5027	
脚　号	功　能	脚　号	功　能
15～16 （OSC）	振荡器外接电阻连接端，推荐电阻取值 75～470kΩ	15～16 （OSC）	振荡器外接电阻连接端，推荐电阻取值 75～470kΩ
17（DOUT）	串行数据输出	17（VT）	译码正确指示端
18（U_{DD}）	电源负极	18（U_{DD}）	电源负极

接通电源，把开关 K1、K2、K3 都置于+5V（高电平）端，按动一下按钮"AN"，可以发现发光二极管 LED1 亮一下又熄灭了，而 LED2 被点亮后却一直亮着。只把开关 K2 置于地（低电平）端，再按动一下按钮"AN"，可以发现发光二极管 LED1 又亮一下熄灭了，而 LED2 却熄灭了。把开关 K1 置于地，开关 K2 置于+5V 端，K3 置于+5V 端，再按动一下按钮"AN"，可以发现发光二极管 LED1、LED2 都不会像前面那样点亮，这表明 VD5027 并没有正确解码。

把开关 K1、K3 置于地，开关 K2 置于+5V 端，再按动一下按钮"AN"，可以发现发光二极管 LED1、LED2 都会像前面第一次那样点亮。

以上只对 A7 和 D3 做了实验，实际上若对 A1～A6 也做与 A7 相同的实验，会得到与 A7 相同的结果。对 D0～D2 做与 D3 相同的实验，会得到与 D3 相同的结果。由本实验可以得到下面的结论。

① VD5026 的 A1～A7 接法（接高电平或低电平）与 VD5027 的 A1～A7 接法必须完全相同，VD5027 才能正确解码。

② 当 VD5027 正确解码后，VD5026 的 D0～D3 的状态（接高电平或低电平）会出现在 VD5027 的 D0～D3 端，就像复制一样。

③ VD5027 的 VT 端的 LED1 只会亮一下又熄灭，称该端输出的只是一个瞬态脉冲；而 D3 端（D0～D2 也一样）的 LED2 一旦点亮，在没有再次收到新的信号之前就一直点亮，称之具有"锁存"功能或"记忆"功能。

VD5026 编码器和 VD5027（VD5028）解码器是配对使用的。每根地址线可以有 4 种状态："1"、"0"、"开路"和"第四态（记为 4TH）"。因此，编码总数大大增加。

VD5026 通过对其地址线 A1～A7 进行设置，设置为"1"（高电平）时，可接电源端；设置为"0"（低电平）时，可接地端；设置为"开路"时将其悬空（即什么也不要接）；设置为"第四态"时，A0 不作为地址线使用，而作为地址的第四态设置，例如要把 A3 设置为第四态，那么就把 A3 这根线接到 A0。如果不使用第四态，则把 A0 接地。这四种状态，可编出 4^7=16384 种地址编码。当"使能端 TE"为低电平时，地址编码信息以及数据线 D0～D3 上的信息等能从 DOUT 端串行输出，输出信号的格式是以脉冲的不同占空比来代表"1"和"0"的。将这一信号送入解码器 VD5027 的 DIN 端，若 VD5027 与 VD5026 的 A0～A7 的接法完全相同，则 VD5027 可正确解码，在 VT 端输出一个高电平（停止接收时回到低电平）。同时，VD5026 的 D0～D3 线上的状态出现在 VD5027 的 D0～D3 线上，犹如把 VD5026 的 D0～D3 状态"复制"到了 VD5027 的 D0～D3 上。在 VD5027 收到新的信息之前，该状态将一直保持下去，称之为"锁存"。

12.1.3　无线防盗报警器电路的工作原理、调试与维修

1．入侵探测器和微型报警发射机

图 12.2 为入侵探测器和微型无线报警发射机的电路原理图。

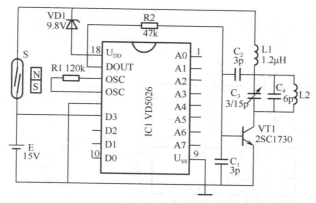

图 12.2　入侵探测器和微型无线报警发射机电路原理图

S 为常闭式门窗戒备传感器，小磁铁与触点常闭型干簧管 S 组成入侵探测器，将小磁铁安装在门扇上，干簧管 S 紧靠小磁铁，安装于相对的门框上。平时门处于关闭状态，由于小磁铁紧靠 S，使 S 内部两常闭触点依靠外磁力作用而断开，微型发射机因无电源不工作。一旦发生盗情，小磁铁就会随门扇远离 S，S 失去外磁场的作用，其内部两触点依靠自身的弹力而闭合，微型发射机得电立即发出编码报警电信号。IC1（VD5026）是数字编码集成电路，共设 8 个地址码，即 A0～A7；4 个数据码，即 D0～D3。经地址编码的数据由 IC1 的⑰脚输出。IC1 的振荡频率由外接电阻 R1 决定，R1 阻值越小，振荡频率越高。R1 的阻值可在 120～470kΩ 之间选择，但应注意 R1 的阻值必须和报警接收部分的解码器 VD5027 的振荡电阻 R15 的阻值严格一致，否则无法可靠解码。晶体管 V1 与 C1、C2、L1、L2 等元件组成调制和射频发射电路，其发射频率在 300MHz 左右。为了增加发射电路的稳定性，天线 L2 可直接印制在电路板上。

编码器不需要编码开关，只要将某点与电源正极或负极相连即可。电源用 15V 层叠电池。

2．无线接收报警控制器

图 12.3 是无线接收报警控制器的电路原理图，它由高频放大（VT1）、超再生接收解调器（VT2）、双运放放大和整形（LM358）、解码集成电路（VD5027）、报警信号发生电路（9561）及电源电路等部分组成。

接通电源后，市电经降压变压器 T 的次级得到 15V 左右的低压交流电，然后通过全桥 VT 整流、电容 C17 滤波，经三端稳压器 7809 稳压、电容 C18 滤波，得到+9V 的直流电压，作为整机的能源供给。为了防止停电发生漏报警，无线报警接收控制器采用交、直流两种方式供电，并可自动转换。当有交流电源时，整流输出的 9V 电源加在二极管 VD5 的负极，二极管 VD5 截止，电路依靠交流供电工作。一旦交流停电，VD5 的负端因失去 9V 电压而导通，9V 电池通过 VD5 给电路供电，实现交、直流供电自动切换。其中，二极管 VD4、VD5 为隔离二极管；LED2 为电源指示灯，R18 为限流电阻。

第 12 章

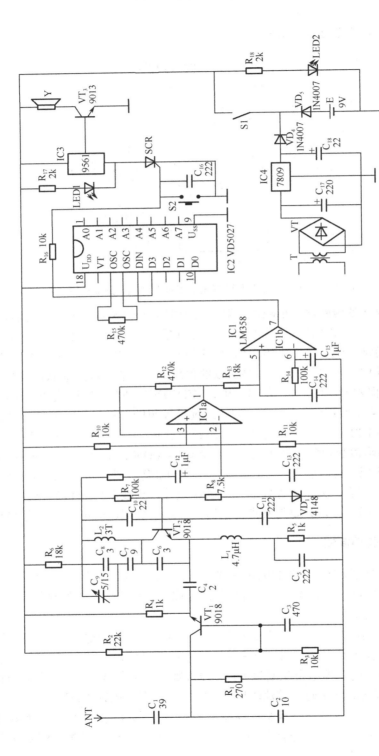

图12.3 无线接收报警控制器电路原理图

由天线输入的 300MHz 射频信号，经 C1 送到 VT1 的发射极，通过 VT1 高频放大后，经 C4 送至超再生射频解调器 VT2 的发射极，解调出的编码数据脉冲信号经 C12 送至运放集成电路 IC1（LM358）的 1a 和 1b 进行放大和整形，最后送入解码电路 IC2 的第⑭脚进行数据解码。解码集成电路 VD5027 是编码集成电路 VD5026 的配对电路。使用中，VD5026 和 VD5027 两电路的地址码 A0～A7 应绝对保持一致，它们的状态码也应保持一样。当 VD5026 停止发送信号（发射机关机）时，VD5027 的⑰脚 VT 端复零。电路中利用单向晶闸管 SCR 做报警保持，VD5027 的⑰脚呈高电平时，SCR 被触发导通，音乐片 9561 因得电而输出报警信号，推动喇叭发声，报警指示灯 LED1 点亮。此后，即使 VD5027 的⑰脚复零，由于可控硅 SCR 已导通，因而报警喇叭将一直发声，直至按下报警解除开关 S2 为止。

LM358 双运放为双列直插式塑料封装，其内部框图及引脚排列图如图 12.4 所示，各脚功能如表 12.2 所示。

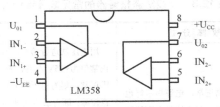

图 12.4　LM358 双运放内部框图及引脚排列图

表 12.2　LM358 双运放各脚功能

脚　号	各　脚　功　能	脚　号	各　脚　功　能
1（U_{01}）	第一运放输出端	5（IN_{2+}）	第二运放同向输入端
2（IN_{1-}）	第一运放反向输入端	6（IN_{2-}）	第二运放反向输入端
3（IN_{1+}）	第一运放同向输入端	7（U_{02}）	第二运放输出端
4（$-U_{EE}$）	电源负极　※	8（$+U_{CC}$）	电源正极　※

注：※电源可以取±4V～±16V 或单电源 4～32V。

天线可用 30cm 长的软导线代替。通过改变其发射端的传感器，并设置 VD5026/5027 的地址码、状态码可大大拓展本报警器的用途（如多路报警、数据传输等）。

12.1.4　无线防盗报警器的调试与维修

1. 无线防盗报警器电路的调试

将 VD5026 和 VD5027 的地址码和状态码设置一致，检查无误后即可通电调试。调试的难点为收发频率要严格一致，为此需要将报警发射部分和报警接收部分的调试配合起来进行，初次安装调试，为了确保调试成功，最好在示波器的配合下进行。

首先，将发射机部分中的干簧管两端用短接线短路，让发射机一直工作。按下开关 S1 接通接收部分的电源，先将 R16 脱焊开，将示波器的探头接在 IC1（LM358）的⑦脚处，将发射机靠近接收机（相距 20cm 左右），用无感起子调节发射机的微调电容 C3 和接收机的微调电容 C9，直到示波器上有编码脉冲显示为止。再拉开发射机和接收机的距离，使发射机和接收机相距 10m 左右，将示波器的探头改接在 IC1（LM358）的②脚上。仔细调整接收部分的微调电容 C9 和电感线圈 L2，直到示波器显示的解调输出的编码脉冲信号的波形幅度最大为止。然后再调整发射机的微调电容 C3，边调整边观察示波器波形的变化，使波形幅度达到最大值。反复几次使之达到最佳状态。

如果一切都正常，可接上电阻 R16，此时扬声器应发出报警声，报警指示灯 LED1 发光，断开发射机电源．报警仍能维持，按下报警解除开关 S2 后，报警应解除。最后可拉开距离进行实验，本报警器在调试正常的情况下，报警距离可达 50m 以上。

2. 无线防盗报警器的维修

无线防盗报警器的常见故障有电池供电正常，交流供电不能工作；电源指示灯不亮，整机不工作；电源指示灯亮，而整机不工作；报警指示灯亮，而无报警声；一直处于报警状态等。无线防盗报警器的常见故障维修方法如表 12.3 所示。

表 12.3　无线防盗报警器的常见故障维修方法

故 障 现 象	故 障 分 析	故 障 排 除 方 法
（1）故障现象：电池供电正常，交流供电不能工作	电池供电正常，电源指示灯也能正常点亮，而交流供电不能工作，且电源指示灯也不亮，表明故障范围只在交流电源电路。	用电压法进行检查。首先测量整流器 VT 输出端的直流电压，正常值为+15V 左右，若不正常，断开后级负载再测，断开后电压正常，则为稳压器 IC4、电容 C17、C18 等有短路现象，可检查排除；断开后电压还不正常，则为电源线、变压器 T、整流器 VT 等有损坏现象，可分别检查，维修或更换损坏元件。整流器输出电压正常，也即稳压器的输入电压正常时，可测量稳压器的输出电压是否正常，正常值为+9V，若不正常，则为稳压器、C18 等损坏，可更换；若正常，继续测量 VD4 负极对地电压，若无电压，则为二极管 VD4 短路等。
（2）故障现象：电源指示灯不亮，整机不工作	在电池与交流电源同时供电的情况下，电源指示灯不亮，整机不工作，故障的最大可能是电源开关 S1 及连接线出现断路现象（电池和交流电源同时损坏的可能性较小）。	先检查 9V 层叠电池电压是否正常，若无电量，可更换之。不接入交流电源，装好电池后，测量 VD5 对地电压，正常值为 8.5V 左右，若为 0V，则可能为 VD5 断路、纽扣电池接触不良或连接线（铜箔）断路等；若正常，可闭合开关 S1。在 S1 闭合的情况下，测与 R18 相连的开关一端的对地电压，若电压为 0，则可能为开关断路、接触不良或连接线断路等；若电压正常，而指示灯不亮，则可能是限流电阻 R18 或 LED2 损坏。交流电源的故障检修可参考故障现象（1），进行排查。
（3）故障现象：电源指示灯亮，而整机不工作	电源指示灯亮，表明接收机电源供电电路正常，而整机不工作，发射机和接收机都有可能发生故障，因此需首先判断是哪个机子有问题。把万用表置于 50mA 挡，串入发射极的三极管 VT1 的集电极回路中，电路起振（小磁铁靠近干簧管）时，则电流为 10～15mA；电路停振（小磁铁远离干簧管）时，则电流 0，表明发射机正常，故障在接收机；否则为发射机有故障。	发射机故障的检修步骤：❶ 用万用表测量 IC1 的⑰脚电压，正常值为 9.8V 左右，若为 0，则可能为干簧管内部常断、稳压管 WD1 断路及这部分连接线（或铜箔）断路等，可检查排除；若电压低于 9.8V 许多，则可能为 15V 层叠电池电量低、稳压管 WD1 性能不良、IC1 及外围元件有短路现象等，可更换损坏的元件。❷ 检查 VD5026 有没有产生编码信号。先将 VD5026 的⑭脚（使能端）与地的连接线脱开，测量⑰脚电压应等于电源电压；恢复脱开的⑭脚，⑰脚电压应减小 1/2～1/3，可判断为编码输出正常。若没有产生编码信号，可检查这部分电路，更换损坏元件。❸ 根据上面介绍的方法，判断振荡电路是否正常，若不正常，可检查、更换损坏的元件。接收机故障的检修。在发射机正常的情况下，可脱开 IC1 的⑰脚后级负载，用短路线把信号直接送入 IC2 的⑭脚，此时有报警声，则故障在前级电路；无报警声故障在后级电路。

续表

故障现象	故障分析	故障排除方法
（4）故障现象：报警指示灯亮，而无报警响声，故障范围应为喇叭、驱动三极管 VT3 及音乐片等损坏。	报警指示灯能正常点亮,表明晶闸管 SCR 已能正常触发,证明其前级电路一切工作正常,而无报警响声,故障范围应为喇叭、驱动三极管 VT3 及音乐片等损坏。	检查后更换损坏元件。
（5）故障现象：一直处于报警状态	根据故障现象分析,发射机和接收机都有可能发生故障,因此需首先判断是哪个机子有问题。用短路线短路接收机 VT1 的发射极到地（或去掉发射机的电池）,若报警声停止,则为发射机发生故障,否则是接收机发生故障。	发射机的故障可能为干簧管内部短路性损坏（一直常闭）、小磁铁磁性减弱、这部分连接线有断路及干簧管与小磁铁距离太远等。断开干簧管的引线,若故障排除,可查上述怀疑的电路；若故障依然存在,则可能是集成电路 VD5026 损坏。 接收机的故障可能为报警解除开关 S2 有短路现象、电容 C16 短路及这部分连接线有短路等。最后排除不了故障,可代换集成电路 VD5027

12.2 楼宇单元防盗门

12.2.1 楼宇单元防盗门系统的分类

常见的楼宇单元防盗门系统有直按式对讲系统、数码式对讲系统和可视式对讲系统等三类。

1. 直按式对讲系统

直按式对讲系统方框图如图 12.5 所示。

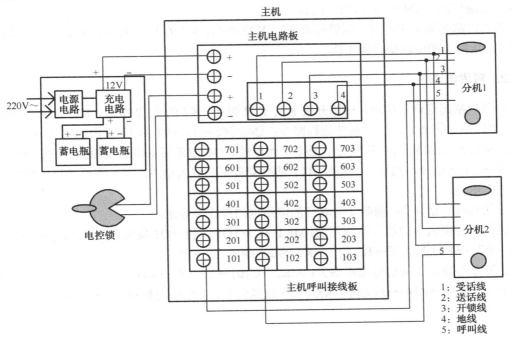

图 12.5 直按式对讲系统方框图

主机主要由主机电路板、主机呼叫接线板等组成，主机是整个系统的核心，其内部主要电路有电源控制电路、呼叫电路、对讲电路、视频电路（本图例中没有）、开锁电路等。电源盒为主机提供能源，其内部设有充电电路和电瓶，电瓶是防止电源停电而设置的。

来访人员要进入楼内，先按防盗门主机上的用户编号按键，该住户分机的振铃鸣响，住户可通过对讲系统对来人进行确认，然后按开锁键，使主机上的开锁电路开启，将防盗门的电控锁打开。

2. 数码式对讲系统

主机上设置 0～9 十个设置按键，内置编码识别系统，每个住户设置一组数字编码，输入该住户的密码，才能呼叫该户，不知道密码就无法呼叫，具有一定的保密性。

3. 可视式对讲系统

可视式对讲系统主要在主机上设置有摄像、分机上设置显像器材，同时还有视频放大电路、视频显示用的电源等。

▶ 12.2.2 楼宇单元防盗门电路的工作原理

楼宇单元防盗门电路工作原理如图 12.6 所示。

1. 电源切换电路

喇叭 1、话筒 1 的电源切换电路主要由三极管 Q4 担任。当无人进来时，用户室内分机通话手柄是悬挂在分机上的，此时压键开关 K2、K22 处于压下状态，Q4 基极为高电平，Q4 不导通，喇叭 1、话筒 1 的放大电路应得不到电源供电而不工作。

当有人按下用户的密码时（以 101 房间为例），门铃音乐 IC 得电而鸣响。门铃供电流程图为：电源+12V→D4→P3→101→门铃电路。

当用户拿起通话手柄时，压键开关 K2、K22 弹起，K2 的 1、2 接通，K22 的 1、2 也接通。喇叭 1、话筒 1 的电源得电而工作。

2. 对讲电路

当用户拿起通话手柄时，压键开关 K2、K22 弹起，K2 的 1、2 接通，K22 的 1、2 也接通。Q4 电源切换（导通），切换条件流程图为：Q4 基极→R8→P4 的 1#端子→K2 的 1、2→Y2→P4 的 2#端子→地线，Q4 基极处于低电平而导通。Q4 导通后供电流程图为：+12V→D1→Q4 发射极→Q4 集电极，然后，一路经 R17 供给喇叭 1 的放大电路，另一路经 R11、C10 供给话筒 1 放大电路。

与此同时，话筒 2、喇叭 2 与对应的电路也同样连接导通。

话筒 1 与喇叭 2 的信号流程图为：MK1→C1→Q1 基极→Q1 集电极→Q2 基极→Q2 集电极→C6→R7→P4 的 1#端子→K2 的 1→K2 的 2→喇叭 Y2→地。

话筒 2 与喇叭 1 的信号流程图为：MK2→C101→T3→T4→VD3→K22 的 2→K22 的 1→P4 的 3#端子→C11→R14→Q3 基极→Q5、Q6 组成的 OTL 放大电路→C15→喇叭 1。

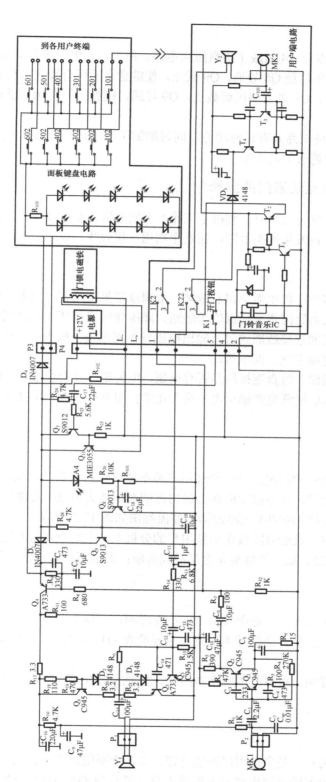

图12.6 楼宇单元防盗门电路工作原理

3. 键盘电路

Q8、Q9 和光电二极管 A4 组成了键盘照明电路。白天，光电二极管呈低阻状态，+12V 电压经 A4、R26、R27 分压后使 Q8 导通，Q9 截止，使键盘上的所有发光二极管不能点亮；晚上光电二极管呈高阻状态，Q8 失去偏压而截止，Q9 导通，键盘上的发光二极管全部点亮，使按键号清晰可见。

C18、C19 两电容使电路具有延时功能，同时增加了抗干扰的能力，可防止外来光源突然照射造成面板灯短时间熄灭的现象发生。

▶ 12.2.3 楼宇单元防盗门的维修

楼宇单元防盗门的常见故障有：整机不工作，不能对讲，不能呼叫，不能开锁等。检修时要判别是楼中全部用户机发生同类故障，还是个别用户机发生故障，以缩小故障的范围。

1. 整机不工作

整机不工作一般多为主机电源电路有故障，电源盒常见故障有：无电压输出、输出电压低于正常值。无电压输入的原因常见为保险丝烧断、降压变压器损坏（短路或断路）、整流桥损坏、电源盒与主机之间的连接线断路等。输出电压低于正常值一般为：滤波电容漏电、断路，输入电源电压过低，电瓶老化、漏电等。

检修时可采取观察法，检查连接线是否有问题，电解电容是否爆浆，电路板铜箔是否有断裂等现象发生；用电压法检测电源输出电压是否正常；用替换法代替电瓶或电源盒，以缩小故障的范围。

2. 不能对讲

不能对讲的故障分两种情况：一是全部用户都不能对讲，二是个别用户不能对讲。

全部用户都不能对讲，故障范围应在主机内部的对讲放大电路，对讲放大电路主要由 Q3、Q5、Q6 组成。对讲放大电路的主电路故障检修流程图如图 12.7 所示。

个别用户不能对讲，显然故障就在个别用户的分机上。主要应先检查这部分的连接线；其次，再检查压键开关 K2、K22 的触头是否灵活或折断；最后再检查话筒 2 是否正常等。

3. 不能呼叫

不能呼叫也分两种情况：一是全部用户均不能呼叫，二是个别用户不能呼叫。若是全部用户均不能呼叫，故障在主机内部的呼叫电路。主要检查 Q1、Q2、话筒 MK1 及有关的偏置元件是否损坏等。

若个别用户不能呼叫，故障范围就在本用户。主要应检查 T3、T4、话筒 MK2 及有关的偏置元件是否损坏等。

4. 不能开锁

不能开锁故障分为：一是全部用户不能开锁，二是个别用户不能开锁。若是全部用户不能开锁，故障应在主机内部的开锁电路或电控锁本身，常见为 Q7、Q11 及外围元件损坏，电控锁与主机之间的开锁线断路等；个别用户不能开锁，故障在分机内部的开锁键或分机开锁线断路或接触不良等。

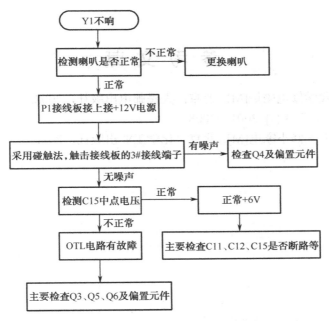

图 12.7　对讲放大电路的主电路故障检修流程图

检修时，可采用把 +12V 电源直接瞬间加在 L+端子上，观察电控锁是否能正常开启。能正常开启，表明锁完好，故障应在控制电路部分；否则，锁有问题。

思考与练习 12

1. 家用防盗报警器有哪些分类？
2. 集成电路 VD5026、VD5027 的主要功能是什么？
3. 无线接收报警控制器主要由哪些电路组成？
4. 怎样调试无线报警控制器？
5. 无线报警器电源指示灯亮，而整机不工作怎样检修？
6. 简述楼宇单元防盗门电路工作原理。

第12章

参 考 文 献

1. 王学屯. 跟我学修电磁炉[M]. 北京：人民邮电出版社，2008.
2. 《家电维修》合订本[J]. 2001～2008.
3. 王学屯. 新手学修小家电[M]. 北京：化学工业出版社，2011.

《常用小家电原理与维修技巧（第2版）》
读者调查表

尊敬的读者：

欢迎您参加读者调查活动，请对我们的图书提出真诚的意见，您的建议将是我们创造精品的动力源泉。

1．您可以登录 http://yydz.phei.com.cn，进入"客户留言"栏目，或者直接发邮件到 chaiy@phei.com.cn，将您对本书的意见和建议反馈给我们。

2．您可以填写下表后寄给我们。

姓名：_____　性别：□ 男 □ 女　年龄：_____　职业：_____

电话：_____　E-mail：_____

通信地址：_____　邮编：_____

1．影响您购买本书的因素（可多选）：

□封面封底　　□价格　　　□内容简介、前言和目录　　□书评广告　　□出版物名声

□作者名声　　□正文内容　□其他 _____

2．您对本书的满意度：

从技术角度　　□很满意　　□比较满意　　□一般　　□较不满意　　□不满意

从文字角度　　□很满意　　□比较满意　　□一般　　□较不满意　　□不满意

从排版、封面设计角度　　　□很满意　　　□比较满意　□一般　　　□较不满意

　　　　　　　　　　　　□不满意

3．您最喜欢书中的哪篇（或章、节）？请说明理由。

_____

_____

4．您最不喜欢书中的哪篇（或章、节）？请说明理由。

_____

_____

5．您希望本书在哪些方面进行改进？

_____

_____

6．您感兴趣或希望增加的图书选题有：

_____

_____

邮寄地址：北京市海淀区万寿路173信箱电子信息出版分社　柴燕　收　邮编：100036

编辑电话：（010）88254448　　E-mail：chaiy@phei.com.cn

反侵权盗版声明

电子工业出版社依法对本作品享有专有出版权。任何未经权利人书面许可，复制、销售或通过信息网络传播本作品的行为，歪曲、篡改、剽窃本作品的行为，均违反《中华人民共和国著作权法》，其行为人应承担相应的民事责任和行政责任，构成犯罪的，将被依法追究刑事责任。

为了维护市场秩序，保护权利人的合法权益，我社将依法查处和打击侵权盗版的单位和个人。欢迎社会各界人士积极举报侵权盗版行为，本社将奖励举报有功人员，并保证举报人的信息不被泄露。

举报电话：（010）88254396；（010）88258888

传　　真：（010）88254397

E-mail：　dbqq@phei.com.cn

通信地址：北京市万寿路 173 信箱

　　　　　电子工业出版社总编办公室

邮　　编：100036